全国高职高专给排水工程技术专业规划教材

水泵与水泵站

主　编　边喜龙　王宇清
主　审　谭翠萍　张景成

黄河水利出版社
·郑州·

内 容 提 要

本书共分7个模块，主要介绍了给水排水工程中常用的叶片式水泵的类型、工作原理、基本构造、性能及运行工况调节、泵站工程设计运行管理等内容，书中编入了大量例题与设计案例。

本书体现了高等职业教育的特点，突出知识点和技能点，使本书的内容具有针对性、实用性。除可以作为高职给水排水工程技术、环境工程技术、消防工程技术专业教材，也可以作为职业培训教材，还可以供本专业工程技术人员参考。

图书在版编目(CIP)数据

水泵与水泵站/边喜龙，王宇清主编．—郑州：黄河水利出版社，2013.11

全国高职高专给排水工程技术专业规划教材

ISBN 978-7-5509-0582-5

Ⅰ.①水…　Ⅱ.①边…②王…　Ⅲ.①水泵-高等职业教育-教材②泵站-高等职业教育-教材　Ⅳ.①TV675

中国版本图书馆CIP数据核字(2013)第256975号

组稿编辑：王志宽　电话：0371-66024331　E-mail:wangzhikuan83@126.com

出 版 社：黄河水利出版社

地址：河南省郑州市顺河路黄委会综合楼14层　　邮政编码：450003

发行单位：黄河水利出版社

发行部电话：0371-66026940、66020550、66028024、66022620(传真)

E-mail: hhslcbs@126.com

承印单位：河南地质彩色印刷厂

开本：787 mm×1092 mm　1/16

印张：12.75

字数：295千字　　印数：1—3 100

版次：2013年11月第1版　　印次：2013年11月第1次印刷

定价：25.00元

前　言

本书是按照全国高职高专教育土建类教学指导委员会2013年出版的给排水工程技术专业教学基本要求编写的。

本书力求体现高等职业教育的特点，从培养技术技能型人才出发，教材内容具有针对性、实用性和先进性等特点，实现了教材内容理论与工程实际相结合，有利于学生的知识的积累、技术能力的提高和基本技能的培养。

本书共分为7个模块，其中模块1、2、3为水泵的定义类型、构造、工作原理、性能、使用等内容；模块4、5、6为给水泵站、排水泵站的类型、设备的选择与布置及泵站工艺设计；模块7为泵站的运行与管理内容。为满足学生自学及技术应用能力训练的需要，本教材结合了最新的规范与标准，附有大量的思考题与习题、插图和例题、综合性设计实例。

本书为高职院校给排水工程技术、环境工程技术、水工业技术等专业的教学用书，也可作为以上专业的培训教材，还可供相关专业技术人员参考。

本书的编写及编工分工如下：模块1，模块3中3.1、3.2，模块5中5.1、5.2由黑龙江建筑职业技术学院边喜龙、王宇清编写；模块2由浙江水利水电专科学校刘振华编写；模块3中3.3、3.4，模块4由黑龙江建筑职业技术学院张斌阁编写；模块5中除5.1、5.2外的其他部分由黑龙江建筑职业技术学院刘仁涛编写；模块6由安徽水利水电职业技术学院李涛编写；模块7由河南建筑职业技术学院崔震华编写。全书由边喜龙、王宇清任主编，由内蒙古建筑职业技术学院谭翠萍、哈尔滨工业大学张景成任主审。

由于编者水平所限，书中难免存在不足之处，敬请读者给予批评指正。

编　者

2013年6月

目　录

模块1 水泵的定义与分类

1.1 水泵的作用与发展

水泵是一种广泛应用的水力机械,它对人们的衣、食、住、行贡献很大,无论是在轻工业、重工业,还是在农业、交通运输业、服务业方面都有着广泛的应用,发挥着重要的作用。

在城市建设中,给水排水工程是城市不可缺少的公共设施,是城市生活、生产的可靠保证,是城市赖以生存的基础设施。水泵是城镇给水排水工程中的重要组成部分,是保证给水排水系统正常运行的重要设施,在给水排水工程中具有举足轻重的作用。

如图1-1所示为城镇给水排水系统的基本组成。可以看出,城镇给水系统从天然水体取水输送到给水处理厂,再输送到城镇的各个用水户,就要靠一系列不同功能的水泵站给水增加能量来完成。取水泵站从水源取水将其送至给水处理厂,净化后的清水由送水泵站通过城镇管网送到城市用户。城市排水系统中的排水管道是靠重力流流动的,但是仍然需要中途提升泵站、总提升泵站以及雨水提升泵站的连续工作才能把城市污水和雨水输送到污水处理厂或天然水体。

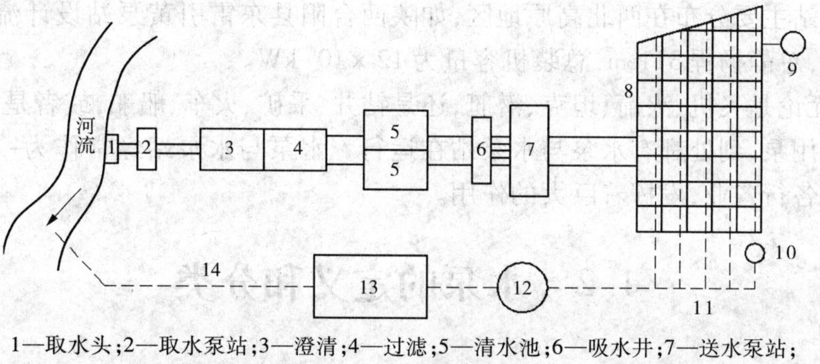

1—取水头;2—取水泵站;3—澄清;4—过滤;5—清水池;6—吸水井;7—送水泵站;
8—给水管网;9—加压泵站;10—中途提升泵站;11—排水管网;
12—污水总提升泵站;13—污水处理厂;14—排水总渠

图1-1 城镇给水排水系统的基本组成

水泵与水泵站在我国许多城市的长距离引水给水工程中发挥着巨大的作用。例如,引滦入津工程是一项规模较大的跨流域引水工程。它将滦河流域的水调往海河流域的天津市,该工程全长234 km,年引水量达10余亿m^3。工程中修建了11.39 km的引水隧洞,加固了于桥水库,建设了日产水能力为50万t的新开河水厂,修建了4座大型泵站,分别采用了多台叶片可调的大型轴流泵和高压离心泵,总装机容量为2×10^4 kW。

在火力发电厂中,有向锅炉供水的锅炉给水泵,锅炉将水加热变为蒸汽,推动汽轮机旋转并带动发电机发电,如图1-2所示。从汽轮机排出的废气到冷凝器冷却成水,需要冷凝泵将冷凝水压入加热器进行再次循环,冷凝器用的冷却循环水由循环水泵供给。此外,还有输送各种润滑油、排除锅炉灰渣的特殊专用泵等。泵在火电厂中应用极为广泛，而且它的工作对火电厂的安全和经济运行起着重要作用。

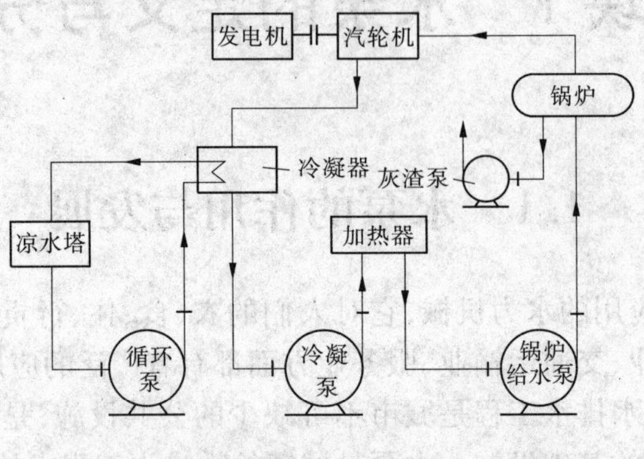

图 1-2　泵在火力发电厂中应用示意图

在农田灌溉与防洪排涝方面，水泵的使用极为广泛，有大流量、低扬程的排涝泵站，有高扬程的梯级灌溉泵站，有跨流域调水泵站，还有开采地下水的井泵站以及解决边远地区人、畜饮水的供水泵站。农田灌溉和排水泵站在我国国民经济各领域的泵站中所占的比例最大，工程规模也大。例如，江都水利枢纽由四座泵站组成，总装机容量为 4.98×10^4 kW，设计流量为 473 m^3/s，抽送江水至大运河及苏北灌溉总渠，灌溉沿线农田，并排除里下河地区的内涝，同时是南水北调工程东线第一级泵站的组成部分。我国高扬程、多梯级的灌溉泵站主要分布在西北高原地区，如陕西合阳县东雷引黄泵站设计流量 60 m^3/s，分 8 级提水，总静扬程 311 m，总装机容量为 12×10^4 kW。

总之，无论是飞机、火箭、坦克、潜艇，还是钻井、采矿、火车、船舶，或者是日常的生活，到处都需要用泵，到处都有水泵与水泵站在运行。水泵与水泵站经常作为一个多功能构筑物服务于各行各业，发挥着巨大的作用。

1.2　水泵的定义和分类

1.2.1　水泵的定义

水泵是能量转换的机械，它将动力机的机械能转换（或传递）给水体，从而将水体提升或输送到所需之处，简言之输送液体的流体机械称为泵。

1.2.2　水泵的分类

水泵的品种繁多，结构各异，对其分类的方法也各不相同，按其工作原理通常可分为叶片式水泵、容积式水泵和其他类型水泵等。

1.2.2.1　叶片式水泵

叶片式水泵是靠泵内高速旋转的叶轮将机械能转换给被抽送的液体。属于这一类的泵有离心泵、轴流泵、混流泵等。

（1）离心泵是靠叶轮高速旋转产生的惯性离心力而工作的水泵。由于其扬程高，流量范围广，因而获得广泛应用。

（2）轴流泵是靠叶轮高速旋转产生的轴向推力而工作的水泵。其扬程较低（一般在10 m以下），流量较大，多用于低扬程、大流量的抽水场合中。

（3）混流泵是靠叶轮高速旋转，既产生惯性离心力又产生轴向推力而工作的水泵。其适用范围介于离心泵与轴流泵之间。

1.2.2.2 容积式水泵

顾名思义，容积式水泵是靠泵工作室容积周期性的变化来转换能量的，它根据工作室容积改变的方式可分为往复泵和回转泵两种。

（1）往复泵，利用柱塞（或活塞）在泵缸内做往复运动来改变工作室的容积而输送液体，如拉杆活塞泵是靠拉杆带动活塞做往复运动进行提水的。

（2）回转泵，利用转子作回转运动来输送液体，如单螺杆泵是利用单螺杆旋转，与泵体啮合空间（工作室）的周期性变化来输送液体的。

1.2.2.3 其他类型水泵

这类泵是指除叶片式水泵和容积式水泵外的水泵。属于这一类的主要有螺旋泵、射流泵（又称水射器）、水锤泵、水轮泵以及气升泵（又称空气扬水机）等。上述水泵除螺旋泵是利用螺旋推进原理提升液体外，其他各种水泵都是利用高速液流或气流的能量来输送液体的。在给水排水工程中，结合工程的具体情况，应用这些特殊泵来输送水或药剂（混凝剂、消毒药剂等）时，常常收到良好的效果。

上述各种类型的水泵均有各自的使用范围。如图1-3所示为常用的几种类型泵的使用范围。由图可见，往复泵的使用范围侧重于高扬程、小流量。轴流泵和混流泵的使用范围侧重于低扬程、大流量。离心泵的使用范围介于两者之间，工作范围最广，产品的品种、系列和规格也最多。

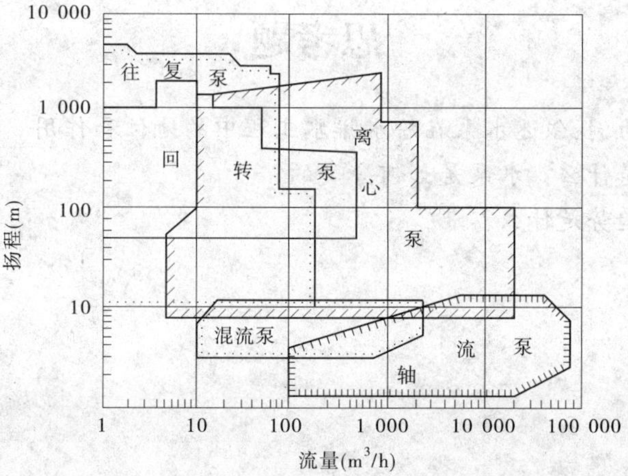

图1-3 常用泵使用范围

1.3 水泵的发展趋势

水泵在各行各业中用途愈来愈广，越来越受到大家的关注，所以应该使水泵向着大型化、大容量化、高速化、高扬程化、系列化、标准化、通用化、自动化、节能化等方向发展。

(1)大型化、大容量化。通常泵的容量越大效率越高，因而这种发展趋势很明显。如国外 130×10^4 kW 汽轮发电机组(单机)配套的锅炉给水泵，功率已达到 5×10^4 kW。城市给水工程中单级双吸离心泵的单机功率已达到 5 500 kW，巨型轴流泵的叶轮直径可达 7 m，潜水泵直径可达 1.6 m。

(2)高速化、高扬程化。目前，国内锅炉给水泵的单级扬程已有突破千米大关的记录。要实现泵的高速化、高扬程化，势必要提高水泵转数。提高水泵转数主要受泵体与叶轮材料的限制。随着现代科学技术的全面进步，水泵的优化设计，水泵所使用材料耐汽蚀性能和强度的进一步提高，已使泵的高速化、高扬程化方向发展变为现实。

(3)系列化、标准化、通用化。产品的三化是用户对产品的要求，也是对现代工业生产的必然要求。为了实现三化，我国已建立了自己的三化体系，三化程度不断提高，并且有部分产品已与国际接轨，如我国已按国际标准化协会制定的 ISO2858—1975E 标准设计与生产单级单吸离心泵，其产品作为标准水泵出现在国际市场。

(4)自动化、节能化。泵与风机的启动、运行、停机、监控、流量压力调节，全过程的自动化应用愈来愈广泛，从而已被多数生产制造厂与用户接受和采用，尤其是近年来泵的运行采用了变频调速机组，不仅提高了水泵高效工作范围，减小了扬程浪费，节约了电能，更节约了人力、时间，提高了运行的安全性。

随着计算机在管理中应用愈来愈普遍，泵的设计理论、现代计算与模拟试验技术、测试手段等的改进，材料性能的发展与创新，加工工艺的革新，可以预见泵的各项性能指标会得到进一步的提高。

思考题

1. 以实际生活为例，叙述水泵在给水排水工程中的地位和作用。
2. 水泵的定义是什么？水泵是如何分类的？
3. 水泵的发展趋势是什么？

模块2　叶片式水泵原理与构造

在给水排水工程中，常用的水泵为叶片式，叶片式水泵类型有离心泵、轴流泵、混流泵三种类型。

2.1　离心泵

2.1.1　离心泵的工作原理

在介绍离心泵的工作原理之前，首先来看两种生活中常见的现象：

(1)在雨天，旋转雨伞，水滴就会沿伞边切线方向飞出，旋转的雨伞给水滴以能量，旋转的离心力把雨滴甩走，如图2-1所示。

(2)两只敞口的圆筒中间由管子连接，2号敞口圆筒绕中心轴做旋转运动，圆筒中的液体受到离心力作用，圆筒内的水面呈抛物线上升的旋转凹面，1号圆筒中水面会下降，如图2-2所示。圆筒半径越大，转速越快，液体沿筒壁上升的高度就越大。

从上述的两个例子可以看出，旋转的离心力能给水增加能量。

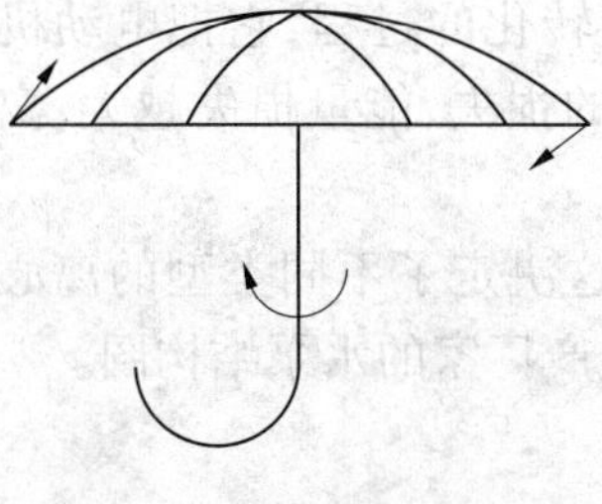

图2-1　旋转的伞

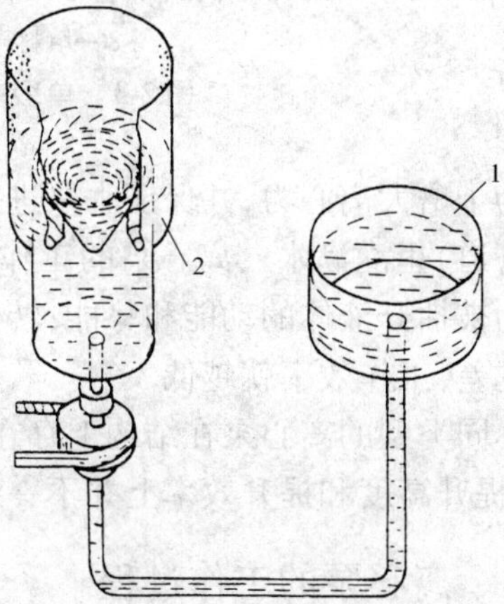

图2-2　离心力作用实例

离心泵就是根据离心力甩水的原理设计出来的。离心泵的各个部件都是经过专门水力计算和水利试验设计完成的。

离心泵工作原理就是利用高速旋转的水泵叶轮产生的离心力甩水，使得水的能量增加，具有能量的水通过泵壳和水泵出口流出水泵，再经过压水管输往目的地。

2.1.2　离心泵的基本构造

如图2-3所示为给水排水工程中常用的单级单吸式离心泵的基本构造示意图。水泵包括叶轮、蜗形泵壳和带动叶轮旋转的泵轴。蜗形泵壳的吸水口与水泵的吸水管相连，出水口与水泵的压水管相连。具有弯曲形叶片的叶轮安装在固定不动的泵壳内，叶轮的进口与水泵吸水管道连通。

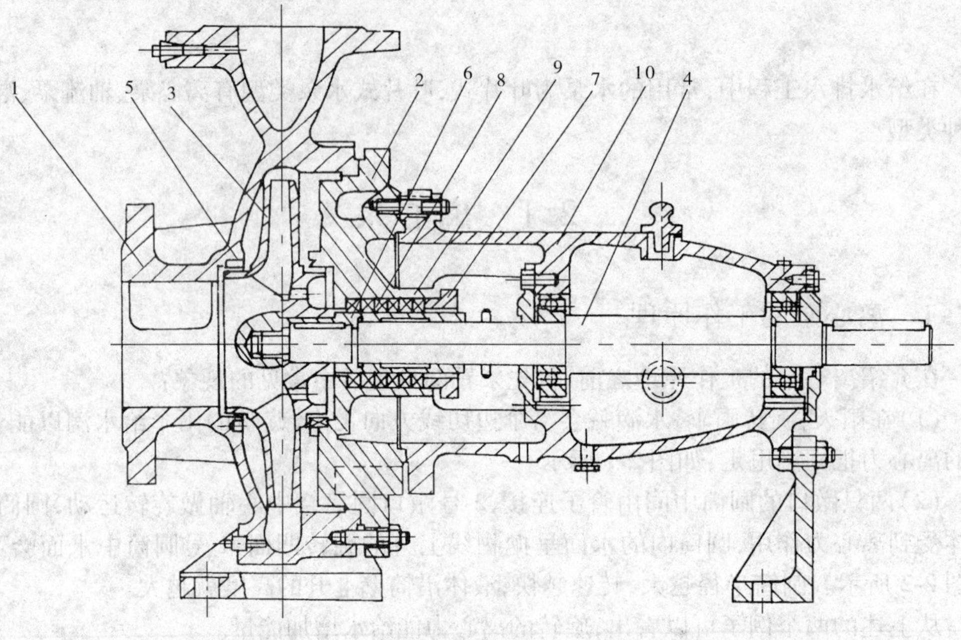

1—泵体；2—泵盖；3—叶轮；4—轴；5—减漏环；6—轴套；7—填料压盖；
8—填料环；9—填料；10—悬架轴承部件

图 2-3　单级单吸式离心泵的基本构造示意图

为了增大离心力，并保证水泵进口产生足够的真空，离心泵启动前要向泵体（泵壳和吸水管道）里灌满水。离心泵的工作过程是一个能量转化的过程，它把电动机的机械能转化为被抽升液体的动能和势能；转化过程伴随能量的损失，能量损失越大，离心泵的性能就越差，工作效率就越低。

不同类型的离心泵在结构上存在着一定的差异，这决定了不同类型的离心泵在提升水量、提升高度和提升效率上并不一致，请查阅水泵生产厂家的水泵结构图。

2.1.3　离心泵的工作过程

开泵前，先在泵内灌满要输送的液体。开泵后，当动力机通过泵轴带动叶轮高速旋转时，叶轮中的水随着一起高速旋转，由于水的内聚力和叶片与水之间的摩擦力不足以形成维持水流做旋转运动的向心力。因此，泵轴带动叶轮一起高速旋转将产生一定的离心力，叶轮中水流逐渐向叶轮外缘流去。液体在此作用下，从叶轮中心被抛向叶轮外周，压力增高，并以很高的速度流入泵壳。在泵壳中由于流道的不断扩大，液体的流速减慢，使大部分动能转化为压力能。最后，液体以较高的静压强从排出口流入排出管道。泵内的液体被抛出后，叶轮中心处由于水被甩出而形成真空，在液面压强（大气压）与泵内压力（负压）的压差作用下，液体便经吸入管路进入泵内，填补了被排除液体的位置，并最终沿吸水管源源不断地流入叶轮,叶轮连续旋转,水被不断地甩出和吸入,就形成了离心泵的连续输水。

离心泵启动时,如果泵壳内存在空气,由于空气的密度远小于液体的密度,叶轮旋转所产生的离心力很小,叶轮中心处产生的低压不足以造成吸上液体所需要的真空度,这样,离心泵就无法工作。为了使启动前泵内充满液体,在吸入管道底部装一止逆阀。此外,在离心泵的出口管路上也装一调节阀,用于开停和调节流量。

2.1.4 离心泵的主要零件

离心泵是由许多零件组成的,根据工作时各部件所处的工作状态,可以分为三大类型:转动部件(叶轮、泵轴、键)、固定部件(泵壳、底座)和交接部件(轴封装置、减漏装置、轴承等)。

在上述零件中,叶轮和泵轴是离心泵的转动部件,泵壳是固定部件。这两者之间有3个交接处:泵轴与泵壳之间的轴封装置、叶轮与泵壳内壁接缝处的减漏环、泵轴与泵座之间的转动连接处的轴承。

2.1.4.1 泵壳

离心泵的泵壳是包容和输送液体的蜗壳形。它主要由泵盖和蜗形体组成。泵盖为泵的吸入室,其作用是将吸水管中的水以最小的损失均匀地引向叶轮。蜗形体由蜗室和扩散锥管组成。蜗室的主要作用是汇集叶轮甩出的水流并借助其过水断面的不断增大来保持蜗室中水流速度为一常数,以减少水头损失。水由蜗室排出后,经扩散锥管流入压力管。扩散锥管的作用是降低水流的速度,把水流的部分动能转化为压能。

泵壳的进、出水接管法兰各有一钻孔,用以安装量测泵进口和出口压力的真空表和压力表。泵壳顶部设有灌水(或抽气)孔,以便在水泵启动前用来充水或抽走泵壳内空气。泵壳底部设有放水孔,用以停泵后放空泵内积水,防止冬季结冻。泵壳底部设有与基础固定用的螺栓孔。除固定水泵的螺栓孔外,其他螺栓孔在水泵运行中暂时不用时,需用带螺纹的丝堵栓紧。

2.1.4.2 叶轮

叶轮又称为工作轮或转轮,是转换能量的部件。它的几何形状、尺寸对水泵的性能有着决定性的影响,是通过水力计算来确定的。选择叶轮材料时,除考虑离心力作用下的机械强度外,还要考虑材料的耐磨和耐腐蚀性能。目前,多数叶轮由铸铁、铸钢和青铜制成。

叶轮按结构分为单吸式和双吸式两种。单吸式叶轮如图2-4所示,它单侧吸水,叶轮的前后盖板不对称,用于单吸离心泵。双吸式叶轮如图2-5所示,它两侧吸水,叶轮盖板对称,用于双吸式离心泵。

叶轮按其盖板的情况分为封闭式、半开式和敞开式三种型式。具有两个盖板的叶轮,称为封闭式叶轮,如图2-6(a)所示。盖板之间装有6~12片向后弯曲的叶片,这种叶轮效率高,应用最广。只有后盖板,而没有前盖板的叶轮,称为半开式叶轮,如图2-6(b)所示。只有叶片而没有盖板的叶轮称为敞开式叶轮,如图2-6(c)所示。半开式叶轮和敞开式叶轮的叶片较少,一般仅有2~5片,多用于输送含有固体、纤维状、悬浮物的污水泵中。

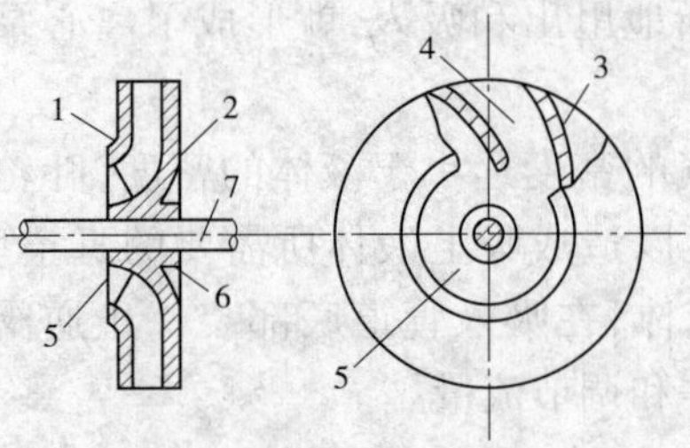

1—前盖板；2—后盖板；3—叶片；4—叶槽；
5—吸水口；6—轮毂；7—泵轴

图 2-4　单吸式叶轮

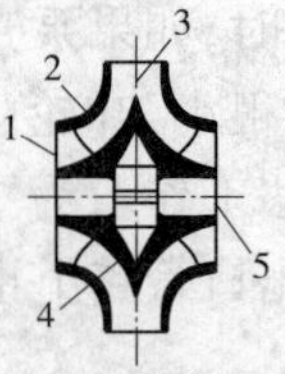

1—吸水口；2—盖板；3—叶片；
4—轮毂；5—轴孔

图 2-5　双吸式叶轮

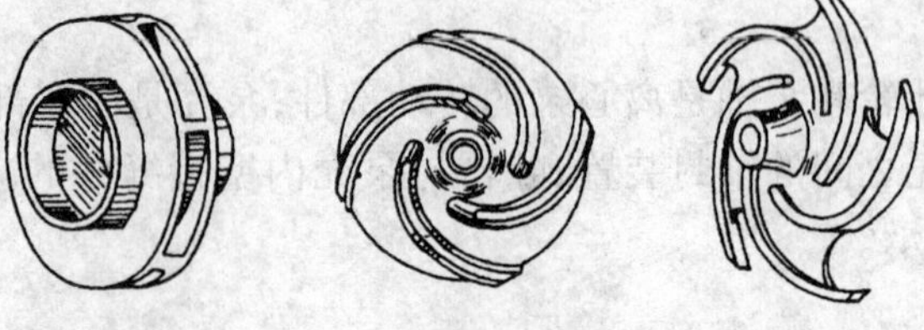

(a) 封闭式　(b) 半开式　(c) 敞开式

图 2-6　离心泵叶轮

2.1.4.3　**泵轴**

泵轴的作用是用来支承并带动叶轮旋转。要求泵轴端直且具有足够的强度、刚度，以免泵运行中由于轴的弯曲而引起叶轮摆动导致叶轮与泵壳相磨而损坏。泵轴一般由碳素钢或不锈钢制成。泵轴的一端用平键和反向螺母固定叶轮，在旋转时，使叶轮处于拧紧状态；在大中型水泵中，叶轮的轴向位置采用轴套和并紧轴套的螺母来定位。泵轴的另一端装联轴器。

2.1.4.4　**轴封装置**

泵轴穿出泵壳处，旋转的泵轴和固定的泵壳之间必然有间隙存在，如不采取相应的措施，从叶轮流出的高压水会通过此间隙大量流出。如果间隙处的压力为真空，则空气会从该处进入泵内。因此，必须设置轴封装置。

轴封装置有多种型式，叶片式水泵最常使用的是填料密封。它由底衬环、填料、填料压盖、水封环等零件组成，如图 2-7 所示。常用的填料是浸油、浸石墨的石棉绳。近年来出现了各种耐高温、耐磨损及耐腐蚀的新型填料，如用碳素纤维、不锈钢纤维及合成树脂纤维编织成的填料等。为了提高密封效果，填料一般做成矩形断面。填料的压紧程度用压盖上的螺母来调节。如压得过紧，泵轴与填料的机械磨损增大，机械损失也增大，严重时产生抱轴现象；如压得过松，达不到密封的效果。因此，填料应压得松紧合适，一般以水封管内水能通过填料缝隙呈滴状渗出为宜。目前，有些离心泵采用了橡胶圈密封、机械密封等新的轴封装置。

2.1.4.5　**减漏环**

离心泵叶轮进口外缘与泵盖内缘存在有间隙。此间隙是高低压的交界面，间隙过大，

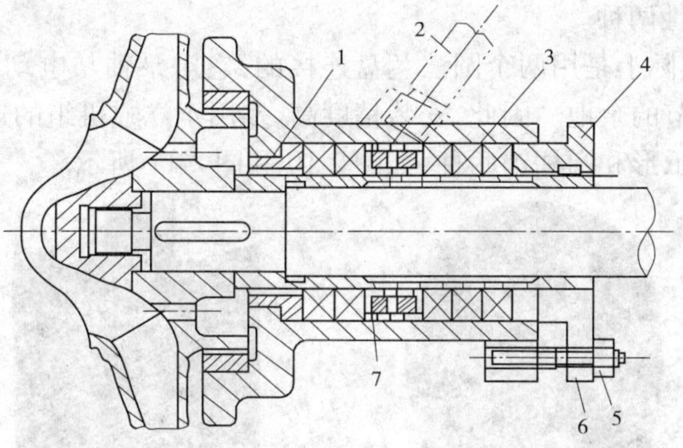

1—底衬环;2—水封管;3—填料;4—填料压盖;5—螺母;6—双头螺栓;7—水封环

图 2-7 填料轴封装置

从叶轮流出的高压水通过此间隙漏回到叶轮进水侧,减少泵的出水量,降低泵的效率。但间隙过小时,又会引起机械磨损。所以,为了延长叶轮和泵盖的使用寿命,通常在泵盖上镶嵌一个金属口环,此口环称为减漏环,如图 2-8 所示。减漏环的另一作用是用来承磨,在运行中,这个部位的摩擦是难免的,当发生摩擦间隙过大时,只需更换减漏环而不致使叶轮和泵盖报废。因此,减漏环又称承磨环,是易损件。

2.1.4.6 轴承

轴承装于轴承座内用以支承转动部分的质量和承受转动部分在运转中产生的轴向和径向荷载,并减小泵轴转动的摩擦力。轴承分为滚动轴承和滑动轴承两大类。单级单吸式离心泵通常采用单列向心球轴承,如图 2-9 所示。它由外圈、内圈、滚动体和保持架组成。内圈装在轴颈上,与轴一起旋转。外圈上有滚道,当内、外圈相对旋转时,滚动体沿着滚道滚动,保持架的作用是把滚动体均匀地隔开。轴承用稀油或干油润滑。

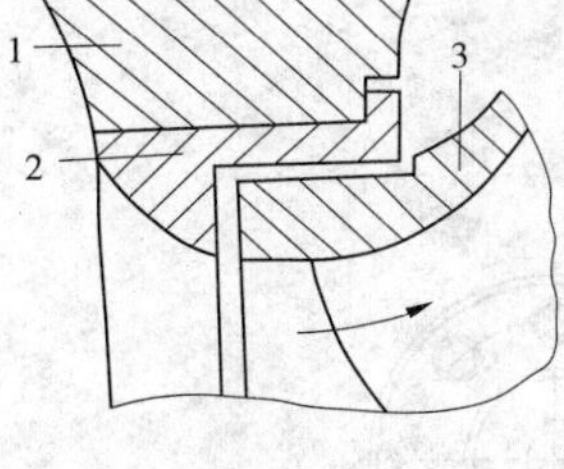

1—泵壳;2—泵盖上的减漏环;3—叶轮

图 2-8 减漏环

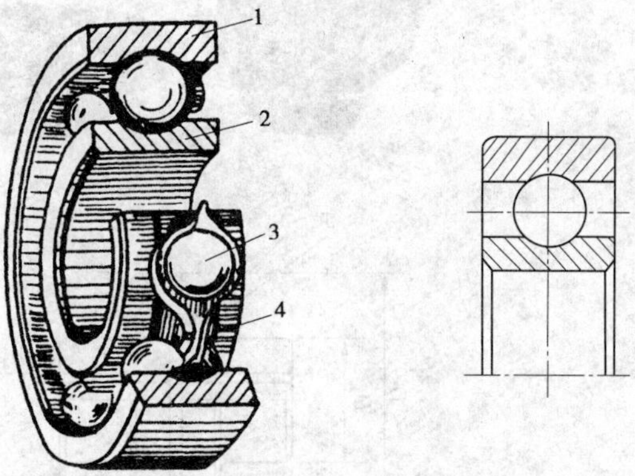

(a)

(b)

1—外圈;2—内圈;3—滚动体;4—保持架

图 2-9 向心球轴承

2.1.4.7 联轴器

联轴器把水泵和电动机的轴连接起来,使之一起转动,并传递扭矩。联轴器又称"靠背”轮，有刚性和弹性两种。

刚性联轴器，实际上是用两个圆法兰盘连接的，它对泵轴与电动机轴的不同心度，在连接和运行中无调节的余地。因此，安装精度高，多用于立式机组的连接。

弹性联轴器有爪形和圆柱销两种，如图 2-10 和图 2-11 所示。

（a）

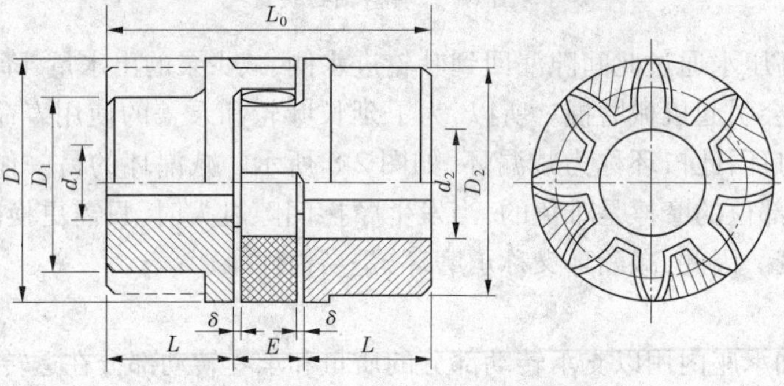

（b）

图 2-10　爪形弹性联轴器

（a）

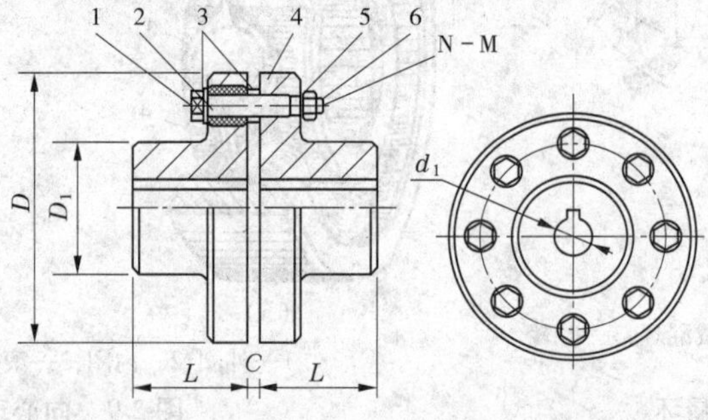

（b）

1—弹性套；2—柱销；3—垫圈；4—联轴节；5—弹垫；6—螺母

图 2-11　圆柱销弹性联轴器

圆柱销弹性联轴器由半联轴器、圆柱销、挡圈和用橡胶或皮革制成的弹性圈组成，运转时允许产生少量的变形，能够补偿两轴线间的少量偏移。爪形弹性联轴器由两半爪形联轴器和用橡胶制成的星形弹性块组成，结构简单，装卸方便，传递扭矩较小，适用于小型卧式机组。

液力联轴器（又称液力耦合器）是一种液力传动装置。液力联轴器主要由壳体、泵轮、涡轮三个部分组成，如图 2-12 所示。液力联轴器工作时，电动机的动能通过泵轮传给液压油，液压油在循环流动的过程中又将动能传给涡轮输出。液力联轴器启动平稳，有过载保护及无级调速等功能，一般均用于大功率或工况需经常改变的大泵。

2.1.4.8 轴向力平衡装置

单级单吸式离心泵，由于叶轮前后盖板的不对称，水泵工作时，叶轮两侧作用的压力不相等，在叶轮上产生了一个指向入口方向的轴向力 ΔP，如图 2-13 所示。这种轴向力对于多级式离心泵来说，数值较大，必须采用专门的轴向力平衡装置来解决。对于单级单吸式离心泵而言，一般采取在叶轮后盖板靠近轮毂处开平衡孔并在后盖板上加装减漏环的措施。高压水经此减漏环后，压力下降，并经平衡孔流回叶轮中去，使叶轮前后盖板上的压力相接近，这样，消除了大部分轴向力，少部分未被消除的轴向力由轴承承受。此方法的优点是构造简单，缺点是水泵的效率有所降低。这种方法单级单吸式离心泵采用较多。此外，还可在叶轮后盖板处用加做平衡筋板的方法，使叶轮两侧的压力趋于平衡。

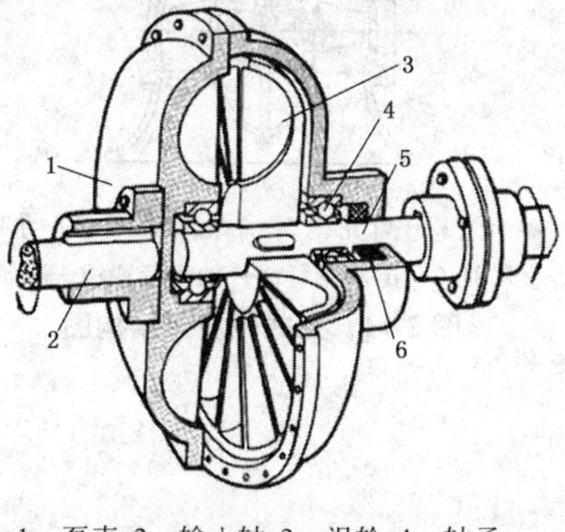

1—泵壳；2—输入轴；3—涡轮；4—轴承；
5—输出轴；6—密封

图 2-12　液力联轴器

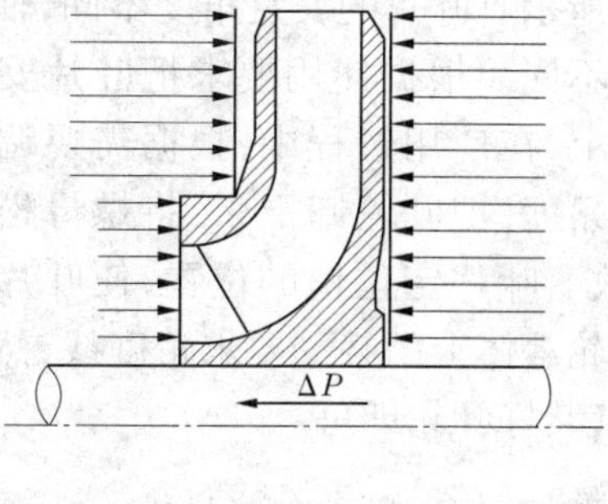

图 2-13　轴向推力

2.2　轴流泵和混流泵

轴流泵与混流泵是叶片式水泵中流量较大、扬程较低的泵型。在给水排水工程中广泛应用于城镇雨水防洪泵站、大中型污水泵站以及大型钢厂、火力发电厂中的循环泵站等。

2.2.1　轴流泵

2.2.1.1　轴流泵的构造

轴流泵按结构型式可分为立式、卧式和斜式三种。在给水排水工程中采用较多的是立式轴流泵。图 2-14 为立式轴流泵的结构图，其基本部件有喇叭管、叶轮、上下橡胶导轴承、导叶体、泵轴、出水弯管、轴封装置、联轴器等。

1. 喇叭管

为了改善叶轮进口处的水力条件，一般采用符合流线型的喇叭管，大中型轴流泵由进水流道代替喇叭管。

2. 叶轮

叶轮是轴流泵的主要部件。叶轮通常由叶片、轮毂体、导水锥等几部分组成，用铸铁或铸钢制成。

根据叶片的安装角度是否可调节，轴流泵的型式又可分为固定式、半调节式和全调节式三种。

固定式轴流泵的叶片和轮毂体铸成一体，叶片的安装角度不能调节。

半调节式轴流泵的叶片是用螺母拴紧在轮毂体上，在叶片的根部刻有基准线，而在轮毂体上刻有几个相应安装角度的位置线，如图 2-15所示。叶片的安装角度不同，轴流泵的性能也不同。根据使用要求把叶片安装在某一位置上，在使用过程中，根据需要调节叶片的安装角度，把叶轮卸下来，将螺母松开转动叶片，改变叶片定位销的位置，使叶片的基准线对准轮毂体上的某一要求角度线，然后把螺丝拧紧，装好叶轮即可。

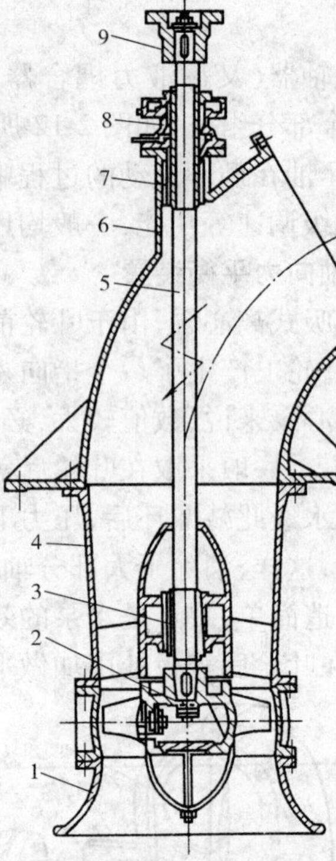

1—喇叭管；2—叶轮；3、7—橡胶导轴承；4—导叶体；
5—泵轴；6—出水弯管；8—轴封装置；9—联轴器

图 2-14　立式轴流泵结构图

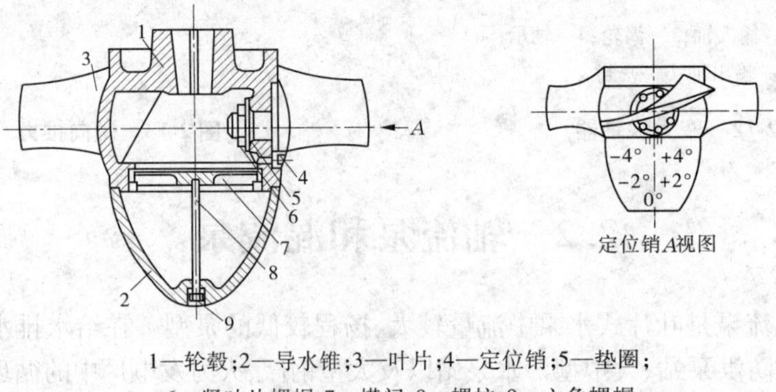

1—轮毂；2—导水锥；3—叶片；4—定位销；5—垫圈；
6—紧叶片螺帽；7—横门；8—螺柱；9—六角螺帽

图 2-15　半调节式叶片轴流泵的叶轮

全调节式轴流泵可以根据不同的流量和扬程要求，在停机或不停机的情况下，通过油压调节机构改变叶片的安装角度，从而改变水泵的性能。这种全调节式轴流泵调节机构比较复杂，一般应用于大型轴流泵。

3. 导叶体

导叶体由导叶、导叶毂、扩散管组合而成，用铸铁制成。导叶固定在泵壳上不动。导叶体的作用是把叶轮出口的液体收集起来输送到出水弯管，消除液体从叶轮流出的旋转运动，并把部分动能转换成压力能。

4. 泵轴和轴承

泵轴由碳钢制成，是用来传递扭矩的。在大型轴流泵中，为了布置调节、操作机构，泵轴常做成空心的。

轴流泵的轴承按其功能有导轴承和推力轴承两种。导轴承用来承受泵轴的径向力，起径向定位作用。中小型轴流泵大多采用水润滑的橡胶导轴承，如图 2-14 中的 3、7 所示。推力轴承主要用来承受水流作用于叶片上向下的轴向水压力、水泵转动部分的重量，并将这些荷载传到电动机的基础上去。推力轴承还能调节转子的轴向位置。

5. 轴封装置

在轴流泵出水弯管的轴孔处需要设置轴封装置，其构造与离心泵的轴封装置相似。

2.2.1.2 轴流泵的工作原理

轴流泵的工作是以空气动力学中机翼的升力理论为基础的。其叶片与飞机机翼具有相似形状的剖面，一般称叶片剖面为翼型。如图 2-16 所示，翼型的前端圆钝，后端尖锐，上表面（工作面）曲率小，下表面（背面）曲率大。当叶轮在水中旋转时，水流以速度 v 与翼弦（连接翼前、后端点的直线）成 α 角流过，在翼型的前端分成两股水流，它们经过翼型的上下表面，然后同时在翼型的末端汇合。由于上表面的路径短，下表面的路径长，沿翼型下表面的流速要比沿翼型上表面的流速大，相应的翼型下表面的压力要比上表面小，因而水流对翼型产生方向向下的作用力 R，同样，翼型对水流产生一个反作用力 R'，其大小与 R 相等、方向相反，作用在水流上，在此力的作用下，水沿泵轴方向上升。叶轮不停地旋转，水就会不断地被提升。

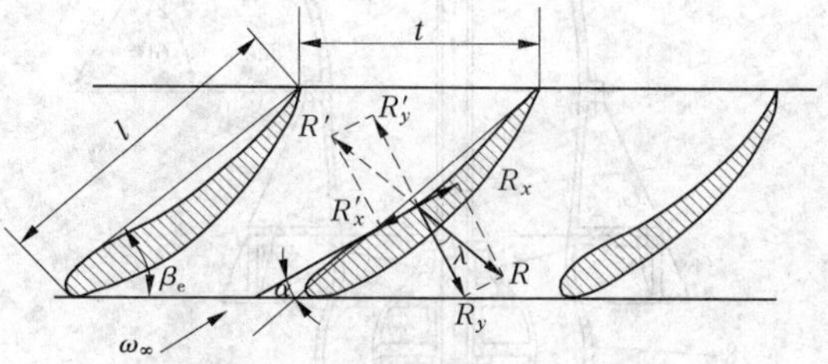

图 2-16 作用在翼型上的力

2.2.2 混流泵

混流泵根据其压水室的不同，通常分为蜗壳式和导叶式两种，如图 2-17 和图 2-18 所示。从外型上看，蜗壳式混流泵与单级单吸式离心泵相似，导叶式混流泵与立式轴流泵相似。其部件也无太大区别，所不同的是叶轮的形状和支承方式。混流泵的工作原理是离心力和升力的共同作用把机械能转换给被抽送的水。

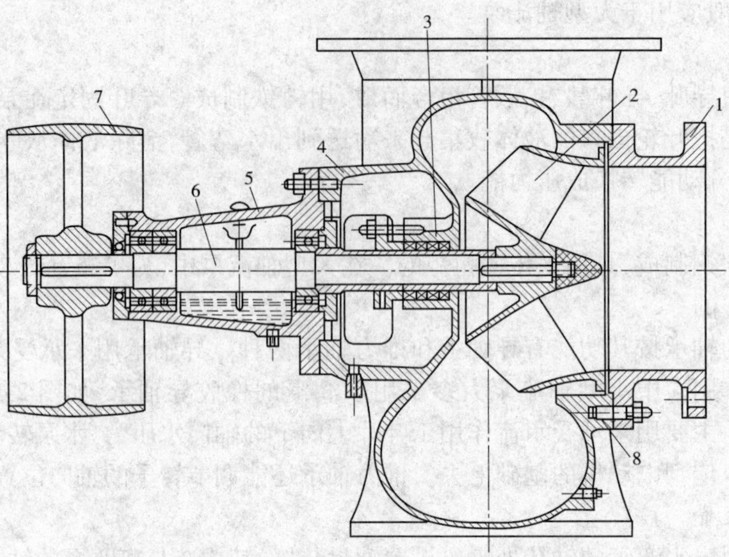

1—泵盖;2—叶轮;3—填料;4—泵体;5—轴承体;6—泵轴;7—皮带轮;8—双头螺丝

图 2-17　卧式蜗壳式混流泵结构图

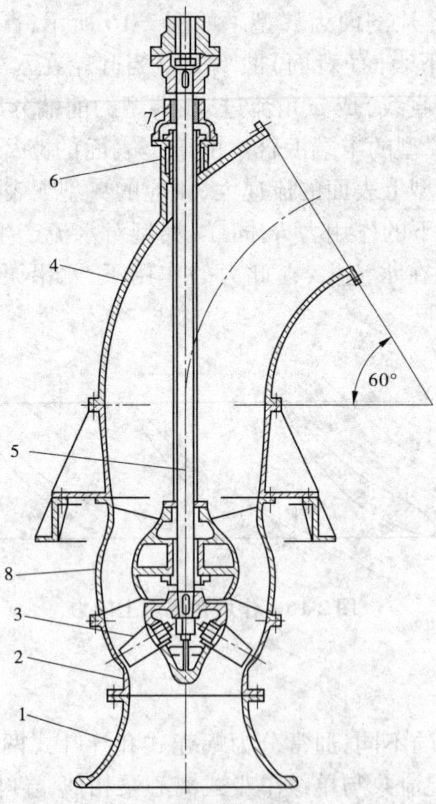

1—进水喇叭;2—叶轮外壳;3—叶轮;4—出水弯管;

5—泵轴;6—橡胶轴承;7—填料函;8—导叶体

图 2-18　立式导叶式混流泵结构图

水泵的性能参数是用来表征水泵性能的一组数据，即水泵工作能力的大小和工作性能的好坏。水泵的性能参数包括流量、扬程、功率、效率、允许吸上真空高度或汽蚀余量、转速。

2.3 水泵的性能参数

2.3.1 流量(抽水量)

流量(抽水量)是指水泵单位时间内输送的液体的数量，用 Q 表示，是表示水泵工作能力大小的参数。常用体积流量，法定单位是立方米每秒(m^3/s)，工程中常用的单位是立方米每小时(m^3/h)或升每秒(L/s)，也可以用质量单位吨每小时(t/h)或吨每天(t/d)。

2.3.2 扬程

扬程是指单位质量的液体从水泵的进口到水泵的出口所增加的能量，用 H 表示，是表示水泵工作能力大小的参数。法定单位为帕斯卡(简称帕，Pa)，千帕(kPa)、兆帕(MPa)是帕斯卡的倍数单位；工程上常把它折算成米水柱(mH_2O，1 mH_2O = 9.806 Pa)，或用工程大气压千克力每平方厘米(kgf/cm^2)。

扬程是表征液体经过水泵后比能增值的一个参数，水流进入水泵时所具有的比能为 E_1，流出水泵时所具有的比能为 E_2，则水泵的扬程为

$$H = E_2 - E_1 \tag{2-1}$$

2.3.3 功率

功率是水泵单位时间内所做功的大小，法定单位为瓦特(简称瓦，W)，千瓦(kW)是瓦的倍数单位，工程中常用"马力"(1 米制马力 = 735.499 W，1 英制马力 = 745.700 W)。

2.3.3.1 有效功率

有效功率又称输出功率，是指单位时间内流过水泵的液体从水泵那里得到的能量，用 N_u 表示，可用下式计算：

$$N_u = \frac{\rho g Q H}{1\ 000} \tag{2-2}$$

式中 N_u——水泵的有效功率，kW；

ρ——液体的密度，kg/m^3，清水为 1 000 kg/m^3；

g——重力加速度，m/s^2。

2.3.3.2 轴功率

轴功率又称输入功率，是指动力机传给泵轴的功率，用 N 表示。

2.3.3.3 配套功率

配套功率是指为水泵配套的动力机功率，用 $N_{配}$ 表示。

2.3.4 效率

效率是指水泵的有效功率与轴功率的比值，用 η 表示。轴功率不可能全部传递给被

输送的液体，在泵内部存在能量损失。因此，水泵的有效功率总是小于轴功率。效率标志着水泵转换能量的有效程度，是水泵的重要技术经济指标，反映水泵性能的好坏。

$$\eta = \frac{N_u}{N} \tag{2-3}$$

工程上通常用下式计算水泵电耗：

$$W = tN_u/\eta = \frac{t\rho gQH}{1\,000\eta_1\eta_2} \quad (\mathrm{kW \cdot h}) \tag{2-4}$$

式中 t——水泵运行的时间，h；

η_1、η_2——水泵和电机的效率值。

【例 2-1】 某提升泵站平均供水量 $Q = 4.32 \times 10^4\ \mathrm{m^3/d}$，扬程 $H = 30\ \mathrm{m}$，水泵的效率为 60%，电机效率为 70%。试计算该泵站工作 15 h 的电耗值。

解：将 $Q = 4.8 \times 10^4\ \mathrm{m^3/d} = 0.56\ \mathrm{m^3/s}$、$H = 30\ \mathrm{m}$、$\eta_1 = 60\%$、$\eta_2 = 70\%$、$t = 15\ \mathrm{h}$ 带入式(2-4)中得

$$W = \frac{t\rho gQH}{1\,000\eta_1\eta_2} = \frac{15 \times 1\,000 \times 9.8 \times 0.56 \times 30}{1\,000 \times 60\% \times 70\%} = 5\,880(\mathrm{kW \cdot h})$$

2.3.5 转速

转速是指水泵的叶轮每分钟旋转的圈数，用 n 表示，单位是 r/min。

转速是影响水泵性能的一个重要参数，各种水泵都是按一定的转速设计的，当水泵的实际转速不同于设计转速时，水泵的其他性能参数将按一定的规律变化。

在往复泵中转速通常以活塞往复的次数来表示，单位是次/min。

2.3.6 允许吸上真空高度或必需汽蚀余量

允许吸上真空高度或必需汽蚀余量是两个表征水泵吸水性能好坏的参数，用 H_s 或 $(NPSH)_r$ 表示。

允许吸上真空高度(H_s)：指水泵在标准状态下(即水温 20 ℃、表面压力 1.013×10^5 Pa)运转时，水泵所允许的最大吸上真空高度，单位以 $\mathrm{mH_2O}$ 表示。

汽蚀现象：水泵在运行过程会产生内部液体局部位置的压力降低到水的饱和蒸汽压力(汽化压力)，水就开始汽化生成大量的气泡，气泡随水流向前运动，运动到压力较高的部位时，迅速凝结、溃灭。泵内水流中气泡的生成、溃灭过程涉及物理、化学现象，并产生噪声、振动和对过流部件的侵蚀。

汽蚀余量：是指在水泵进口处，单位重力的水所具有的大于饱和蒸汽压力的富余能量，以 $\mathrm{mH_2O}$ 表示。$NPSH$ 是表示轴流泵、立式混流泵、锅炉给水泵吸水性能的汽蚀余量。

临界汽蚀余量$(NPSH)_a$：指叶轮内压力最低点的压力刚好等于所输送水流水温下的饱和蒸汽压力时的汽蚀余量，其实质是水泵进口处的水在流到叶轮内压力最低点，压力下降为饱和蒸汽压力时的能量损失相应的水头损失。

必需汽蚀余量$(NPSH)_r$：指水泵进口处必须具有超过饱和汽化压力水头的最小能量。

泵类产品样本中所提供的汽蚀余量是临界汽蚀余量。为了保证水泵正常工作时不发

生汽蚀，将临界汽蚀余量适当加大，即为必需汽蚀余量，其计算式为

$$(NPSH)_r = (NPSH)_a + 0.3\ \text{m} \tag{2-5}$$

大型泵$(NPSH)_r$还可采用下式计算：

$$(NPSH)_r = (1.1 \sim 1.3)(NPSH)_a \tag{2-6}$$

允许吸上真空高度或必需汽蚀余量关系如下：

$$H_s = \frac{p_a}{\gamma} - \frac{p_v}{\gamma} - (NPSH)_r + \frac{v_1^2}{2g} \tag{2-7}$$

$$(NPSH)_r = \frac{p_a}{\gamma} - \frac{p_v}{\gamma} - H_s + \frac{v_1^2}{2g} \tag{2-8}$$

式中 $\frac{p_a}{\gamma}$——安装水泵处的大气压力水头，m，与海拔有关，见表 2-1；

$\frac{p_v}{\gamma}$——饱和蒸汽压力水头，m，与水温有关，见表 2-2；

$\frac{v_1^2}{2g}$——水泵进口处的流速水头，m。

表 2-1 不同海拔大气压力水头 （单位：m）

海拔	0	100	200	300	400	500	600	700
$\frac{p_a}{\gamma}$	10.33	10.22	10.11	9.97	9.89	9.77	9.66	9.55
海拔	800	900	1 000	2 000	3 000	4 000	5 000	
$\frac{p_a}{\gamma}$	9.44	9.33	9.22	8.11	7.47	6.52	5.57	

表 2-2 水温与饱和蒸汽压力的关系

水温（℃）	0	5	10	20	30	40	50	60	70	80	90	100
$\frac{p_v}{\gamma}$ (mH_2O)	0.06	0.09	0.12	0.24	0.43	0.75	1.25	2.02	3.17	4.82	7.14	10.33

上述六个性能参数之间有其内在的联系，水泵厂通常用性能曲线来表示。在水泵产品样本中，除对每种型号水泵的构造、用途、安装尺寸作出说明外，更主要的是，提供了一套水泵的性能参数及各性能参数之间相互关系的特性曲线，以便用户全面了解水泵的性能及选择水泵。

为了便于用户使用水泵，每台水泵的泵壳上都有一块铭牌，铭牌上简明列出了该水泵在设计转速下运行、效率为最高时水泵的性能参数值。铭牌上所列出的这些数值是该水泵设计工况下的参数值，它只是反映在特性曲线上效率最高点的参数值。

另外，叶片式水泵的品种与规格很多，为便于技术上的应用和商业上的销售，对不同品种、规格的水泵，按其基本结构、型式、特征、主要尺寸和工作参数的不同，分别制定为各种型号。通常用汉语拼音字母表示泵的名称、型式、特征，用数字表示泵的主要尺寸和工作参数；也有单纯用数字组成的，如 IS100S90A 单级双吸中开离心清水泵的铭牌为：

单级双吸中开离心清水泵

型号:IS100S90A	转速:2 950 r/min
扬程:90 m	效率:64%
流量:72 m^3/h	轴功率:21.6 kW
汽蚀余量:2.5 m	配带功率:30 kW
重量:20 kg	生产日期:××年×月×日
	××××水泵厂

IS100S90A 各参数意义为:100—水泵口直径,mm;S—单级双吸中开离心泵;90—水泵额定扬程,m;A—水泵叶轮外径经过一次切削。

2.4　离心泵的基本方程式与性能曲线

离心泵是靠叶轮的旋转来输送水的。那么,水流是如何在旋转的叶轮中运动的呢?叶轮如何把能量传递给被抽送的水呢?这些问题均可以从离心泵基本方程得到答案。离心泵的基本方程式就是研究水泵扬程和叶轮运动之间关系的方程式。

2.4.1　水在叶轮中的运动状况

水流过水泵时,泵的吸入室和压出室是固定不动的,水的运动状况比较容易分析研究。水在叶轮内一方面从叶槽进口流向出口,另一方面又随叶轮一起旋转。所以,水在叶轮内的运动为一复合运动。

封闭式离心泵叶轮的剖面图,如图 2-19 所示。水随叶轮一起旋转做牵连运动或圆周运动,其速度称为牵连速度或圆周速度,用 u 表示,如图 2-19(a)所示。水相对于旋转叶轮的运动称为相对运动,其速度称为相对速度,用 ω 表示,如图 2-19(b)所示。水相对于静止坐标系的运动称为绝对运动,其速度称为绝对速度,用 c 表示。绝对速度 c 等于牵连速度 u 和相对速度 ω 的向量和,即

$$c = u + \omega \tag{2-9}$$

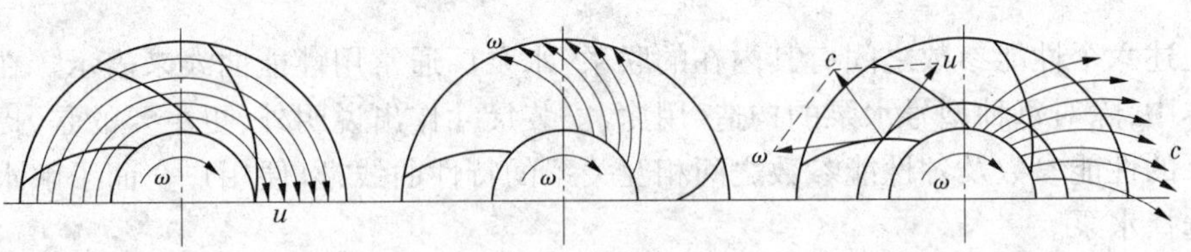

(a)水的牵连运动　　(b)水的相对运动　　(c)水的绝对运动

图 2-19　水在叶轮内的运动

水牵连速度的方向与质点在叶轮中所在处的圆周切线方向一致。水相对速度的方向与该质点所在处的叶片表面相切。水绝对速度的速度方向,用速度四边形法确定,如图 2-19(c)所示。实际应用时只画速度三角形,如图 2-20 所示。图中 α 是绝对速度和圆周速度之间的夹角,β 是相对速度方向和圆周速度方向之间的夹角。绝对速度可分解为

两个相互垂直的分速度 c_u、c_r，即

$$c_u = c\cos\alpha \tag{2-10}$$

$$c_r = c\sin\alpha \tag{2-11}$$

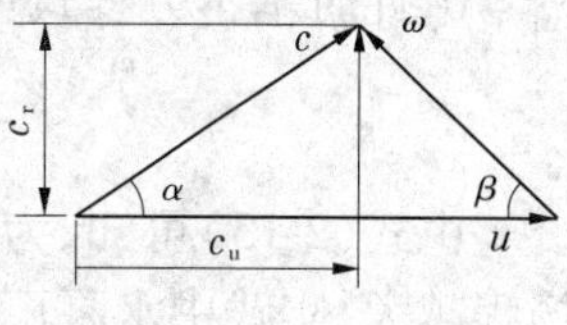

图 2-20 速度三角形

c_u 为圆周分速度，它和牵连速度的方向一致。c_r 对离心泵来说是径向分速度。

叶槽内任意一点，在给定条件下均可作出速度三角形，但在分析和解决问题时，主要应用叶片进、出口处的速度三角形。为区别起见，分别用下脚标“1”和“2”表示叶片进、出口处参数。图 2-21 所示为离心泵、轴流泵叶片进、出口速度三角形。

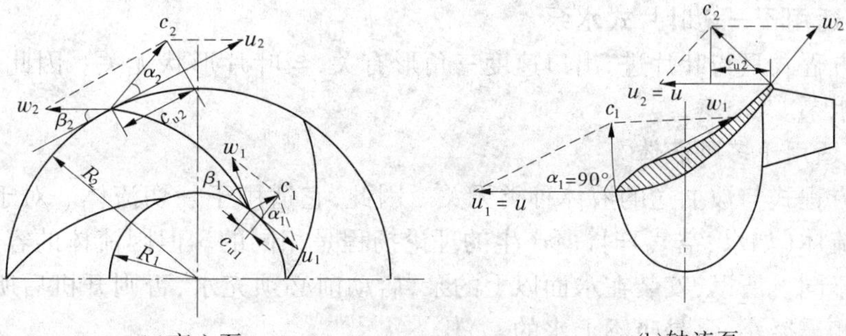

(a)离心泵 (b)轴流泵

图 2-21 叶片进、出口速度三角形

2.4.2 离心泵的基本方程式

离心泵的基本方程式是反映离心泵理论扬程与水运动状况变化的关系式。

水在叶轮内的运动非常复杂，为便于研究及简化分析，对叶轮构造和液体的性质作以下三点基本假设：

(1)水在叶轮内处于恒定的流动状态。

(2)水运动是均匀一致的，即认为叶轮的叶片为无限多而又无限薄，水的运动与叶片的形状完全一致。

(3)水是恒定流动的，各点的运动要素不随时间改变。

在上述假定条件下，应用动量矩定理把叶轮对液体作的功与叶轮进、出口液体运动状况联系起来，即可推导出叶片式水泵的基本方程为

$$H_T = \frac{1}{g}(u_2 c_{u2} - u_1 c_{u1}) \tag{2-12}$$

式(2-12)表明液体流经旋转的叶轮时，叶轮传递给单位重量水的能量就是扬程。所以，上式为叶片式水泵的基本能量方程式，又称为叶片式水泵的理论扬程方程式。

2.4.3 基本方程式的讨论

2.4.3.1 进水角度影响

为提高水泵的扬程和改善吸水性能，大多数离心泵在水流进入叶片时，$\alpha_1 = 90°$，也即

$c_{u1}=0$,此时基本方程式可写成

$$H_T = \frac{1}{g}u_2 c_{u2} \tag{2-13}$$

由式(2-13)可知,为了获得正值扬程($H_T>0$),必须使 $\alpha_2<90°$,α_2 越小,水泵的理论扬程越大,实践中水泵厂一般选用 $\alpha_2=6°\sim15°$。

2.4.3.2　**对提高扬程的影响**

水流通过水泵时,理论扬程与圆周速度 u_2 有关,而 $u_2=\frac{\pi D_2 n}{60}$,因此水泵的扬程与叶轮的转速 n、叶轮的外径 D_2 有关。增加叶轮的转速或加大叶轮直径,均可提高水泵的扬程。

2.4.3.3　**适用于一切叶片式水泵**

基本方程式只与叶片进、出口速度三角形有关,与叶片形状无关。因此,它适用于一切叶片式水泵。

2.4.3.4　**适用于多种液体**

基本方程式与被抽送的液体种类无关。因此,它适用于一切流体。对于同一台泵输送不同的流体(如水、空气)时,所产生的理论扬程是相同的。但因流体的容重不同,泵产生的压力不同。所以,安装在水面以上的泵,启动前必须充水,否则开机后所抽空气柱折合成水柱相当微小,泵是吸不上水的。

2.4.3.5　**动扬程与势扬程**

由叶片进、出口速度三角形,根据余弦定理可得

$$\omega_1^2 = u_1^2 + c_1^2 - 2u_1 c_{u1} \tag{2-14}$$

$$\omega_2^2 = u_2^2 + c_2^2 - 2u_2 c_{u2} \tag{2-15}$$

将以上两式除以 $2g$ 并相减得

$$H_T = \frac{u_2^2 - u_1^2}{2g} + \frac{\omega_1^2 - \omega_2^2}{2g} + \frac{c_2^2 - c_1^2}{2g} \tag{2-16}$$

由水力学的理想液体相对运动能量方程式得

$$\frac{u_2^2 - u_1^2}{2g} + \frac{\omega_1^2 - \omega_2^2}{2g} = \left(Z_2 + \frac{p_2}{\rho g}\right) - \left(Z_1 + \frac{p_1}{\rho g}\right) \tag{2-17}$$

式(2-17)等号的右边为水泵叶轮产生的势扬程,$\frac{c_2^2 - c_1^2}{2g}$为水泵叶轮产生的动扬程。

由此可见,理论扬程是由势扬程和动扬程两部分组成的。在实际应用中,由动能转化为压能的过程中,伴有能量的损失。因此,动扬程这一项在水泵总扬程中所占的比重越小,泵内的水头损失就越小,水泵的效率就越高。

2.4.3.6　**水泵进出水旋涡的影响**

基本方程式不仅广泛地应用于叶片式水泵的水力设计中,而且还可以定性地分析水流现象对水泵运行的影响。例如,当水泵吸水井或吸水管中水流出现旋涡时,若旋涡的旋转方向与叶轮的旋转方向相反,c_{r1} 增加到 c'_{r1},而 c_{u1} 为负值,运用基本方程式

$$H'_T = \frac{u_2 c'_{u2} - (-u_1 c'_{u1})}{g} = \frac{u_2 c_{u2} + u_1 c_{u1}}{g} \tag{2-18}$$

$$Q' = A_1 c'_{r1} \tag{2-19}$$

式中　A_1——叶轮进口过水断面面积。

可见，当旋涡的旋转方向与叶轮的旋转方向相反时，其理论扬程和流量均增加，泵的轴功率也相应地增加。若旋涡的旋转方向与叶轮的旋转方向相同，水泵的扬程和流量均减小。若旋涡不稳定，时生时灭、时弱时强，还会引起机组振动，致使机组不能正常工作。

2.4.3.7　叶轮叶片弯曲角度的影响

用基本方程式可以分析离心泵叶片的型式，如图 2-22 所示。可以看出，离心泵出水角 β_2 大于等于 90°时，出口绝对速度的圆周分速度大，动扬程所占比例增大，槽道短而弯度大，致使水头损失大。为减少能量损失，提高泵的效率，实践中对离心泵叶轮的叶片都采用向后弯曲的型式。

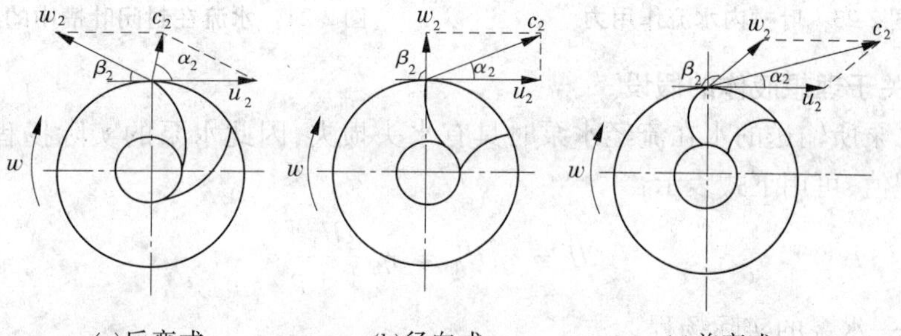

(a)后弯式　(b)径向式　(c)前弯式

图 2-22　离心泵叶片的型式

2.4.4　基本方程式的修正

基本方程式是在三点假设的基础上推导得出的，因此需要对这三点假设的真实性进行分析，并对基本方程式进行修正。

2.4.4.1　关于液体是恒定流的假设

当叶轮转速不变时，叶轮外的绝对运动可以认为是恒定的。在水泵启动一段时间后，如果外界条件不变，这一假定基本上可以认为与实际相符。

2.4.4.2　关于液体运动均匀一致的假设

只有在叶片为无限多而又无限薄的理想情况下，液体的运动才能完全均匀一致，如图 2-23所示。这与实际叶轮有较大的差异。实际水泵的叶轮一般有 2 ~ 12 片叶片，在叶槽中，水流有着一定程度的自由。当叶轮带着水流一起旋转时，水流质点因惯性的作用，趋于保持水流的原来位置，因而产生了与叶轮旋转方向相反的旋转运动，即反旋现象，如图 2-24所示。

由图 2-23 可以看出，叶轮内水流的实际运动与水流运动均匀一致的假定是相矛盾的。因此，叶槽中流速的分布是不均匀的，需对基本方程式进行修正：

$$H'_T = \frac{H_T}{1 + p} \tag{2-20}$$

式中　H'_T——修正后的理论扬程；

p——修正系数。

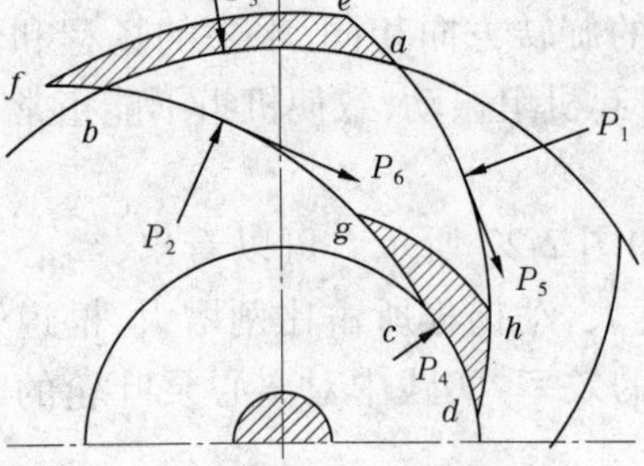

图 2-23　叶槽内水流作用力

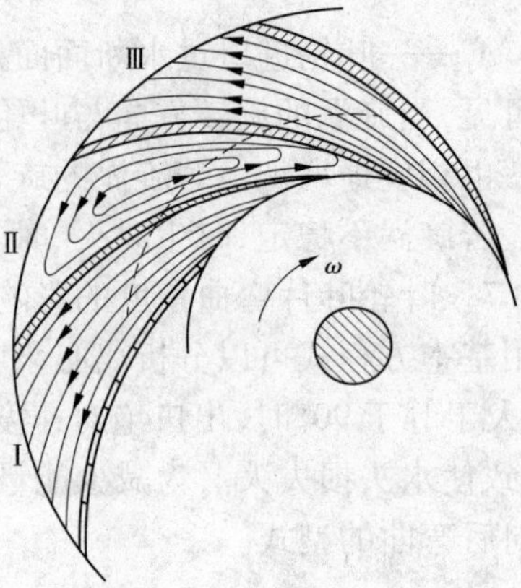

图 2-24　水流在封闭叶槽中的反旋现象

2.4.4.3　关于理想液体的假设

由于水泵所输送的水在流经水泵时具有水头损失,因此水泵的实际扬程将永远小于其理论扬程值,可用下式表示:

$$H = \eta_h H'_T = \eta_h \frac{H_T}{1 + p} \tag{2-21}$$

式中　H——水泵的实际扬程;

　　η_h——水力效率(%)。

2.4.5　离心泵的工作特性曲线

水泵的各个参数从不同的角度描述了水泵的工作性能。各参数有联系和制约关系,也具有一定的规律。一般用曲线来表示这些参数之间的关系,这些曲线就称为水泵的工作特性曲线。

通常将泵的转速 n 作为常量,扬程 H、轴功率 N、效率 η 和允许吸上真空高度 H_s 或必需汽蚀余量$(NPSH)_r$ 随流量 Q 而变化的关系绘制成 $Q \sim H$、$Q \sim N$、$Q \sim \eta$、$Q \sim H_s$ 或 $Q \sim (NPSH)_r$ 曲线。

图 2-25 ~ 图 2-27 分别为离心泵、混流泵和轴流泵的工作特性曲线,其特点各不相同,分述如下。

2.4.5.1　$Q \sim H$ 曲线

三种泵的 $Q \sim H$ 曲线都是下降曲线,即扬程随流量的增加而逐渐减小。离心泵的 $Q \sim H$曲线下降较平缓。轴流泵的下降较陡,而且许多轴流泵在其设计流量的 40% ~ 60%时出现拐点,这是一段不稳定的工作范围;当流量为零时,扬程出现最大值,约为额定扬程的 2 倍。混流泵的 $Q \sim H$ 曲线介于离心泵与轴流泵之间。

在 $Q \sim H$ 曲线上有两条波形线,此段称为水泵的高效段。泵运行时的流量和扬程落在高效段范围内。

2.4.5.2　$Q \sim N$ 曲线

离心泵的 $Q \sim N$ 曲线是一条上升的曲线,即轴功率随流量的增加而增加。当流量为

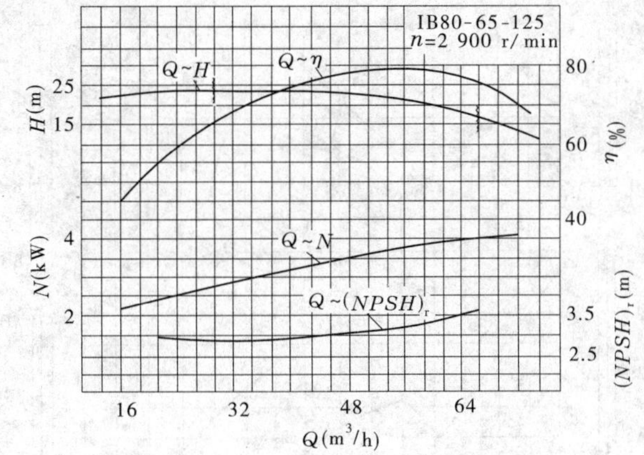

图 2-25　离心泵的工作特性曲线

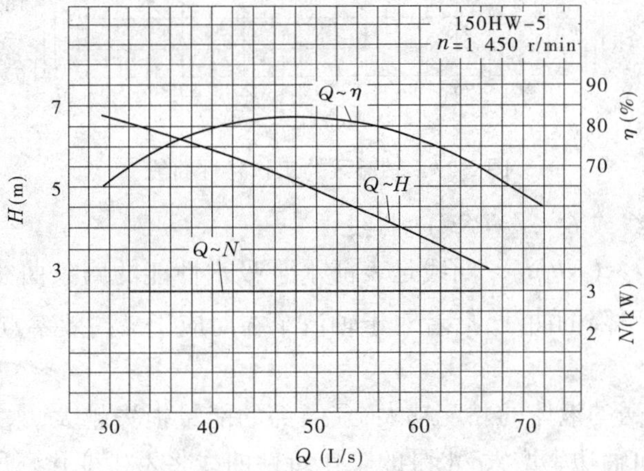

图 2-26　混流泵的工作特性曲线

零时，轴功率最小，约为设计轴功率的30%。轴流泵的 $Q \sim N$ 曲线是一条下降的曲线，即轴功率随流量的增大而减小。当流量为零时，轴功率为最大，约为设计轴功率的2倍。在小流量区，$Q \sim N$ 曲线也出现拐点。混流泵的 $Q \sim N$ 曲线比较平坦，当流量变化时，轴功率变化很小。

从轴功率随流量变化的特点可知，离心泵应闭阀启动，以减小动力机启动负载。轴流泵则应开阀启动，一般在轴流泵出水管道上不装闸阀。

另外，水泵样本中所给出的 $Q \sim N$ 曲线，指的是抽送水或某种液体时的轴功率与流量之间的关系，如果所抽送液体的容重不同，则样本中的 $Q \sim N$ 曲线就不能使用。此时，泵的轴功率要按 $N = \frac{\rho g Q H}{\eta}$ 进行计算。

2.4.5.3　$Q \sim \eta$ 曲线

三种泵的 $Q \sim \eta$ 曲线的变化趋势都是从最高效率点向两侧下降。但离心泵的效率曲线变化比较平缓，高效段范围较宽，使用范围较大。轴流泵的效率曲线变化较陡，高效段范围较窄，使用范围较小。混流泵的效率曲线介于离心泵和轴流泵之间。

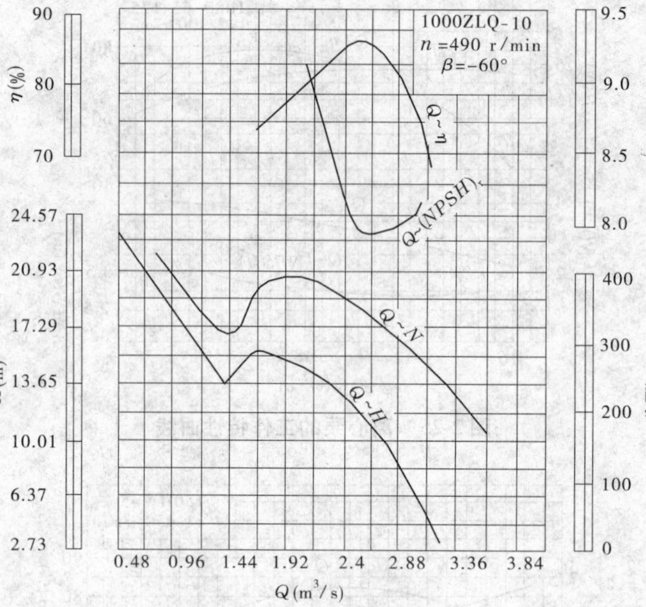

图 2-27　轴流泵的工作特性曲线

2.4.5.4　$Q\sim H_s$ 曲线或 $Q\sim(NPSH)_r$ 曲线

$Q\sim H_s$ 曲线或 $Q\sim(NPSH)_r$ 曲线是表征水泵吸水性能的两条曲线，但两者的变化规律不同，前者是一条下降的曲线；后者对于轴流泵在对应于最高效率点处是具有最小值的曲线。

此外，水泵所输送的液体的黏度越大，泵内部的能量损失越大，水泵的流量和扬程都要减小，效率下降，而轴功率增大，水泵的工作特性曲线将发生变化。所以，在输送黏度大的液体（如石油、化工液体等）时，泵的工作特性曲线要经过专门的换算后才能使用。

2.5　相似定律及比转数

由于泵内液体运动非常复杂，单凭理论计算不能准确地计算出叶片式水泵的性能。运用流体力学中的相似理论、试验等手段，可以将水泵叶轮不同尺寸以及叶轮在某一转速下的性能换算成它在其他转速下的性能。

2.5.1　相似定律

水泵叶轮的相似定律是基于几何相似、运动相似和动力相似的基础之上的。凡是两台水泵满足几何相似、运动相似和动力相似，称为工况相似的水泵。

几何相似的条件是：两个叶轮主要过流部分任何对应尺寸的比值都相等，对应点的安放角相等，如图 2-28 所示，则有

$$\frac{b_1}{b_{1M}}=\frac{b_2}{b_{2M}}=\frac{D_1}{D_{1M}}=\frac{D_2}{D_{2M}}=\cdots=\lambda \tag{2-22}$$

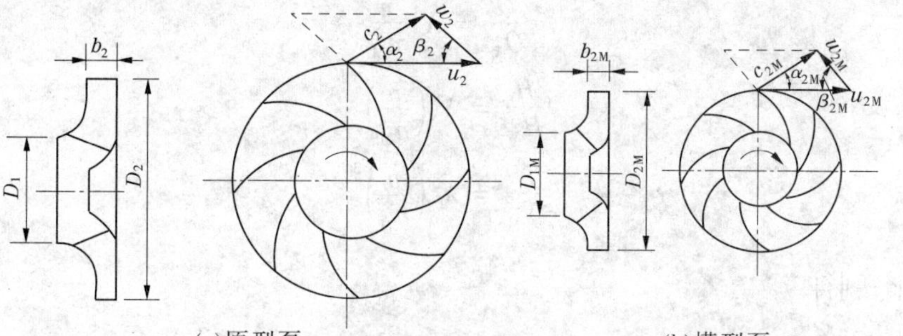

(a)原型泵　　　　　　　　(b)模型泵

图 2-28　两叶轮几何相似与运动相似

$$\beta_1 = \beta_{1M}, \beta_2 = \beta_{2M} \tag{2-23}$$

式中　b_1、b_{1M}——实际泵与模型泵叶轮的进口宽度；

b_2、b_{2M}——实际泵与模型泵叶轮的出口宽度；

D_1、D_{1M}——实际泵与模型泵叶轮的进口直径；

D_2、D_{2M}——实际泵与模型泵叶轮的出口直径；

λ——任一线性尺寸的比值,或称为模型比；

β_1、β_{1M}——实际泵与模型泵叶片的进水角；

β_2、β_{2M}——实际泵与模型泵叶片的出水角。

运动相似的条件是:两个叶轮对应点上同名速度的方向一致,大小互成比例,即对应点上水流的速度三角形相似,故在几何相似的前提下,运动相似就是工况相似。由图 2-28 可以得出

$$\frac{c_{r2}}{c_{r2M}} = \frac{c_{u2}}{c_{u2M}} = \frac{u_2}{u_{2M}} = \frac{nD_2}{n_M D_M} = \lambda \frac{n}{n_M} \tag{2-24}$$

动力相似的条件是:两叶轮对应点所受力的性质和方向相同,大小成比例。

$$\frac{p}{p_M} = 常数 \tag{2-25}$$

满足上述条件的两台泵,其主要参数之间的关系称为水泵的相似定律。

(1)第一相似律。对于满足相似条件的两台水泵

$$\frac{Q}{Q_M} = \lambda^3 \frac{\eta_v}{(\eta_v)_M} \frac{n}{n_M} \tag{2-26}$$

(2)第二相似律。对于满足相似条件的两台水泵

$$\frac{H}{H_M} = \lambda^2 \frac{\eta_h}{(\eta_h)_M} \left(\frac{n}{n_M}\right)^2 \tag{2-27}$$

(3)第三相似律。对于满足相似条件的两台水泵

$$\frac{N}{N_M} = \lambda^5 \frac{(\eta_m)_M}{\eta_m} \left(\frac{n}{n_M}\right)^3 \frac{\rho g}{\rho_M g_M} \tag{2-28}$$

当实际水泵与模型水泵尺寸相差不大,且转速相差也不大时,可近似地认为三种局部效率相等。若 $\rho g = \rho_M g_M$,则相似定律可写为

$$\frac{Q}{Q_M} = \lambda^3 \frac{n}{n_M} \tag{2-29}$$

$$\frac{H}{H_M} = \lambda^2 \left(\frac{n}{n_M}\right)^2 \tag{2-30}$$

$$\frac{N}{N_M} = \lambda^5 \left(\frac{n}{n_M}\right)^3 \tag{2-31}$$

2.5.2 比例律

把相似定律应用于不同转速运行的同一台叶片式水泵,就可以得到

$$\frac{Q_1}{Q_2} = \frac{n_1}{n_2} \tag{2-32}$$

$$\frac{H_1}{H_2} = \left(\frac{n_1}{n_2}\right)^2 \tag{2-33}$$

$$\frac{N_1}{N_2} = \left(\frac{n_1}{n_2}\right)^3 \tag{2-34}$$

以上三个公式是相似定律的特例,称为比例律。说明同一台叶片式水泵,当转速改变时,其他性能参数将按上述比例关系变化。对于水泵的使用者来说,比例律是非常有用的。

2.5.3 比转数

目前,叶片式水泵的叶轮构造和水力性能是多种多样的,尺寸的大小也各不相同,为了对叶片式水泵进行分类,将同类型的泵组成一个系列,这就需要有一个能够反映叶片式水泵共性的综合特征参数,作为水泵规格化的基础。这个特征参数称为叶片式水泵的比转数,用 n_s 表示。

2.5.3.1 比转数的定义

在最高效率下,把水泵的尺寸按照一定的比例缩小(或扩大),使得有效功率 N_u = 0.735 5 kW,扬程 H_M = 1 m,流量 Q_M = 0.075 m^3/s。这时,该模型泵的转速,就叫作与它相似的实际泵的比转数。

2.5.3.2 比转数的计算公式

假设有一台模型水泵,它的各项参数均以下脚标 M 表示,模型泵的转速即为比转数 n_s,按相似定律可写出

$$n_s = \frac{3.65n\sqrt{Q}}{H^{3/4}} \tag{2-35}$$

2.5.3.3 应用比转数公式应注意的问题

(1) Q 和 H 是指最高效率时的流量和扬程,n 为设计转速。对同一台泵来说比转数为一定值。

(2)式(2-35)中的 Q、H 是指单吸单级泵的设计流量和设计扬程。对于双吸泵以 $Q/2$ 代入计算;对于多级泵,应以一级叶轮的扬程代入计算。

(3)比转数是根据抽升 20 ℃左右的清水时得出的。

(4)采用与公式不同的单位时,比转数值不同。

2.5.3.4 对比转数的讨论

(1)对于任一台水泵而言,比转数不是无因次数,它的单位是 r/min。由于它并不是实际的转速,它只是用来比较各种水泵性能的一个共同标准。因此,它本身的单位含义无多大用处,一般均略去不写。

(2)比转数虽然是按相似关系得出的,但其中包含了实际原型泵的主要参数 Q、H、n、η_{min}值。因此,它反映了实际水泵的主要性能。从式(2-35)可以看出:当转速一定时,比转数越大,表示这种水泵的流量越大、扬程越低。反之,比转数越小,表示这种泵的流量越小、扬程越高。

(3)叶片式水泵叶轮的形状、尺寸、性能和效率都随比转数而变化。用比转数可对叶片式水泵进行分类,如表 2-3 所示。

表 2-3 叶片式水泵按比转数分类

离心泵			混流泵	轴流泵
低比转数	中比转数	高比转数		
$n_s = 50 \sim 100$	$n_s = 100 \sim 200$	$n_s = 200 \sim 350$	$n_s = 350 \sim 500$	$n_s = 500 \sim 1\,200$

(4)水泵的性能随比转数而变。因此,比转数的不同,反映了水泵工作特性曲线的形状也不同,通过比转数可以分析水泵的性能。

2.5.4 实际应用

【例 2-2】 型号为 IS80-65-160 的离心式清水泵铭牌上表示的性能参数为:$n_0 = 2\,900$ r/min,流量 $Q_0 = 50$ m^3/h,扬程 $H_0 = 32$ m,轴功率 $N_0 = 5.97$ kW,效率 $\eta_0 = 73\%$,如果该泵在 $n = 1\,450$ r/min 情况下运行,试问相应的流量 Q、扬程 H、轴功率 N 各为多少?

解:根据式(2-32)~式(2-34)得

$$Q = \frac{n}{n_0}Q_0 = \frac{1\,450}{2\,900} \times 50 = 25(\text{m}^3/\text{h})$$

$$H = \left(\frac{n}{n_0}\right)^2 H_0 = \left(\frac{1\,450}{2\,900}\right)^2 \times 32 = 8(\text{m})$$

$$N = \left(\frac{n}{n_0}\right)^3 N_0 = \left(\frac{1\,450}{2\,900}\right)^3 \times 5.97 = 0.75(\text{kW})$$

【例 2-3】 已知某模型机在直径 $D_{2M} = 160$ mm、转速 $n_M = 2\,900$ r/min 下的 $Q \sim H$ 曲线Ⅰ如图 2-29 所示(图中 $A_{Ⅰ}$、$B_{Ⅰ}$ 和 $C_{Ⅰ}$ 为水泵高效区三点,其所对应的 $Q \sim H$ 参数为:$A_{Ⅰ}$($Q_{AⅠ} = 12.5$ m^3/h,$H_{AⅠ} = 34$ m)、$B_{Ⅰ}$($Q_{BⅠ} = 25$ m^3/h,$H_{BⅠ} = 28$ m)、$C_{Ⅰ}$($Q_{CⅠ} = 32.5$ m^3/h,$H_{CⅠ} = 22$ m))。试按相似律换算出同一系列相似泵当轮径 $D_2 = 120$ mm、$n_2 = 2\,600$ r/min 情况下的 $Q \sim H$ 曲线Ⅱ。

解:根据相似律只适用于相似工况点的原则,首先在曲线Ⅰ上工况点 A 找到所对应

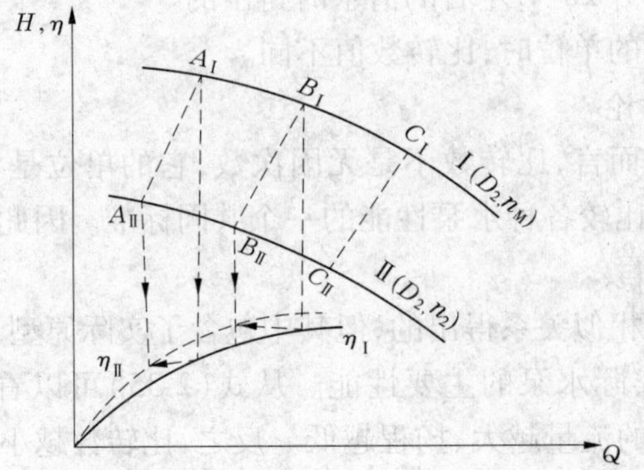

图 2-29　相似泵 $Q\sim H$ 曲线的换算

的 $Q_{AⅠ}$ 和 $H_{AⅠ}$ 值:$Q_{AⅠ}=12.5\ m^3/h$,$H_{AⅠ}=34\ m$。

根据式(2-29)和式(2-30)即可求出在 D_2 及 n_2 条件下的 $Q_{AⅡ}$ 和 $H_{AⅡ}$ 值

$$Q_{AⅡ}=\lambda_n\lambda_L^3Q_M$$
$$H_{AⅡ}=\lambda_n^2\lambda_L^2H_M$$

式中

$$\lambda_n=\frac{n_2}{n_M}=\frac{2\ 600}{2\ 900}=0.9$$

$$\lambda_L=\frac{D_2}{D_{2M}}=\frac{120}{160}=0.75$$

所以

$$Q_{AⅡ}=0.9\times(0.75)^3\times12.5=4.75(m^3/h)$$
$$H_{AⅡ}=(0.9)^2\times(0.75)^2\times34=15.49(m)$$

于是,在图上就可以找到与 $A_Ⅰ$ 点对应的相似工况点 $A_Ⅱ$。

用同样的方法,在曲线Ⅰ上另取一工况点 $B_Ⅰ$($Q_{BⅠ}=25\ m^3/h$,$H_{BⅠ}=28\ m$),求出其对应的相似工况点 $B_Ⅱ$($Q_{BⅡ}=9.49\ m^3/h$,$H_{BⅡ}=12.76\ m$),循此方法,再从曲线Ⅰ上的 $C_Ⅰ$($Q_{CⅠ}=32.5\ m^3/h$,$H_{CⅠ}=22\ m$)找到对应的 $C_Ⅱ$($Q_{CⅡ}=12.34\ m^3/h$,$H_{CⅡ}=10.02\ m$)……,最后将 $A_Ⅱ$、$B_Ⅱ$、$C_Ⅱ$…各点用光滑曲线连接起来,便得出该相似泵在 D_2 及 n_2 条件下的 $Q\sim H$ 曲线Ⅱ。

$Q\sim\eta$ 曲线的换算利用相似工况点之间的效率 η 相等的性能很容易得到。从 $A_Ⅰ$ 点所对应的效率 $\eta_{AⅠ}$ 作水平线,与相似点 $A_Ⅱ$ 引的垂线的交点,就是相似点 $A_Ⅱ$ 的效率。照此办法即可绘出对应的 $Q\sim\eta$ 曲线(参见图 2-29)。

【例 2-4】　试求型号为 IS80-65-160 离心式清水泵的比转数。

解:根据例 2-1 可知,IS80-65-160 离心式清水泵铭牌上表示的性能参数为:$n_0=2\ 900\ r/min$,流量 $Q_0=50\ m^3/h$,扬程 $H_0=32\ m$,轴功率 $N_0=5.97\ kW$,效率 $\eta_0=73\%$。根据式(2-35)得

$$n_s=\frac{3.65n\sqrt{Q}}{H^{3/4}}=\frac{3.65\times2\ 900\times\sqrt{50\times\frac{1}{3\ 600}}}{32^{3/4}}=93(r/min)$$

所以,IS80-65-160 离心式清水泵的比转数为 93 r/min。

思考题

1. 根据自己的实际生活体验,举例说明离心泵的工作原理。

2. 绘制简图说明离心泵的基本构造。

3. 离心泵各主要零件的作用是什么?

4. 叙述离心泵、轴流泵是如何工作的?

5. 轴流泵各主要零件的作用是什么?

6. 水泵各性能参数的定义是什么?

7. 工作特性曲线的变化规律如何? 离心泵和轴流泵的 $Q\sim H$、$Q\sim N$ 曲线有何异同?

8. 叶片式水泵性能参数与其转速的关系如何?

9. 当水泵的转速发生变化时,比转数是否发生变化?

10. 试求型号为 IS50 - 32 - 200 离心式清水泵的比转数。

11. 型号 IS100 - 80 - 160 离心式清水泵铭牌上表示的性能参数为:$n_0 = 2\ 900$ r/min,流量 $Q = 100$ m^3/h,扬程 $H = 32$ m,轴功率 $N = 11.2$ kW,效率 $\eta_0 = 78\%$。如果该泵在 $n = 1\ 450$ r/min 情况下运行,试问相应的流量 Q、扬程 H、轴功率 N 各为多少?

模块3　叶片式水泵装置的运行

每一台叶片式水泵在特定的转速下,都有它自己固有的特性曲线,该曲线反映了水泵本身所具有的潜在的工作能力。在水泵装置中,其工作能力就是水泵运行时的实际工作能力。

3.1　离心泵装置的总扬程

水泵特性曲线是水泵本身具有的一种特性。在实际工程中,水泵的运行与管道系统及外界条件(如河水位、管网压力、水塔高度等)联系在一起。由动力机、管道以及一切附件组成的系统称为水泵装置。因此,水泵的固有特性是如何在水泵装置中发挥能力呢?发挥的能力是多少呢?如何依据原始资料确定水泵装置的总扬程和选泵?以下将一一解答。

3.1.1　水泵装置的工作扬程

水泵的工作扬程就是指水泵站工程已经建设成后实际运行的水泵的扬程。

根据水泵的扬程公式 $H=E_2-E_1$ 来讨论分析离心泵装置的扬程,推求出水泵工作扬程的计算公式。

以图3-1所示的离心泵装置为例,设水泵吸水井水面0—0为基准面,列出水泵进口断面1—1及出口断面2—2的能量方程式,则扬程为

$$H=E_2-E_1=Z_2+\frac{p_2}{\rho g}+\frac{v_2^2}{2g}-\left(Z_1+\frac{p_1}{\rho g}+\frac{v_1^2}{2g}\right)$$

$$=(Z_2-Z_1)+\frac{p_2-p_1}{\rho g}+\frac{v_2^2-v_1^2}{2g} \tag{3-1}$$

式中　Z_1、$\frac{p_1}{\rho g}$、$\frac{v_1^2}{2g}$——断面1—1处的位置水头、绝对压力水头和速度水头,mH_2O;

Z_2、$\frac{p_2}{\rho g}$、$\frac{v_2^2}{2g}$——断面2—2处的位置水头、绝对压力水头和速度水头,mH_2O;

ρ——水的密度,kg/m^3;

g——重力加速度,m/s^2。

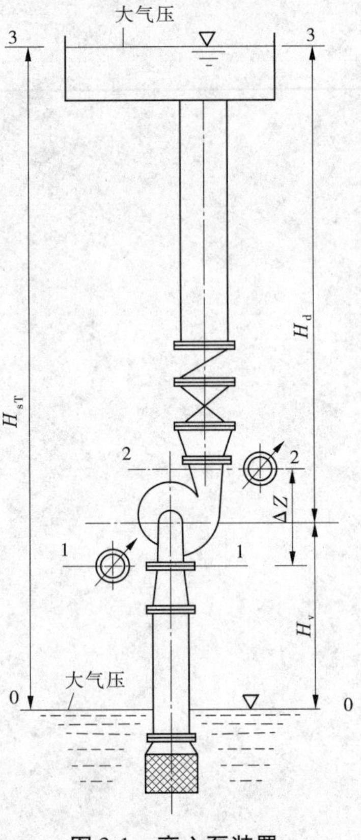

图3-1　离心泵装置

为了监视水泵的运行状况,按要求在水泵的进、出口断面处分别安装真空表和压力

表。真空表和压力表的读数为相对压力。当真空表和压力表的读数折合成米水柱高度,并分别由 H_v、H_d 表示时,则式(3-1)可写成

$$H = \left(\frac{p_a + p_d}{\rho g} - \frac{p_a - p_v}{\rho g}\right) + \frac{v_2^2 - v_1^2}{2g} + \Delta Z$$

$$= \frac{p_d}{\rho g} + \frac{p_v}{\rho g} + \frac{v_2^2 - v_1^2}{2g} + \Delta Z = H_d + H_v + \frac{v_2^2 - v_1^2}{2g} + \Delta Z \quad (3\text{-}2)$$

式中 p_v、p_d——真空表、压力表读数;

p_a——大气压。

一般水厂中水泵运行时,$\left(\frac{v_2^2 - v_1^2}{2g} + \Delta Z\right)$值较小,则式(3-2)可写成

$$H = H_d + H_v \quad (3\text{-}3)$$

式(3-3)就是正在运行中的水泵装置的工作扬程计算公式,运行中水泵装置的工作扬程为压力表和真空表读数(以米水柱计)相加。

3.1.2 水泵装置的设计扬程

水泵装置的设计扬程就是指进行泵站设计时,依据工程实际条件计算得到的水泵扬程。

水泵实际工作时,除将水提升一定高度外,还要克服液体在管道中流动时产生的水头损失,因此水泵的扬程可以用提升水的高度及水头损失来计算。

如图 3-1 所示,列出基准面 0—0 和断面 1—1 的能量方程式,以及断面 2—2 和断面 3—3的能量方程式,经整理可得

$$H_v = H_{ss} + \sum h_s + \frac{v_1^2}{2g} - \frac{\Delta Z}{2} \quad (3\text{-}4)$$

$$H_d = H_{sd} + \sum h_d - \frac{v_2^2}{2g} - \frac{\Delta Z}{2} \quad (3\text{-}5)$$

式中 H_{ss}——水泵的吸水高度,m,即水泵吸水井(池)水面的测压管水面至泵轴线之间的垂直距离(如果吸水井是敞开的,H_{ss} 为吸水井水面至泵轴线之间的高差);

H_{sd}——水泵的压扬程,m,即泵轴线至水塔最高水位或密闭水箱水面的测压管水面之间的垂直距离;

$\sum h_s$、$\sum h_d$——水泵装置吸水管道和压水管道的水头损失,m。

将式(3-4)、式(3-5)代入式(3-2),并整理得

$$H = H_{ss} + H_{sd} + \sum h_s + \sum h_d \quad (3\text{-}6)$$

即

$$H = H_{sT} + \sum h \quad (3\text{-}7)$$

$$H_{sT} = H_{ss} + H_{sd}$$

$$\sum h = \sum h_s + \sum h_d$$

式中 H_{sT}——水泵的静扬程,m,即水泵的吸水井设计水位与水塔(或密闭水箱)最高水

位之间的测压管水面的高差；

$\sum h$——水泵装置管道的总水头损失，m。

由式(3-7)可以看出，在泵站设计时，水泵的设计扬程一方面是将水提升至水塔或密闭水箱（即静扬程 H_{sT}），另一方面是消耗在克服管道的水头损失（$\sum h$）上。

3.2 离心泵装置的工况

水泵工况就是指水泵装置在某个瞬时的实际工作状态，可以用水泵的特性参数（扬程 H、流量 Q、轴功率 N、效率 η 及吸水性能等）表示。

实际工程中水泵在特定抽水系统中运行时的扬程 H、流量 Q、轴功率 N、效率 η 及吸水性能等工作参数在不同的环境中都是不同的。因此，水泵的型号，水泵运行时的转速，输配水管道系统，水池、水源、水塔水位及变化等边界条件等都是决定水泵装置运行工况的因素。

3.2.1 管道系统特性曲线

根据水力学知识可知，水流经过管道时，存在着水头损失。其值可由下式计算

$$\sum h = \sum h_f + \sum h_j \tag{3-8}$$

式中 $\sum h$——管道总水头损失，m；

$\sum h_f$——管道沿程水头损失之和，m；

$\sum h_j$——管道局部水头损失之和，m。

管路系统布置一经确定后，管道长度 l、管径 D、比阻 A 以及局部阻力系数 ξ 等均为已知。具体计算时可用《水力学》教材中的计算公式或查《给水排水设计手册》中的管渠水力计算表。

对于钢管采用比阻公式时

$$\sum h_f = \sum A k_1 k_2 l Q^2$$

式中 k_1——由钢管壁厚不等于 10 mm 引入的修正系数；

k_2——由钢管中平均流速小于 1.2 m/s 引入的修正系数。

对于铸铁管

$$\sum h_f = \sum A k_3 l Q^2$$

式中 k_3——铸铁管的修正系数。

这时式(3-8)可写为

$$\sum h = \left[\sum Akl + \sum \xi \frac{1}{2g(\pi D^2/4)^2} \right] Q^2 \tag{3-9}$$

式(3-9)中 k 为系数，对于钢管 $k = k_1 k_2$，对于铸铁管 $k = k_3$。方括号内的参数，对于特定的管道系统均为常数。因此，式(3-9)可写为

$$\sum h = SQ^2 \tag{3-10}$$

式中 S——管道的沿程阻力系数与局部阻力系数之和，s^2/m^5。

式(3-10)可用一条顶点在原点的二次抛物线来表示,即 $Q\sim\sum h$ 曲线。该曲线反映了管道水头损失与通过管道流量之间的规律,被称为管道水头损失特性曲线,如图 3-2 所示。曲线的曲率取决于管道的长度、直径、类型及局部阻力的类型等。

在泵站设计及泵站的运行管理中,需要确定水泵的运行状况,我们将利用管道水头损失特性曲线,并将它与水泵工作的外界条件结合起来,按式(3-7)可以画出如图 3-3 所示的曲线。该曲线上任意一点表示水泵输送某一流量并将其提升 H_{sT}高度时,管道中单位质量的液体所需要消耗的能量。因此,我们称该曲线为水泵装置的需要扬程曲线或水泵装置的管道系统特性曲线。这时,式(3-7)可写为

$$H_{需} = H_{sT} + \sum h \tag{3-11}$$

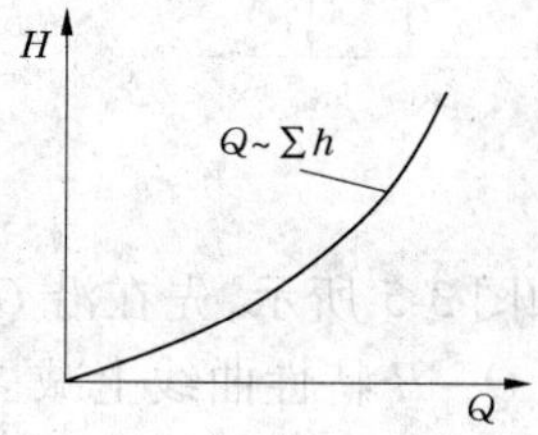

图 3-2 管道水头损失特性曲线

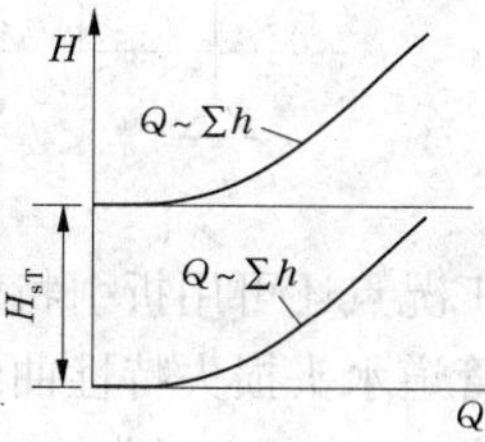

图 3-3 管道系统特性曲线

3.2.2 离心泵装置工况点的确定

离心泵装置的 $Q\sim H$ 曲线与管道系统的特性曲线 $Q\sim H_{需}$ 的交点称为离心泵装置的工作状况点,简称工况点或工作点。

工况点的求解方法有图解法和数解法,其中图解法简明、直观,在工程上应用较广泛。

3.2.2.1 图解法确定离心泵工况点

将水泵的性能曲线 $Q\sim H$ 和管道系统特性曲线 $Q\sim H_{需}$ 绘在同一坐标系内,两条曲线相交于 M 点,则 M 点即为水泵运行时的工况点,如图 3-4 所示。M 点表明,当流量为 Q_M 时,水泵所提供的能量恰好等于管道系统所需要的能量。因此,M 点称为能量供与需这对矛盾的平衡点。如果外界条件不发生变化,水泵将稳定地在 M 点工作,其出水量为 Q_M,扬程为 H_M。

假定工况点不在 M 点,而在 B 点,从图 3-4 可以看出,此时流量为 Q_B,水泵供给的能量为 H_B,大于管道系统所需要的能量 $H_{B需}$,供需失于平衡,多余的能量($H_B - H_{B需}$)会使管道中水流流速增大,流量增加,直到工作点移至 M 点达到能量供需平衡。另外,假设工作点在 C 点,则水泵供给的能量 H_C 小于管道系统所需要的能量 $H_{C需}$,则能量供不应求,管道中水流流速变小,流量减少,直减至 Q_M。因此,M 点是水泵的工况点。只要泵的性能、管道水头损失及有关水位等因素不变,水泵将稳定地在 M 点工作。如果水泵在 M 点工作时,管道上的所有闸阀是全开的,那么,M 点称为该水泵的极限工作点。也就是说,在这个水泵装置中,静扬程 H_{sT}保持不变时,管道中通过的最大流量为 Q_M。工况点确定后,其对应的轴功率、效率、吸水性能等参数可从其相应的曲线上查得。在实际工程中,水泵运行时的工况点,如能经常落在该水泵的设计参数值上,这时,水泵的工作效率最高,工作最经济。

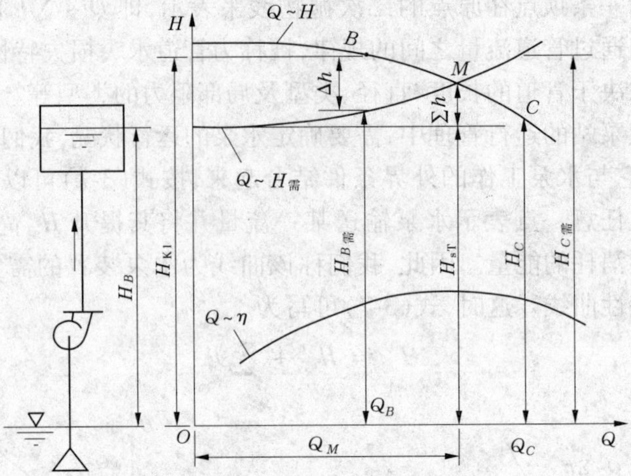

图 3-4　水泵工况点

水泵的工况点还可用折引特性曲线的方法求得。如图 3-5 所示,先在沿 Q 坐标轴的下面画出该管道水头损失特性曲线 $Q\sim\sum h$,再在水泵的 $Q\sim H$ 特性曲线上减去相应流量下的水头损失,得$(Q\sim H)'$曲线。此$(Q\sim H)'$曲线称为折引特性曲线。此曲线上各点的纵坐标值,表示水泵在扣除了管道中相应流量时的水头损失以后剩余的能量。这部分能量仅用来改变被抽升水的位能,即它把水提升到 H_{sT}的高度上去。$(Q\sim H)'$曲线与静扬程 H_{sT}水平横线相交于 A 点,再由 A 点向上引垂线与 $Q\sim H$ 曲线相交于 A'点,A'点称为水泵的工况点。

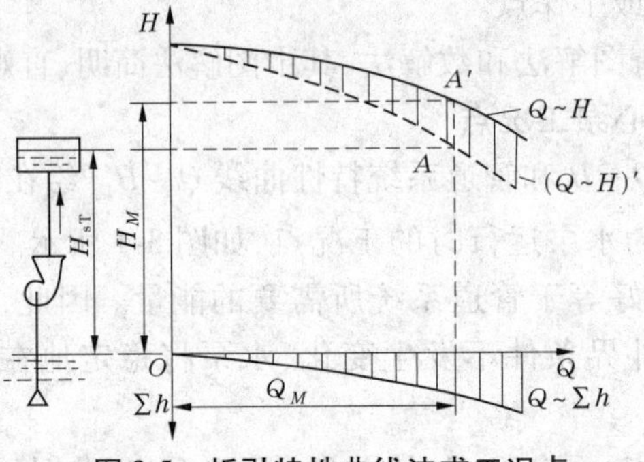

图 3-5　折引特性曲线法求工况点

3.2.2.2　数解法确定离心泵工况点

水泵装置工况点的数解法,是由水泵 $Q\sim H$ 曲线方程式及装置的管道系统特性曲线方程式解出流量 Q 及扬程 H 值,即由下列两个方程式求解 Q、H 值

$$H = f(Q) \tag{3-12}$$

$$H = H_{sT} + SQ^2 \tag{3-13}$$

由式(3-12)、式(3-13)两个方程式求解两个未知数是完全可以的,关键是如何确定水泵的 $H=f(Q)$ 函数关系。

水泵特性曲线是一条不规则曲线,很难用一个方程式来准确表示水泵特性曲线。但是,在实际工程中,通常只使用水泵特性曲线上的高效段。所以,应找出一个方程能够较好地与高效段吻合。

对离心泵来说，在 $Q \sim H$ 曲线的高效段，可用下面方程式来表示

$$H = H_x - S_x Q^2 \tag{3-14}$$

式中　H_x——水泵在 $Q=0$ 时所产生的虚总扬程，m；

S_x——泵内虚阻耗系数，s^2/m^5。

如图 3-6 所示，由式(3-14)的表示，它将水泵的高效段视为 $S_x Q^2$ 曲线的一个组成部分，并延长与纵轴相交得 H_x 值。在高效段内任意选择两点坐标，代入式(3-14)，即可求得 H_x、S_x。

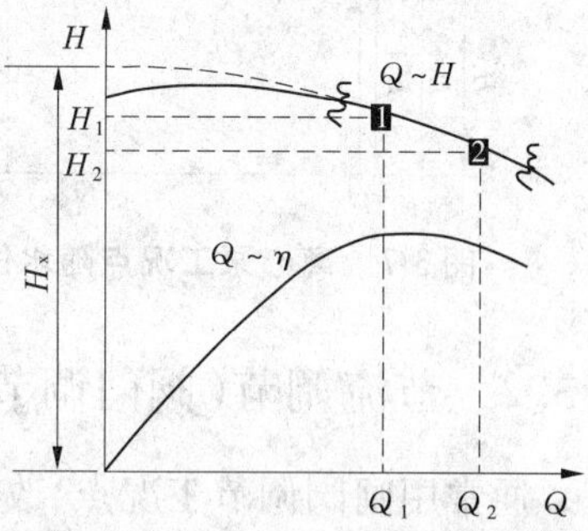

图 3-6　离心泵虚扬程

式(3-12)是装置的管道系统特性曲线方程，这时利用水泵的扬程方程式(3-13)或式(3-14)就可以用数解法来确定水泵的工况点。

在工况点 $H = H_{需}$，因此联解式(3-13)和式(3-14)，就可以计算出工况点对应的流量

$$Q = \sqrt{\frac{H_x - H_{sT}}{S_x + S}} \tag{3-15}$$

从而可以计算出水泵的扬程。

3.3　水泵装置工况调节

水泵装置的工况点是由水泵特性曲线和管路特性曲线共同决定的，也是供给能量与消耗能量的平衡，若两者改变其一，工况点就会改变。我们把这种改变和控制工况点的过程称为水泵工况点的调节。

3.3.1　自动调节

水泵的工况点是建立在水泵和管道系统能量供需关系平衡之上的。那么，只要两者之一发生变化，其工况点就会发生改变，这种暂时的平衡点就会被新的平衡点所代替。

在城市供水中，用水量和水压时刻都是变化的。例如，在离心泵供水的城镇管网中有对置水塔，晚上管网中用水量减少，一部分水输入水塔，水塔水箱中的水位不断上升，对离心泵装置来说，静扬程不断增加，如图 3-7 所示，水泵的工况点将沿 $Q \sim H$ 曲线由 A 点向左移动至 C 点，供水量减少。

如图 3-8 所示，城镇用水量增大，管网内压力下降，管路阻力系数增加，管路特性曲线变陡，即 A 点向左移动至 C 点。由此，可以看出水泵的工况点也发生相应的变化，并按能量供求关系，自动地去建立新的平衡。

水泵装置的工况点，实际上是在一定的区间内移动着的。水泵具有这种自动调节工况点的能力。当管网中水压的变化幅度太大时，水泵的工况点将会移出其高效段外，在较低效率下运行。水泵自动调节能力大大增加了水泵的使用价值。

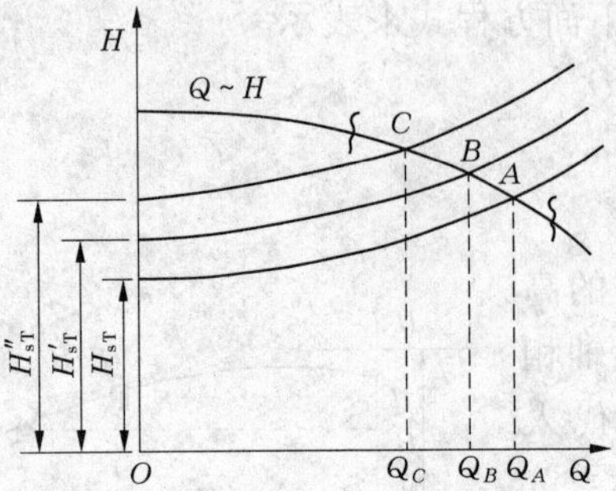

图 3-7　离心泵工况点随水位变化

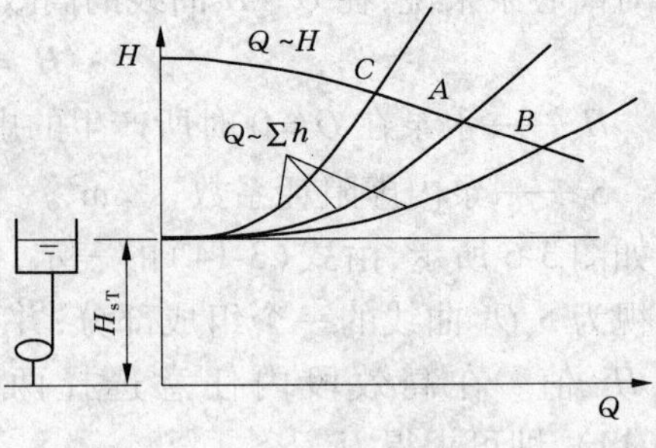

图 3-8　离心泵工况点随水量变化

3.3.2　节流调节(阀门调节)

通常用闸阀调节工况点,改变水泵出水管路上的闸阀的开度。如图 3-9 所示,图中工况点 A 表示闸阀全开时的极限工况点。关小闸阀,管道局部水头损失增加,管道系统的特性曲线变陡,使工况点向左移动,水泵的出水量减少。闸阀全关时,局部阻力系数相当于无穷大,水流被切断。也就是说,利用闸阀的开度可使水泵装置的工况点在零到极限工况点 Q_A 之间变化。从经济的角度看,闸阀调节流量,很明显是靠增大水头损失来实现的。这样,工况点改变,水泵运行中将增加能量的消耗,其消耗的功率为

$$\Delta N = \frac{\rho g Q \Delta H}{1\ 000\eta} \quad (\text{kW})$$

在泵站设计和运行中,一般不宜用闸阀调节流量。但是,由离心泵的 $Q \sim N$ 曲线知,使用闸阀调节流量时,随着流量的减小,水泵的轴功率也减小,对动力机无过载危害;而且使用闸阀调节流量简便易行。因此,在泵站实际运行中,闸阀调节仍是一种常用的方法。

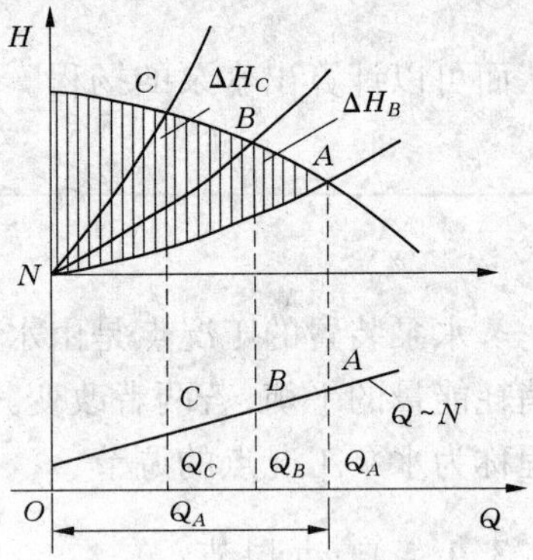

图 3-9　闸阀调节流量

3.3.3　水泵调速运行调节

由水泵的比例律知,当水泵的转速改变时,水泵的流量 Q、扬程 H、轴功率 N 将发生变化,且在一定的转速变化范围内,水泵的效率 η 将保持不变。这样,可根据城镇管网中用水量的变化,充分利用水泵的调速特性,使之满足用户的要求,并保持水泵在较高效率下运行。因此,调速运行不但扩大了水泵的有效工作范围,而且使水泵在较高效率下运行,是泵站运行中非常经济合理的运行方式。

水泵调速运行,在泵站设计和运行管理中,主要解决两大类问题。第一类问题是:已知水泵转速为 n_1 时的 $(Q \sim H)_1$、$(Q \sim N)_1$ 和 $(Q \sim \eta)_1$ 曲线,求解水泵转速变化到 n_2 时的 $(Q \sim H)_2$、$(Q \sim N)_2$ 和 $(Q \sim \eta)_2$ 曲线。第二类问题是:已知水泵转速为 n_1 时的 $(Q \sim H)_1$、$(Q \sim N)_1$ 和 $(Q \sim \eta)_1$ 曲线,求解通过改变水泵转速,使得水泵工况在 $A_2(Q_2, H_2)$ 点工作

时的转速 n_2 是多少？当转速变化到 n_2 时的 $(Q\sim H)_2$、$(Q\sim N)_2$ 曲线和 $(Q\sim\eta)_2$ 曲线如何变化？

3.3.3.1　第一类问题

此类问题的解题步骤可分为四步，即选点、计算、立点和连线。

1. 选点

在水泵特性曲线 $(Q\sim H)_1$ 上均匀选取一定数量的点，如图 3-10 所示，我们选定 a 点 (Q_a,H_a)、b 点 (Q_b,H_b)、c 点 (Q_c,H_c)、d 点 (Q_d,H_d) 和 e 点 (Q_e,H_e)，并在坐标轴上查出各点对应的坐标值。

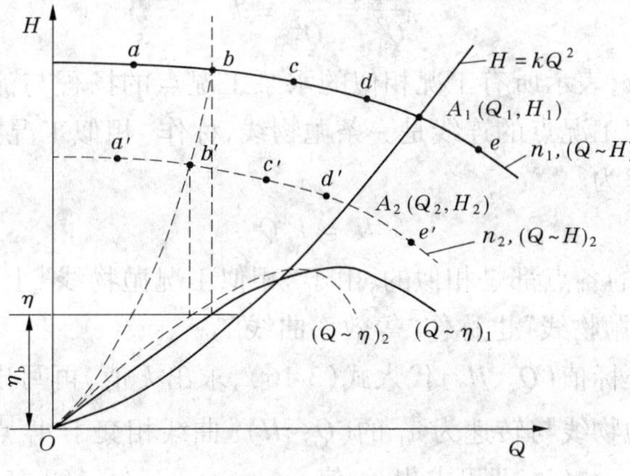

图 3-10　转速变化时特性曲线变化

2. 计算

根据比例律计算出选定的各点对应于 n_2 时的坐标，得到 a' 点 $(Q_{a'},H_{a'})$、b' 点 $(Q_{b'},H_{b'})$、c' 点 $(Q_{c'},H_{c'})$、d' 点 (Q'_d,H'_d) 和 e' 点 $(Q_{e'},H_{e'})$。

3. 立点

将上述根据比例律计算出的 $a'\sim e'$ 点，按照坐标值的大小落在坐标系中。

4. 连线

用光滑曲线将 a' 点至 e' 点连接起来，就得到转速为 n_2 时的扬程曲线 $(Q\sim H)_2$。

同理，根据第三相似律，$N_2=(n_2^{\ 3}/n_1^{\ 3})N_1$，可计算出上述各点对应于 n_2 时的功率值：$(Q_{a'},N_{a'})$、$(Q_{b'},N_{b'})$、$(Q_{c'},N_{c'})$、$(Q_{d'},N_{d'})$、$(Q_{e'},N_{e'})$。

然后，将对应各功率点落在 $Q\sim N$ 坐标系中并连线，就得到转速为 n_2 时的功率曲线 $(Q\sim N)_2$。

转速为 n_2 时的斜率曲线 $(Q\sim\eta)_2$。可通过效率计算公式 $\eta=\gamma QH/N$ 计算效率值，得到各对应于转速为 n_2 时各效率点坐标值，$(Q_{a'},\eta_{a'})$、$(Q_{b'},\eta_{b'})$、$(Q_{c'},\eta_{c'})$、$(Q_{d'},\eta_{d'})$、$(Q_{e'},\eta_{e'})$。然后，将对应各效率点落在 $Q\sim\eta$ 坐标系中并连线，就得到转速为 n_2 时的效率曲线 $(Q\sim\eta)_2$。

效率曲线 $(Q\sim\eta)_2$ 也可通过作图法直接绘出，如图 3-10 所示，因为 a、b、c、d、e 各点与 a'、b'、c'、d'、e' 各点效率相等，所以通过 a、b、c、d、e 各点的效率点画水平线与 a'、b'、c'、

d'、e'各点垂线的交点的连线就是转速为 n_2时的效率曲线$(Q \sim \eta)_2$。

3.3.3.2 第二类问题

1. 求转速 n_2

水泵转速改变前后仍然满足工况相似的条件，所以符合比例律，根据比例第一定律 $Q_2/Q_1 = n_2/n_1$，如果知道公式中的流量 Q_1 项，我们就可以求出转速 n_2。所以，问题的关键是找出流量 Q_1 项，求解这类问题要用所谓的“相似工况抛物线法”。

我们联立比例第一定律和第二定律的公式，消去转速比$\dfrac{n_1}{n_2}$，就得到

$$\frac{H_1}{Q_1^2} = \frac{H_2}{Q_2^2} = k \tag{3-16}$$

式中 k——相似系数，表示所有工况相似的水泵工况点的扬程与流量平方的比值，即所有的相似工况点的连线是一条抛物线，称作“相似工况抛物线”，相似工况抛物线方程为

$$H = k^2 Q \tag{3-17}$$

相似工况抛物线的各点都是相似的，由于“相似工况抛物线”上的各点的效率都是相等的，所以“相似工况抛物线”也称作“等效率曲线”。

我们将 A_2 点的坐标值(Q_2,H_2)代入式(3-16)，求出 k 值，再写出与 A_2 点工况相似的普遍式 $H = k^2Q$。此抛物线与转速为 n_1 的$(Q \sim H)_1$ 曲线相交于 A_1 点。A_1 与 A_2 点工况相似。根据公式 $Q_2/Q_1 = n_2/n_1$，即可求出 n_2 值。

2. 求$(Q \sim H)_2$、$(Q \sim N)_2$、$(Q \sim \eta)_2$

求转速变到 n_2 时的特性曲线$(Q \sim H)_2$、$(Q \sim N)_2$ 和$(Q \sim \eta)_2$就回到第一类问题，所以就不再重复叙述了。

3.3.3.3 改变转速的方法

实现变速调节的途径一般有两种方式。一种方式是电机转速不变，通过中间偶合器以达到改变转速的目的。属于这种调速方式较常见的是液力偶合器，它是用油作为传递力矩的介质，属于滑差传动的一种。另一种方式是电机本身的转速可变。属于这种调速方式的有改变电机定子电压调速、改变电机定子极数调速、改变电机转子电阻调速、串联调速以及变频调速等多种。

3.3.3.4 注意事项

(1)转速改变前后效率相等在一定的转速范围内是可以的，当转速变化超出一定范围时，效率变化就会较大而不能忽略。所以，实测的等效率曲线与理论上的等效率曲线不是完全一致的，只有在高效率范围内才吻合。

(2)变速调节工况点，只能降速，不能增速。因为水泵的力学强度是按照额定转速设计的，超过额定转速，水泵就有可能被破坏。

(3)长期调节，像冬季与夏季之间水量不同的调节，可用有级调节如切削调节、齿轮调速调节等，也可用无级调节，如变频调速调节等；而短期调节，如白天和夜晚之间的水量调节只能用无级调节。

3.3.4 水泵装置变径运行

转速改变,则水泵性能改变。那么同样,水泵叶轮外径改变,水泵性能也要改变。这样,改变叶轮外径就可以改变水泵特性曲线,从而改变工况点。所以,通过改变叶轮外径的方法可以用于工况点调节,叫作切削调节或换轮运行。其优点是简便易行,不增加能量损失;缺点是不灵活。切削调节一般用于长期调节。

3.3.4.1 切削定律

在一定车削量范围内,叶轮车削前后,Q、H、N 与叶轮直径之间的关系为

$$\frac{Q'}{Q}=\frac{D_2'}{D_2} \tag{3-18}$$

$$\frac{H'}{H}=\left(\frac{D_2'}{D_2}\right)^2 \tag{3-19}$$

$$\frac{N'}{N}=\left(\frac{D_2'}{D_2}\right)^3 \tag{3-20}$$

式中 D_2、D_2'——叶轮车削前、后的直径;

Q'、H'、N'——叶轮车削后,叶轮外径 D_2 时的流量、扬程、轴功率。

式(3-18)~式(3-20)称为水泵的切削定律。切削定律是在认为车削前后叶轮出口过水断面面积不变、速度三角形相似等假定下,经推导而得出的。在一定限度的切削量范围内,车削前后水泵的效率可视为不变。

3.3.4.2 切削调节的计算

把切削定律的公式与比例律的公式进行对比,就可以看出两者的形式相同,只是把比例律中的转速比换为外径比,所以应用切削定律进行切削调节计算的问题也与比例律的应用问题相似。

1. 第一类问题

已知:水泵外径 D_2 及其对应的水泵特性曲线 $Q\sim H$、$Q\sim N$ 和 $Q\sim\eta$。

求:水泵外径变到 D_2' 时的特性曲线 $Q'\sim H'$、$Q'\sim N'$和 $Q'\sim\eta'$。

此类问题的解题步骤也可以像比例律应用的第一类问题的解题步骤一样,共分为四步,用八个字表述选点、计算、立点和连线。

1)选点

在水泵特性曲线 $Q\sim H$ 上均匀选取一定数量的点,如图 3-11 所示,我们选定 1 点(Q_1,H_1)、2 点(Q_2,H_2)、3 点(Q_3,H_3)、4 点(Q_4,H_4)、5 点(Q_5,H_5),并在坐标轴上查出各点对应的坐标值。

2)计算

根据切削定律进行计算,计算出选定的各点对应于 D_2' 时的参数值:

$$Q_1'=\frac{n_2}{n_1}Q_1$$

$$H_1'=\frac{n_2^2}{n_1^2}H_1$$

$$\vdots$$

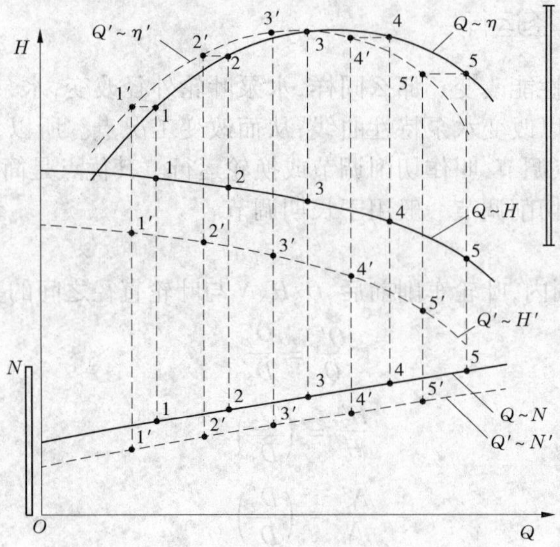

图 3-11　叶轮切削时特性曲线变化情况

$$Q'_5 = \frac{n_2}{n_1}Q_5$$

$$H'_5 = \frac{n_2^2}{n_1^2}H_5$$

从而得到 1′点(Q'_1,H'_1)、2′点(Q'_2,H'_2)、3′点(Q'_3,H'_3)、4′点(Q'_4,H'_4)、5′点(Q'_5,H'_5)的坐标值。

3)立点

将上述根据切削定律计算出的 1′~5′点参数值,落在坐标系中。

4)连线

用光滑曲线将 1′~5′点连接起来,就得到外径为 D'_2 时的扬程曲线 $Q'\sim H'$。

同理,根据切削第三定律,$N'=(D'_2/D_2)^3N$,可计算出上述各点对应于 D'_2 时的功率值:(Q'_1,N'_1)、(Q'_2,N'_2)、(Q'_3,N'_3)、(Q'_4,N'_4)、(Q'_5,N'_5)。然后,将对应各功率点落在 $Q\sim N$ 坐标系中并连线,就得到外径为 D'_2时的功率曲线 $Q'\sim N'$。

可通过效率计算公式 $\eta=\gamma QH/N$ 计算效率值,得到各对应于外径为 D'_2 时各效率点坐标值,(Q'_1,η'_1)、(Q'_2,η'_2)、(Q'_3,η'_3)、(Q'_4,η'_4)、(Q'_5,η'_5)。然后,将对应各效率点落在 $Q\sim\eta$坐标系中并连线,就得到外径为 D'_2时的效率曲线 $Q'\sim\eta'$。

效率曲线 $Q'\sim\eta'$也可通过作图法直接绘出,如图 3-11 所示。因为 1、2、3、4、5 各点与 1′、2′、3′、4′、5′各点效率相等,所以通过 1、2、3、4、5 各点的效率点画水平线与 1′、2′、3′、4′、5′各点垂线的交点的连线就是外径为 Q'_2 时的效率曲线 $Q'\sim\eta'$。

2. 第二类问题

已知:水泵外径 D_2 及其特性曲线 $Q\sim H$、$Q\sim N$ 和 $Q\sim\eta$。

求:(1)通过改变水泵外径方法,使得水泵工况点在 $B(Q_B,H_B)$点工作时的外径 D'_2。

(2)外径变到 D_2' 时的特性曲线 $Q' \sim H'$、$Q' \sim N'$和 $Q' \sim \eta'$。

1)求 D_2'

水泵外径改变前后不满足工况相似的条件,但是符合切削定律。根据切削第一相似律 $Q'/Q = D_2'/D_2$,如果知道公式中的流量 Q 项,我们就可以求出外径 D_2' 来。所以,问题的关键是求出流量 Q 来,求解这类问题要用所谓的切削抛物线法。

我们联立切削定律的第一相似律和第二相似律,消去外径比$\frac{D_2'}{D_2}$,就得到

$$\frac{H}{Q^2} = \frac{H'}{Q'^2} = k \tag{3-21}$$

式中　k——切削系数。

式(3-21)表示所有满足切削定律水泵工况点的扬程与流量平方的比值$\frac{H}{Q^2}$,是一个常数,即所有的满足切削定律的工况点在一条抛物线上,这条抛物线称作切削抛物线,切削抛物线方程为

$$H = kQ^2 \tag{3-22}$$

在切削抛物线上的各点工况都是相似的,各点的效率都是相等的,所以切削抛物线也称作等效率曲线。

将 B 点的(Q_B,H_B)代入式(3-22),求出 k 值,然后就可以画出切削抛物线,见图 3-12。切削抛物线与水泵的 $Q \sim H$ 曲线交于 A 点(Q_A,H_A),A 点与 B 点的工况相似,效率相等。A 点对应的流量 Q_A 即为所求的 Q 值。将 Q_A 代入式(2-22),即可求出叶轮切削之后的叶轮外径 D_2'。有时用切削量的百分数(%)表示切削量

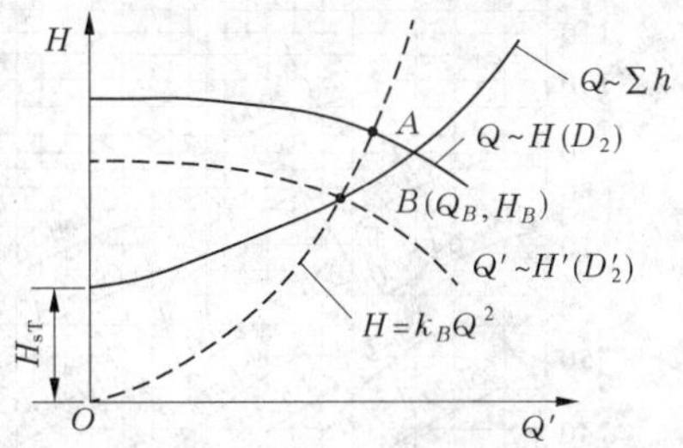

图 3-12　切削抛物线求叶轮切削量

$$切削量(\%) = \frac{D_2 - D_2'}{D_2} \times 100\%$$

2)求 $Q' \sim H'$、$Q' \sim N'$、$Q' \sim \eta'$

求出切削之后的叶轮外径 D_2',再根据求解第一类问题的方法,就可画出 D_2' 时所对应的特性曲线 $Q' \sim H'$、$Q' \sim N'$和 $Q' \sim \eta'$。这里就不再重复。

3. Sh 型泵谱图

叶轮切削以后可以使得水泵的应用范围扩大。如图 3-13 所示为 12Sh－19 型水泵的 $Q \sim H$ 曲线,切削前(D＝290 mm)水泵的高效段为 AC 线段,切削后(D＝265 mm)的高效段是 BD 线段,那么 $ABDC$ 这个区域就称作水泵工作的高效方框图。这样,水泵高效工作就由一条线段扩大为一个区域,使得水泵更易于满足实际需要。

目前,叶轮切削一般用于清水泵中,水泵厂常常对同一台水泵,配上 2～3 个外径不一样的叶轮以便用户采用。为使选泵方便,样本中通常将厂方所生产的某种型号的高效率

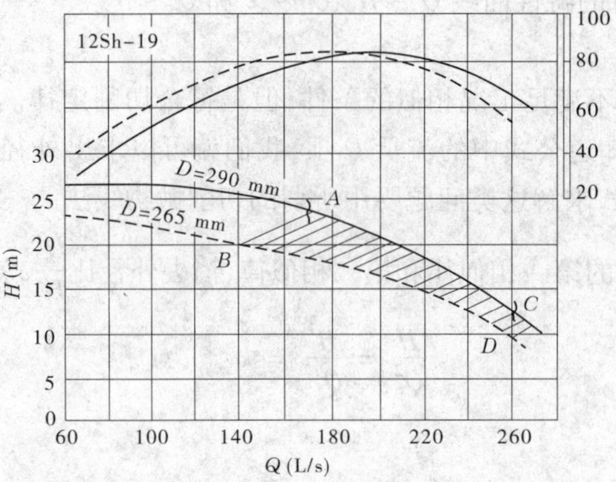

图 3-13　水泵高效方框

方框图，成系列地绘在同一张坐标纸上，称为性能曲线型谱图，如图 3-14 所示。图中每一小方框表示一种水泵的高效工作区域。框内注明该水泵的型号、转速及叶轮直径。用户在使用这种型谱图选择水泵时，只需看所需要的工况点落在哪一块方框内，即选用哪一台水泵，十分简明方便。

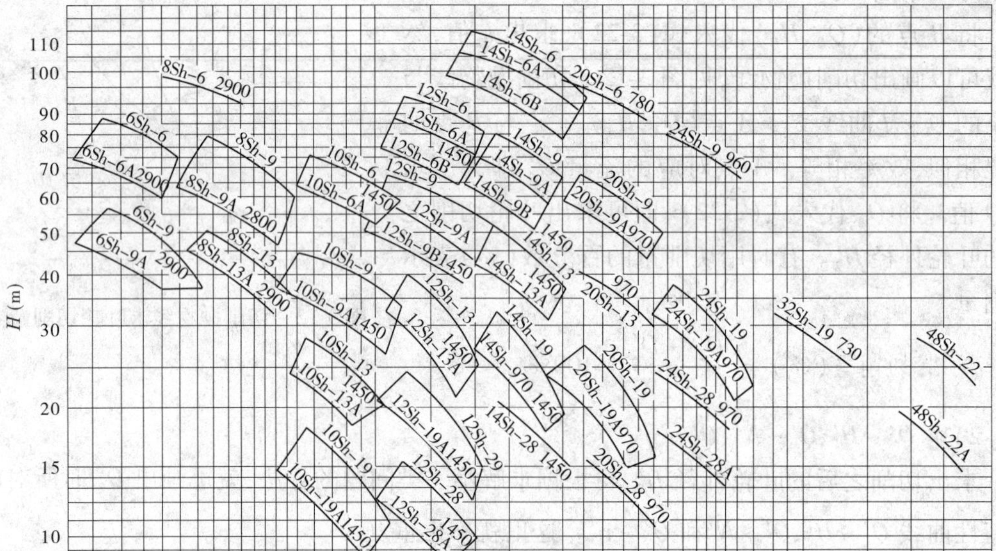

图 3-14　Sh 型离心泵性能曲线型谱图

4. 切削注意事项

(1) 切削限量，叶轮切削不能太大；否则，效率降低较多。各种水泵切削限量见表 3-1。

表 3-1　叶轮切削限量

比转速 n_s	60	120	200	300	350	350 以上
最大允许切削量(%)	20	15	11	9	7	0
效率下降值	每切削 10%,效率下降 1%		每切削 4%,效率下降 1%			

(2)不同的水泵切削方式不同,如图 3-15 所示,低比转速的离心泵,前后盖板切削量相同;高比转速的离心泵,后盖板切的大一些;混流泵不适合切削,不得不切削时,只应切削前盖板;轴流泵不能切削。

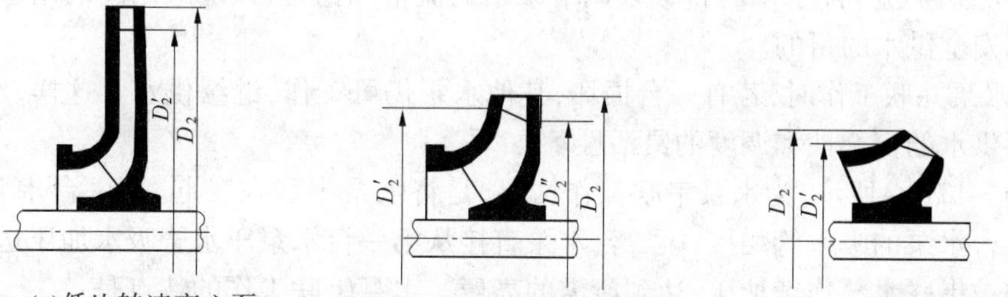

(a)低比转速离心泵　　(b)高比转速离心泵　　(c)混流泵

图 3-15　叶轮的切削方式

(3)叶轮切削后,叶片的出水边就显得比较厚。若沿着叶片出水边的弧面打磨锉边,使之变薄成刃状,则能大大改善叶轮的出水性能。

如图 3-16 中 C 表示叶片锉边时,锉下表面的情况,两片叶片之间的间距由 d 变为 d_F,这样叶轮出口面积就会增大,最高效率有所改善,最高效率向流量增大方向移动。

锉上表面时,如图 3-16 中 B 所示,两片叶片之间的间距基本不变,出水断面没有改善。

叶片进水边如能锉边成为锐角,如图 3-16 中 E 所示,则对其汽蚀性能有所改善。

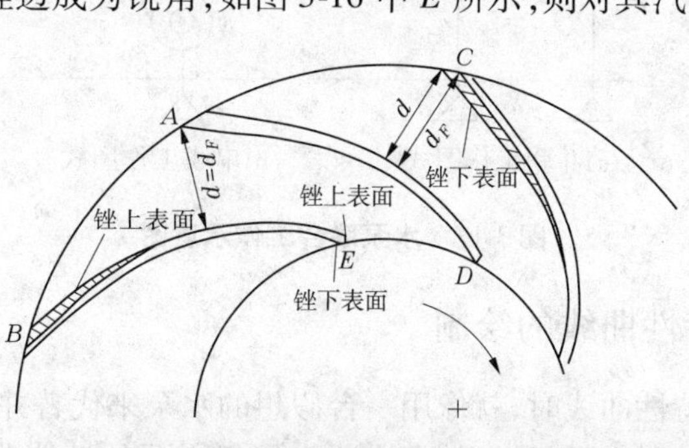

图 3-16　叶轮切削后叶片的锉尖

(4)水泵厂家通常备有不同直径的叶轮,供使用者选用,应充分考虑使用,如 10Sh－6 型水泵就有 460 mm 和 435 mm 两种直径的叶轮。

叶轮切削时应注意:所谓的切削不是说水泵使用者在使用的时候随时切削,而是要在泵出厂时备有几种叶轮,根据实际需要更换叶轮,所以切削调节也称为换轮运行。

3.4 水泵联合运行

由于用户的用水量时刻变化较大,为了适应用户的用水量的变化,水泵站往往设置多台水泵联合工作,用以解决水量、水压变化时的供需矛盾,这是一种非常有效的节能措施。

如图 3-17(a)所示,这种多台水泵联合运行,通过联络管共同向一个高地水池或一个城市给水管网送水的水泵工作情况,称作水泵并联工作。水泵并联工作的特点如下:

(1)增加给水量,输水干管中的总流量等于各台水泵工作流量之和。

(2)可以通过开停水泵的台数来调节泵站的流量和扬程,以适应用户的用水变化,达到节能和安全供水的目的。

(3)水泵并联工作时,若有一台损坏,其他水泵仍可工作,继续供水。这样,水泵并联就提高了供水的安全性和调度的灵活性。

如图 3-17(b)所示,为水泵串联工作情况,是将水泵串联在一起,第一台水泵的压水管与第二台水泵的吸水管相接,第二台水泵直接从第一台水泵压水管吸水加压送水,从而使得水流被串联水泵连续加压,达到所需的高压。水泵串联工作的特点是:

(1)增加总扬程,被输送的水流所获得的总扬程是各串联水泵实际工作扬程之和。

(2)一台水泵有问题,其他水泵也不能工作。

(3)水泵串联工作可以用多级水泵代替工作。

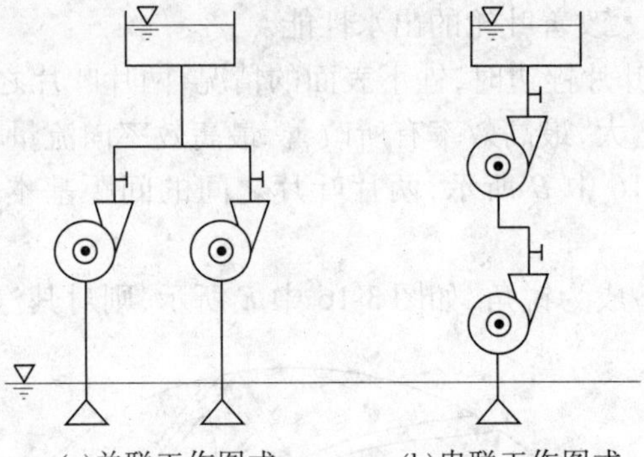

(a)并联工作图式　　(b)串联工作图式

图 3-17　水泵联合工作示意图

3.4.1　水泵并联特性曲线的绘制

在绘制水泵并联特性曲线时,就像用一台假想的水泵来代替并联工作的水泵,这个假想水泵的工况就等于并联水泵的工况,那么这个假想水泵的性能曲线就等于并联水泵的性能曲线,我们称之为并联特性曲线。这个假想水泵的特性曲线是什么样呢?就成为我们为解决并联水泵工况首先要解决的问题。

如图 3-17 所示,并联水泵工作时,其静扬程相同,如果不考虑水头损失,并联水泵的

扬程是相同的,即

$$H_1 = H_2 = H_{总} \tag{3-23}$$

$$Q_1 + Q_2 = Q_{总} \tag{3-24}$$

也就是说,式(3-23)和式(3-24)所表示的就是假想水泵的工作参数。显然,假想水泵的工作扬程特性曲线(并联水泵的并联特性曲线)就等于各台并联水泵的扬程(不计损失),假想水泵的流量就等于各台并联水泵流量之和。从而并联水泵的并联特性曲线(假想水泵的特性曲线)就可以用横加法求得,就是在相同扬程条件下将流量叠加。

如图3-18所示,首先,将并联的两台水泵的 $Q \sim H$ 曲线Ⅰ、Ⅱ绘在同一坐标图上;然后在不同扬程位置(H_1、H_1'、H_1'')绘几条水平线,与曲线Ⅰ分别交于1、1′、1″点,与曲线Ⅱ分别交于2、2′、2″点;根据横加法的原则,分别计算出在 H_1、H_1'、H_1'' 扬程下,并联之后水泵的流量,并将其绘在坐标图上,得到3、3′、3″点;最后用一条光滑曲线连接3、3′、3″各点,即得到水泵并联后的特性曲线Ⅰ+Ⅱ。

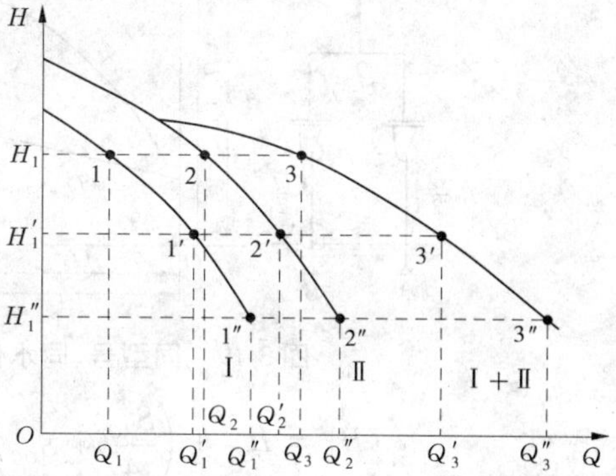

图3-18　水泵并联 $Q \sim H$ 曲线

上述所谓的横加法只适用于管路布置相同的并联水泵(静扬程相同、水头损失相同),实际工程中管路布置往往不是相同的,水头损失也不相同,因而并联工作的各水泵扬程就不同,所以就不能直接使用横加法求出并联特性曲线,只能用折引特性曲线法求出折引并联特性曲线。

3.4.1.1　同型号、同水位、管路相同的两台水泵并联工况图解法

1. 首先绘制两台水泵并联特性曲线 $(Q \sim H)_{1+2}$

如图3-19所示,在坐标图上绘出1、2两台水泵的特性曲线。由于两台水泵型号相同,所以特性曲线相同,又因为两台水泵的管路布置相同(即阻抗 S 相同),从同一水池吸水,送往同一高地水池(即静扬程 H_{sT} 相同)。所以,水从两台泵所获得的能量(扬程)相同,即有

$$H_1 = H_{sT} + S_{AO}Q_1^2 + S_{OG}Q_{1+2}^2 = H_{sT} + \left(\frac{S_{AO}}{4} + S_{OG}\right)Q_{1+2}^2$$

$$H_2 = H_{sT} + S_{BO}Q_2^2 + S_{OG}Q_{1+2}^2 = H_{sT} + \left(\frac{S_{BO}}{4} + S_{OG}\right)Q_{1+2}^2$$

$$H_1 = H_2 = H_0$$

也就是说,水泵并联工作以后,总流量等于两台水泵流量之和,总扬程等于各水泵扬程。按照横加法原则,即可绘出 $(Q \sim H)_{1+2}$ 曲线,如图3-19所示。$(Q \sim H)_{1+2}$ 曲线即水泵1和水泵2的并联工作特性曲线。

2. 绘制管路系统特性曲线

根据上面的分析,我们知道,两台水泵的静扬程相同,管路中的水头损失也相同,即并联之后两台水泵的扬程相等,且等于总扬程,有

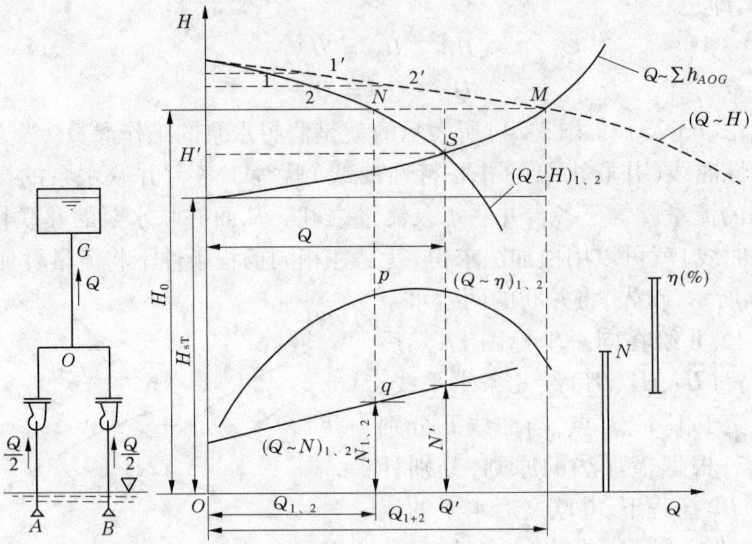

图 3-19　同型号、同水位、同对称布置的两台水泵并联

$$H_0 = H_{sT} + \left(\frac{S_{AO}}{4} + S_{OG}\right)Q_{1+2} = H_{sT} + \left(\frac{S_{BO}}{4} + S_{OG}\right)Q_{1+2} \tag{3-25}$$

式(3-25)就是管路系统特性曲线方程,据此可绘制出管路系统特性曲线,如图 3-19 中的 $Q \sim \sum h_{AOG}$ 曲线。

3. 并联工况点的确定

$(Q \sim H)_{1+2}$ 曲线与 $Q \sim \sum h_{AOG}$ 曲线的交点 M 点就为并联两台水泵的工况点。

M 点所对应的流量 Q_M 即为水泵并联之后的总流量 Q_{1+2},该点对应的扬程 H_M 即为并联水泵的总扬程 H_0。两台水泵在并联工作时,各单泵工况点为 N 点,其对应的流量和扬程分别为 Q_N 和 H_N,$Q_N = Q_M/2$,$H_N = H_M$。

从 N 点作垂线,交 $Q \sim \eta$ 曲线于 p 点,为单泵效率点,$\eta_1 = \eta_2$;交 $Q \sim N$ 曲线于 q 点,为单泵功率点,$N_1 = N_2$。并联工作时的总功率 $N = N_1 + N_2$,总效率 $\eta = \eta_1 = \eta_2$。

4. 单泵单独工作工况点

单泵的特性曲线 $(Q \sim H)_{1,2}$ 与管路特性曲线 $Q \sim \sum h_{AOG}$ 交于 S 点(Q', H'),该点是单泵单独工作时的工况点,从图 3-19 中可以看出,$Q_{1,2} < Q' < Q_{1+2}$。

在求解水泵并联工况点时应注意以下几点:

(1)两台水泵并联工作时的总流量并不等于单台泵单独工作时流量的 2 倍,即 $Q_{1+2} \neq 2Q'$,$\Delta Q = Q_{1+2} - Q' < Q'$。管路特性曲线越陡,$\Delta Q$ 越少。

(2)水泵并联时的总扬程 $H_{1+2} = H_{1,2} > H_S$,即水泵并联工作不仅仅能增加流量,扬程也有少量增加。

(3)单泵单独工作时的功率要远远大于并联工作时单泵的功率,即 $N' > N_{1,2}$,所以选配电动机时应根据单泵单独工作时的功率来进行选择。

3.4.1.2　多台同型号水泵并联工作

多台同型号水泵并联工作的特性曲线同样可以用横加法求得,如图 3-20 所示为五台同型号水泵并联工作的情况。由图可知,水泵并联工作时,每增加一台水泵所增加的水量 ΔQ 并不相同,水泵并联越多,增加的水量 ΔQ 就越少。当两台水泵并联时,流量比单泵工作时增加了 90,三台泵并联时比两台泵时增加了 61,四台泵并联比三台增加了 33,五台泵并联时仅比四台泵增加了 16。由此可见,当水泵并联台数达到四五台以上时,增加的流量 ΔQ 很小,已经没有意义了。

所以,是否通过增加并联工作的水泵台数来增加水量要通过工况分析和计算决定,不能简单理解为增加水泵台数就能同样增加水量,尤其是改扩建工程,更要认真分析计算水泵并联工况,才能确定。

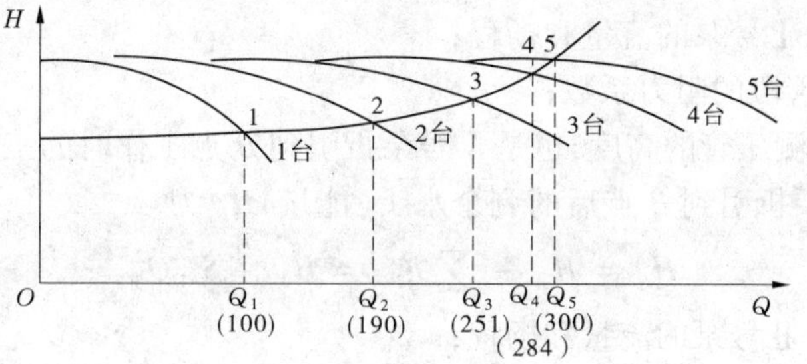

图 3-20　五台同型号水泵并联

3.4.1.3　两台不同型号的水泵并联工作

如图 3-21 所示,当两台不同型号的水泵同时从吸水井吸水,送往高地水池时,由于水泵性能不同,管道布置和管道中的水头损失也不同,所以两台水泵的扬程也就不同。这样,就不能直接利用等流量下流量叠加的原理,即横加法求得并联特性曲线。

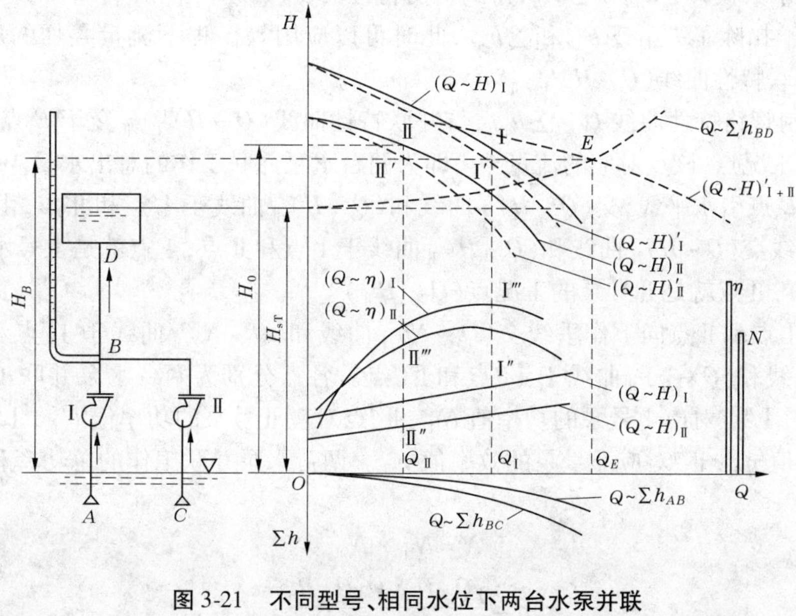

图 3-21　不同型号、相同水位下两台水泵并联

我们观察图 3-21 的水泵装置系统简图,两个水泵的管路交会点 B 是水泵并联工作的要点,也是求得并联特性曲线的关键点。根据水力学的知识我们知道,在 B 点安装一只

测压管,测压管的高度只能有一个,即 B 点处的比能值只能有一个。不管是水泵Ⅰ输送到 B 点的水,还是水泵Ⅱ输送到 B 点的水,到达 B 点后,它所具有的比能一定相同。

所以,假想水泵分两步工作:第一步,水泵各自单独工作分别通过 AB 管段和 CB 管段,把水提升到 B 点;第二步,两台水泵联合在 B 点工作,一起把水从 B 点通过 BD 管路送到 D 水池。因此,我们在求解这两台水泵并联工作工况点时,可以采用折引特性曲线的方法,先把两台水泵同时折引到 B 点,此时就可按横加法原理作出折引并联特性曲线。

Ⅰ号泵折引到 B 点后的剩余水头(能量)H_B 为

$$H_B = H_{\mathrm{I}} - \sum h_{AB} = H_{\mathrm{I}} - S_{AB}Q_{\mathrm{I}}^2 \tag{3-26}$$

式中 Q_{I}、H_{I}——Ⅰ号泵的流量和扬程;

S_{AB}——AB 管段的阻力系数;

H_B——B 点测压管的高度,也是Ⅰ号泵折引到 B 点工作时的工作扬程。

同理,把Ⅱ号泵折引到 B 点后的剩余水头(能量)H_B 为

$$H_B = H_{\mathrm{II}} - \sum h_{BC} = H_{\mathrm{II}} - S_{BC}Q_{\mathrm{II}}^2 \tag{3-27}$$

式中 Q_{II}、H_{II}——Ⅱ号泵的流量和扬程;

S_{BC}——BC 管段的阻力系数。

扣除了 $\sum h_{AB}$ 和 $\sum h_{BC}$ 后,Ⅰ号泵和Ⅱ号泵就在相同的扬程 H_B 下工作了,可以按照横加法原理作出并联特性曲线,求解工况点,具体求解步骤如下:

(1)首先在横坐标下绘制 $Q \sim \sum h_{AB}$ 和 $Q \sim \sum h_{BC}$ 曲线。

(2)用折引特性曲线法,在对应的流量条件下从水泵特性曲线 $(Q \sim H)_{\mathrm{I}}$ 和 $(Q \sim H)_{\mathrm{II}}$ 曲线上扣除水头损失 $\sum h_{AB}$ 和 $\sum h_{BC}$,得到折引特性曲线 $(Q \sim H)'_{\mathrm{I}}$ 和 $(Q \sim H)'_{\mathrm{II}}$。

(3)由于扣除了差异 $\sum h_{AB}$ 和 $\sum h_{BC}$,此时可以应用等扬程下流量叠加的原理(横加法),绘出并联特性曲线 $(Q \sim H)'_{\mathrm{I+II}}$。

(4)绘制管路特性曲线 $Q \sim \sum h_{BD}$,与并联特性曲线 $(Q \sim H)'_{\mathrm{I+II}}$ 交于 E 点,E 点就是并联水泵的工况点,该点对应的流量 Q_E,即为两台水泵并联工作的总出水量。

(5)从 E 点引水平线,交 $(Q \sim H)'_{\mathrm{I}}$ 曲线和 $(Q \sim H)'_{\mathrm{II}}$ 曲线于Ⅰ′点和Ⅱ′点,由Ⅰ′点和Ⅱ′点向上作垂线交 $(Q \sim H)_{\mathrm{I}}$ 曲线和 $(Q \sim H)_{\mathrm{II}}$ 曲线于Ⅰ点和Ⅱ点;Ⅰ点就是Ⅰ号水泵的工况点 $(Q_{\mathrm{I}}, H_{\mathrm{I}})$,Ⅱ点就是Ⅱ号泵的工况点 $(Q_{\mathrm{II}}, H_{\mathrm{II}})$。

(6)从Ⅰ点和Ⅱ点向下作垂线交 $(Q \sim N)_{\mathrm{I}}$ 曲线和 $(Q \sim N)_{\mathrm{II}}$ 曲线于Ⅰ″点和Ⅱ″点,交 $(Q \sim \eta)_{\mathrm{I}}$ 曲线和 $(Q \sim \eta)_{\mathrm{II}}$ 曲线于Ⅰ‴点和Ⅱ‴点。各点分别为两台水泵并联工作时功率点和效率点,Ⅰ″点对应Ⅰ号泵的功率值 N_{I},Ⅱ″点对应Ⅱ号泵的功率值 N_{II},Ⅰ‴点对应Ⅰ号泵的效率值 η_{I},Ⅱ‴对应Ⅱ号泵的效率值 η_{II}。两台水泵并联工作的总功率和总效率分别为

总功率
$$N = N_{\mathrm{I}} + N_{\mathrm{II}}$$

总效率
$$\eta = \frac{\gamma Q_{\mathrm{I}} H_{\mathrm{I}} + \gamma Q_{\mathrm{II}} H_{\mathrm{II}}}{N_{\mathrm{I}} + N_{\mathrm{II}}}$$

这种扣除差异,再用横加法求并联特性曲线的求解工况点的方法也适用于管路布置不同的情况(例如井群取水送至水厂的情况)和水位不同的情况(例如从不同的吸水井取

水）。

3.4.1.4　一台水泵向两个并联工作的高地水池送水

如图 3-22 所示，在管路分支点 B 点只能有一个水头，我们若在 B 点安装一根测压管则可以测出 B 点水头，依测压管水面高度 H_B 可以分析水泵向两个不同高度的高地水池送水的几种情况：

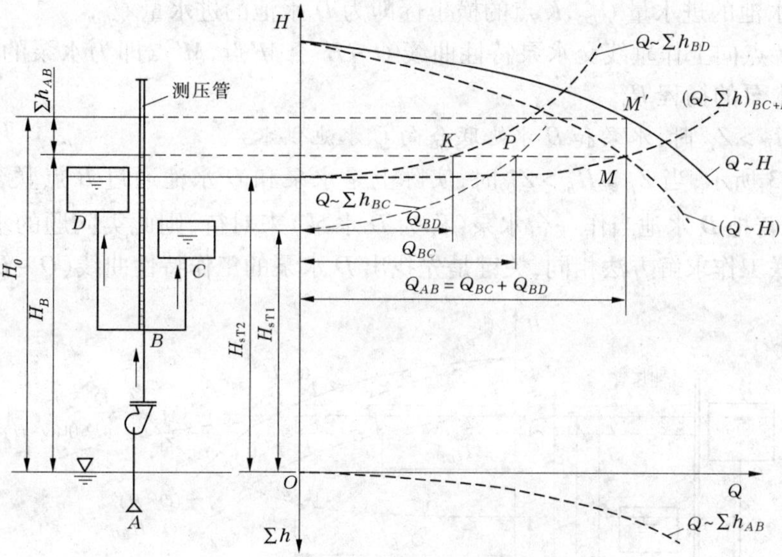

图 3-22　一台水泵向两个高地水池输水

(1) $H_B > Z_D$ 时，水泵向两个高地水池送水。

(2) $H_B = Z_D$ 时，D 水池处于暂时平衡状态，既不进水也不出水，水泵向 C 水池送水，属于单泵向一个水池送水的简单工况。

(3) $Z_D > H_B > Z_C$ 时，水泵和 D 水池联合工作向 C 水池送水。

(4) $H_B = Z_C$ 时，D 水池向水泵和 C 水池送水，属于水池出流工况。

(5) $H_B < Z_C$ 时，两个高地水池联合工作向水泵送水，属于水轮机工况。

上述(4)和(5)两种情况类似于水轮机工况，在水泵工作中是不存在的，所以实际上只有三种水泵工作情况，而(2)种($H_B = Z_D$ 时)是水泵向 C 水池送水，属于单泵向一个水池送水的简单工况，因而我们只讨论(1)和(3)两种情况。

1. $H_B > Z_D$ 时，水泵向两个高地水池送水

若水泵扬程为 H_0，则 B 点的测压管水面高度 $H_B = H_0 - \sum h_{AB}$，H_B 表示水流到 B 点时剩余的能量，即在 B 点有一扬程为 H_B 的水泵(假想水泵)向 C 水池和 D 水池送水。

具体解题步骤如下：

(1) 在横坐标下面作 $Q \sim \sum h_{AB}$ 曲线。

(2) 从水泵特性曲线 $Q \sim H$ 上减去相应的 $\sum h_{AB}$(在相同流量下)，得到水泵的折引特性曲线 $(Q \sim H)'$。

(3) 根据公式 $H_{BC} = Z_C + \sum h_{BC}$ 和 $H_{BD} = Z_D + \sum h_{BD}$ 作 BD 段管路系统特性曲线 $Q \sim \sum h_{BD}$ 和 BC 段管路系统特性曲线 $Q \sim \sum h_{BC}$。

(4)应用横加法原理，将上述两条管路系统特性曲线进行横加，可以得到并联管路特性曲线$(Q\sim\sum h)_{BC+BD}$。

(5)水泵折引特性曲线$(Q\sim H)'$和并联管路特性曲线$(Q\sim\sum h)_{BC+BD}$相交于M点。此M点的横坐标为通过B点的总流量。

(6)从M点作水平线交$(Q\sim\sum h)_{BC}$曲线和$(Q\sim\sum h)_{BD}$曲线于P点和K点；P点的横坐标即为C水池的进水量Q_{BC}，K点的横坐标即为D水池的进水量Q_{BD}。

(7)从M点向上作垂线交水泵特性曲线$Q\sim H$于M'点，M'点即为水泵的工况点，其纵坐标即为水泵的扬程H_0。

2. $Z_D>H_B>Z_C$时，水泵和D水池联合向C水池供水

如图3-23所示，当$Z_D>H_B>Z_C$时，实际上是水泵和D水池通过B点联合工作向C水池送水，如若把D水池当作一台水泵(称为D水泵)来对待，则此类问题的求解方法就和大小泵并联工作求解方法相同，关键是先找出D水泵的工作特性曲线$(Q\sim H)_D$。

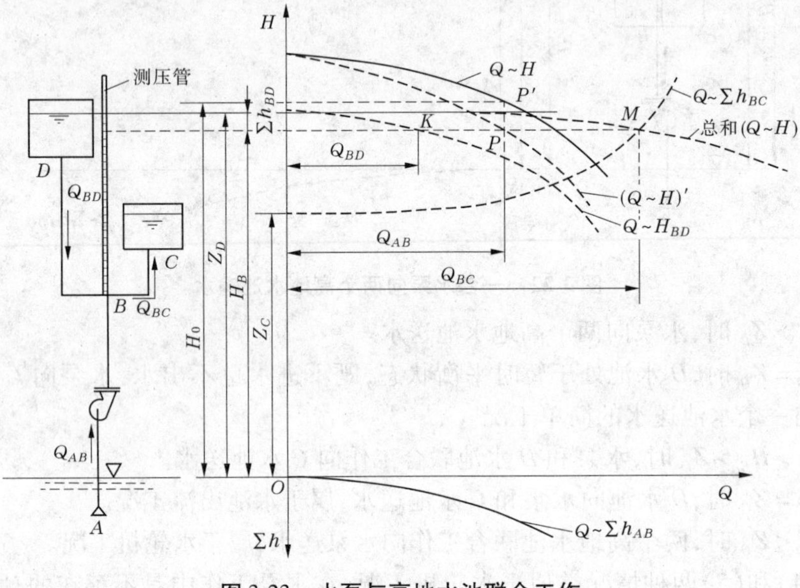

图3-23 水泵与高地水池联合工作

D水池就是水箱出流，D水泵的工作特性曲线就是一条高度为Z_D的水平线，如图3-23所示。这样求解其工况点的步骤如下：

(1)在横坐标下面作AB段水头损失特性曲线$Q\sim\sum h_{AB}$。

(2)分别在对应流量下从水泵的特性曲线$Q\sim H$或D水泵特性曲线$H=Z_D$上减去水头损失$\sum h_{AB}$或$\sum h_{BD}$，得到水泵和D水泵的折引特性曲线$(Q\sim H)'$和$Q\sim H_{BD}$。

(3)根据横加法将水泵和D水泵的折引特性曲线$(Q\sim H)'$和$Q\sim H_{BD}$横加，得到水泵和D水泵的并联折引特性曲线总和$Q\sim H$。

(4)作出BC段管路系统特性曲线$Q\sim\sum h_{BC}$。

(5)水泵的并联折引特性曲线总和$Q\sim H$与管路特性曲线$Q\sim\sum h_{BC}$相交于M点，M点就是并联工况点。该点对应的横坐标Q_M就是C水池的进水量，纵坐标H_M就是B点的测压管高度。

(6)从 M 点引水平线交$(Q\sim H)'$和 $Q\sim H_{BD}$曲线于 P 点和 K 点。P 点的横坐标即为水泵的输水量 Q_{AB}，K 点的横坐标即为 D 水池的出水量 Q_{BD}。

(7)从 P 点向上引垂线交水泵特性曲线 $Q\sim H$ 于 P'点，P'点就是水泵工况点。该点的纵坐标即为水泵扬程。

3.4.1.5 多台并联水泵调速运行

1. 同型号两台水泵，一台定速和一台调速并联运行工况

调速泵和定速泵并联工作时，通常存在两种情况：一种情况是调速泵的转速 n_1 和定速泵的转速 n_2 均为已知，求并联工况点。若 $n_1=n_2$，则属于同型号泵并联工况点问题，若 $n_1\neq n_2$，则属于大、小泵并联工况点问题，这类问题与并联工作相同，我们在前面已经叙述过，不再重复。

另一种情况是知道定速泵的转速 n_2 和并联工作的总流量 Q，求调速泵的转速 n_1。这类问题比较复杂，存在五个未知数，即定速泵的工况点值$(Q_{\mathrm{II}},H_{\mathrm{II}})$、调速泵的工况点值$(Q_{\mathrm{I}},H_{\mathrm{I}})$，以及调速泵的转速 n_1 等5个未知数。这种情况直接求解比较复杂，但是我们仍然可以用折引特性曲线法来求解。

求解思路是将大小泵并联步骤反向进行，如图 3-24 所示，已知定速泵的特性曲线 $Q\sim H$、管路特性和总流量 Q_P。我们可以根据横加法的原理求解上述五个未知数，步骤如下：

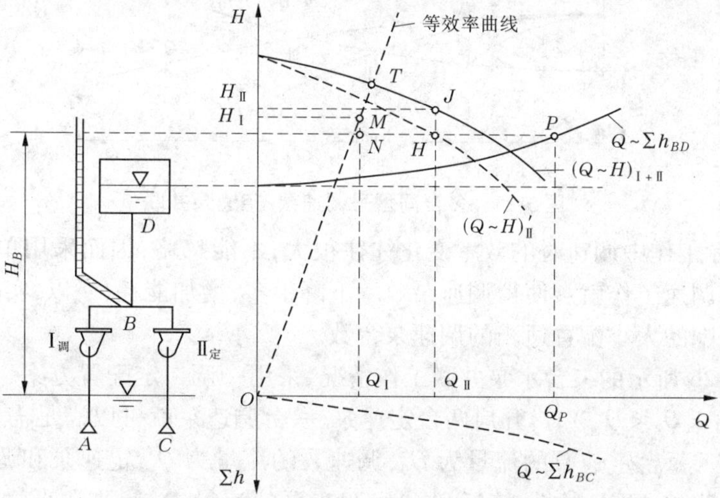

图 3-24 一台定速水泵和一台调速水泵并联工作

(1)画出同型号两台水泵的$(Q\sim H)_{\mathrm{I+II}}$特性曲线。

(2)根据公式 $H=H_{sT}+S_{BD}Q_{BD}^2$绘出 BD 段管路特性曲线 $Q\sim\sum h_{BD}$。

(3)并联总流量 Q_P 向上引垂线，交 $Q\sim\sum h_{BD}$曲线于 P 点，P 点的纵坐标就是 B 点测压管高度 H_B。

(4)由$\sum h_{BC}=S_{BC}Q_{BC}^2$，在横坐标下面绘出 $Q\sim\sum h_{BC}$曲线，在对应流量条件下从定速泵的特性曲线$(Q\sim H)_{\mathrm{I+II}}$上减去$\sum h_{BC}$，就得到定速泵的折引特性曲线$(Q\sim H)'_{\mathrm{II}}$；从 P 点向左引水平线，交曲线$(Q\sim H)''_{\mathrm{II}}$于 H 点。

(5)由 H 点向上引垂线,交水泵特性曲线$(Q\sim H)_{\mathrm{I}+\mathrm{II}}$于 J 点,J 点就是定速泵的工况点。J 点的横坐标即为定速泵的流量 Q_{II},纵坐标就是定速泵的扬程 H_{II}。

(6)调速泵的流量 $Q_{\mathrm{I}}=Q_P-Q_{\mathrm{II}}$,调速泵的扬程 $H_{\mathrm{I}}=H_B+\sum h_{AB}=H_B+S_{AB}Q_{\mathrm{I}}^2$;根据$(Q_{\mathrm{I}},H_{\mathrm{I}})$就可在图上绘出调速泵的工况点 M。

(7)确定了调速泵的工况点 M,就可以根据相似工况抛物线法求出调速泵的转速 n_1。

其步骤为:先由 $k=H_{\mathrm{I}}/Q_{\mathrm{I}}^2$,求得 k 值;然后,绘出通过 M 点的相似工况抛物线(等效率曲线)$H=kQ^2$,它与定速泵的特性曲线$(Q\sim H)_{\mathrm{I}+\mathrm{II}}$相交于 T 点,T 点横坐标为 Q_T;最后,根据比例律 $n_1=n_2Q_{\mathrm{I}}/Q_T$,就可以求出调速泵的转速 n_1。

2. 多台调速泵并联问题

泵站中有多台水泵并联工作时,调速泵与定速泵的配置比例应以充分发挥每台调速泵在调速运行时仍能在高效率范围内工作为原则。

当调速时,调速泵的效率下降忽略不计,则一台调速泵就能合理搭配定速泵运行,如图 3-25 所示,流量在 $Q_0\sim Q_{\mathrm{I}}$之间时,使用一台调速泵工作就可以满足需要;流量在 $Q_{\mathrm{I}}\sim Q_{\mathrm{II}}$之间时,可以使用一台调速泵和一台定速泵并联工作;当流量在 $Q_{\mathrm{II}}\sim Q_{\mathrm{III}}$之间时,可以使用一台调速泵和两台定速泵并联工作。若实际调速范围不大,效率下降不大(或进行理论讨论时,理论上调速时效率不变),就属于此种情况。

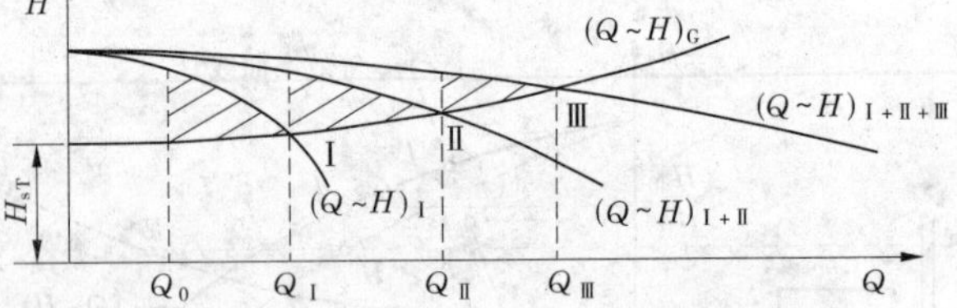

图 3-25　多台同型号调速泵、定速泵并联

但是,实际工作中调速时的效率变化往往很大,不能忽略,因而采用单台调速泵和多台定速泵并联调速工作就会使得调速泵效率下降很多,增加能耗;所以,实际工作中,就需要根据调速范围的大小配置适当的调速泵台数。

例如图 3-26 所示的三台水泵并联工作情况,采用一调二定配置方案。当泵站要求供水量为 $Q_A(Q_{\mathrm{II}}<Q_A<Q_{\mathrm{III}})$时,开启两台定速泵、一台调速泵就可以满足需要。此时,泵站总供水量为 Q_A,每台定速泵的流量为 Q_0,调速泵的流量为 Q_i,定速泵和调速泵都处于高效率区工作。当 Q_A 更小一些,接近 Q_{II}时,调速泵的流量 Q_i 就非常小,如图 3-26 所示。调速泵的效率一定很低,不但不能节能,反而可能增加能耗。

如果改为二调一定配置方案,如图 3-27 所示,当泵站要求供水量为 $Q_A(Q_{\mathrm{II}}<Q_A<Q_{\mathrm{III}})$时,两台调速泵和一台定速泵同时工作,此时泵站总供水量为 Q_A,定速泵的流量为 Q_0,每台调速泵的流量为$(Q_0+Q_i)/2$,远远大于 Q_i,可以控制在高效率范围内,使得定速泵和调速泵都处于高效率区工作。

当泵站总供水量 $Q_A>Q_{\mathrm{III}}$时,可以增加一台调速泵或定速泵工作就可以满足需要,三调一定的节能效果比二调二定要好。

显然,在实际工程中,多台泵并联工作时,调速泵的台数越多越好,这是因为调速泵台

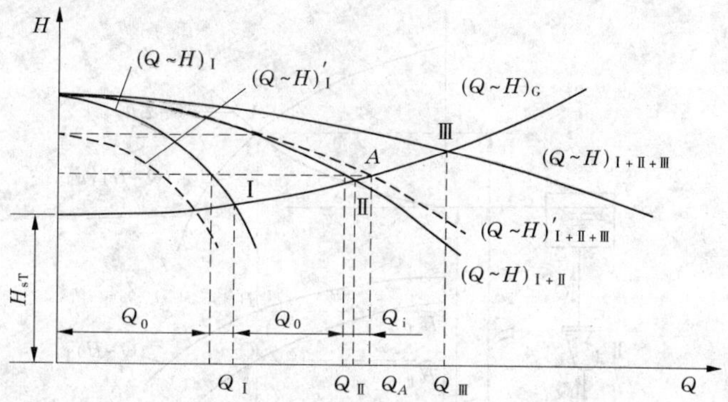

图 3-26　三台同型号调速泵、定速泵并联(两台定速泵、一台调速泵)

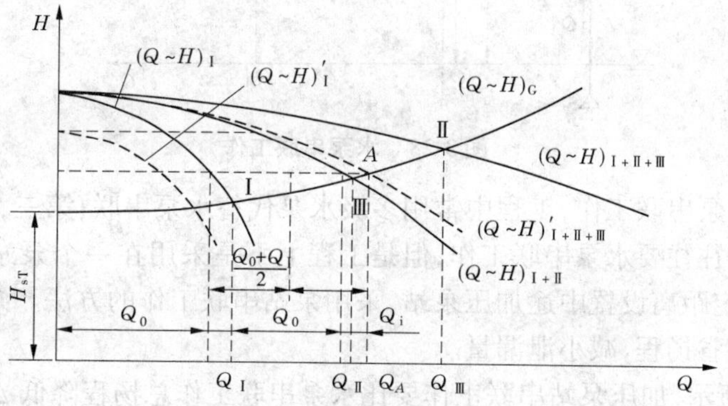

图 3-27　三台同型号调速泵、定速泵并联(两台调速泵、一台定速泵)

数越多,每台泵调速的范围就越小,效率下降就越小。但是很明显,调速泵台数越多,工程造价就会提高。

3.4.2　水泵串联运行

水泵串联工作,就是将一台水泵的压水管作为另一台水泵的吸水管,串在一起,第一台水泵从水池吸水加压送入第二台水泵,第二台水泵从第一台水泵的压水管吸水加压送出去,水流以同一流量依次流过每台水泵,所获得总能量等于各个水泵供给能量之和,如图 3-28所示。显然串联之后的总流量等于每一台水泵的流量,总扬程等于每台水泵的扬程之后,即串联工作特性曲线可以在相同流量条件下将扬程叠加求得,我们称之为竖加法。

如图 3-28 所示,水泵Ⅰ和水泵Ⅱ的特性曲线分别为$(Q\sim H)_{\mathrm{I}}$和$(Q\sim H)_{\mathrm{II}}$,将它们竖加(流量相同,扬程相加),就得到串联特性曲线$(Q\sim H)_{\mathrm{I+II}}$,它与管路特性曲线 $Q\sim\sum h$ 相交于 A 点,A 点就是水泵串联工况点。

从 A 点向下引垂线,交水泵Ⅰ和水泵Ⅱ的特性曲线$(Q\sim H)_{\mathrm{I}}$和$(Q\sim H)_{\mathrm{II}}$于 B 点和 C 点,则 B 点和 C 点分别为水泵串联工作时水泵Ⅰ和水泵Ⅱ的工况点。

在实际工程中,在同一泵站采用串联水泵工作的不多见,这是因为:第一,目前生产的各种型号的水泵扬程已经能够满足给水排水工程对扬程的要求;第二,目前生产的多级水

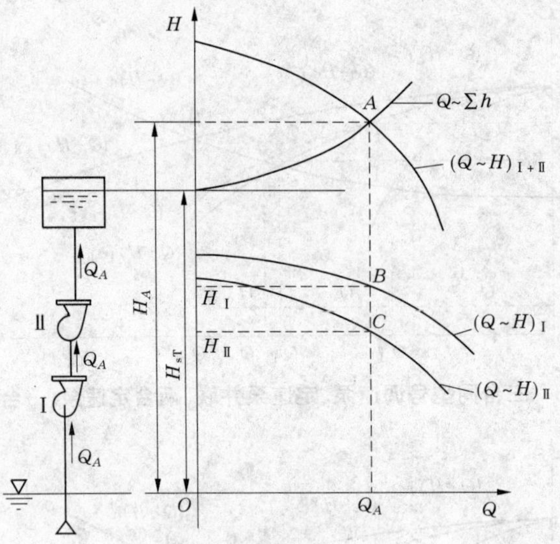

图 3-28　水泵串联工作

泵实际上就是水泵串联工作，工程中常用多级水泵代替水泵串联；第三，当长距离输水时，由于需要高扬程往往要水泵串联工作，但是工程上不是采用在一个泵站内多台水泵串联工作，而是在一定距离设置中途加压泵站，采用泵站串联工作的方法。泵站串联工作要比水泵串联工作节省扬程，减小泄漏量。

如图 3-29 所示，加压泵站串联工作要比水泵串联工作总扬程降低 ΔH，减少能量 ΔE。由于泵站串联总扬程要比水泵串联总扬程低得多，所以管道泄漏量要小得多。

如果水泵串联运行，要注意的事项如下：

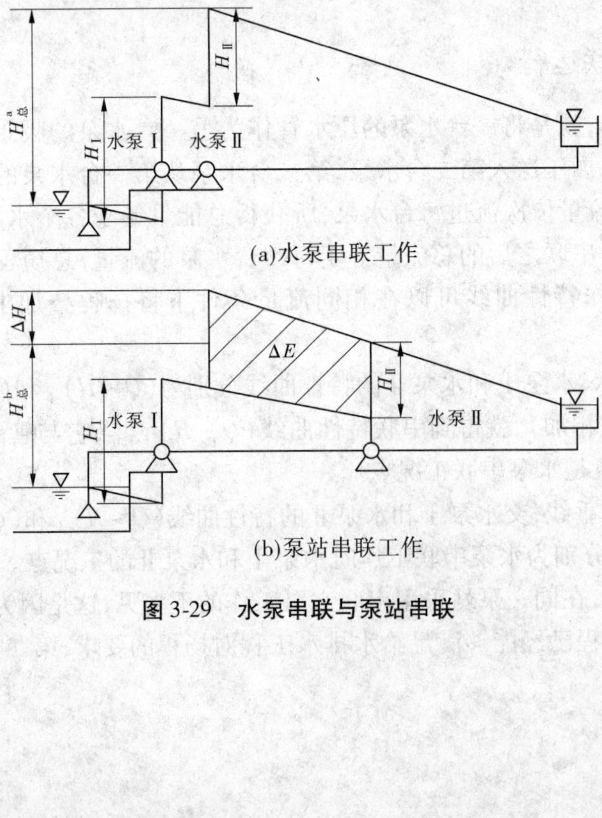

图 3-29　水泵串联与泵站串联

（1）水泵串联工作要求水泵设计流量应是接近的；否则，就不能保证水泵都在高效率下运行，严重时，可使得小泵过载或反而不如大泵单独运行。

（2）要考虑后续工作的水泵强度问题，因为后续工作的水泵要能承受高压。

思考题

1. 泵站设计时如何计算总扬程？

2. 什么叫水泵的工况点？如何确定？

3. 水泵转速发生变化时，如何绘制变速后的性能曲线？

4. 如何应用车削定律解决实际问题？

5. 如何确定同型号、同水位、对称布置两台水泵并联运行时水泵的有关性能参数？

6. 同型号、同水位、对称布置两台水泵并联运行的特点是什么？

7. 串联运行时应注意哪些问题？

8. 如何确定水泵的安装高程？

9. 某取水泵站从水源取水，将水输送至蓄水池。已知水泵流量 $Q = 1\ 800\ m^3/h$，吸、压水管道均为钢管，吸水管长为 $l_s = 15.5\ m$，$DN_a = 500\ mm$，压水管长为 $l_d = 450\ m$，$DN_d = 400\ mm$。局部水头损失按沿程水头损失的15%计算。水源设计水位为76.83 m，蓄水池最高水位为89.45 m，水泵轴线高程为78.83 m。设水泵效率在 $Q = 1\ 800\ m^3/h$ 时为75%。试求：（1）水泵工作时的总扬程为多少？

（2）水泵的轴功率为多少？

10. 某泵站装有一台6Sh－9型泵，管道阻力参数 $S = 1\ 850.0\ s^2/m^5$，静扬程 $H_{sT} = 38.6\ m$，此时水泵的出水量、扬程、轴功率和效率各为多少？

表3-2　6Sh－9型泵性能参数

流量（L/s）	扬程（m）	转速（r/min）	轴功率（kW）	效率（%）
36	52		24.8	74
50	46	2 950	28.6	79
61	38		30.6	74

11. 某水泵转速 $n_1 = 970\ r/min$ 时的 $(Q \sim H)_1$ 曲线高效段方程为 $H = 45 - 4\ 583Q^2$，管道系统特性曲线方程为 $H_{需} = 12 + 17\ 500Q^2$，试求：

（1）该水泵装置的工况点；

（2）若所需水泵的工况点流量减少15%，为节电水泵转速应降为多少？

12. 某循环泵站，夏季为一台12Sh－19型泵工作，$D_2 = 290\ mm$，$Q \sim H$ 曲线高效段方

程为 $H=28.33-184.6Q^2$，管道阻力系数 $S=225\ s^2/m^5$，静扬程 $H_{sT}=15$ m，到了冬季需减少 12% 的供水量，为节电拟将一备用叶轮车削后装上使用。问该备用叶轮的的外径变为多少？

13. 某泵站装有 20Sh－28 型泵，吸水井最低水位为 8.30 m，要求单泵出水量为 0.49 m/s，吸水管阻力系数为 $S_{吸}=1.52\ s^2/m^5$，水泵允许吸上真空高度为 $H_s=4.0$ m，确定泵的最大安装高程。

14. 某供水泵站，选用两台 6Sh－9 型水泵并联运行，并联节点前管道相对较短，水力损失忽略不计，并联节点后管道阻力系数 $S=1\ 850\ s^2/m^5$，泵站提水静扬程 $H_{sT}=38.6$ m，求泵站的供水设计流量及水泵的流量、扬程、效率、轴功率等参数。

模块4　工程常用水泵

水泵的种类很多,其分类方法也各不相同,可以从不同角度分类,如有卧式的、立式的,有抽清水的、有抽污水的,有单级单吸、单级双吸和多级多段式的等。本模块介绍给水排水工程中常用的水泵。

4.1　IS 型单级单吸清水离心泵

IS 型单级单吸清水离心泵是根据国际标准 ISO2858 所规定的性能和尺寸设计的。它是现行水泵行业首批采用此标准设计的新系列产品,本系列泵共 29 个品种,其效率平均比老产品提高 3.67%。

该泵主要结构由泵体、泵盖、轴、密封环、轴套和悬架轴承部件等组成,如图 4-1 所示。泵体和泵盖为后开门结构型式,其优点是检修方便,即不用拆卸泵体、管路和电动机,只需拆下加长联轴器的中间连接件,就可以退出转子部件进行检修。悬架轴承部件支撑着泵的转子部件。为了平衡泵的轴向力,在叶轮前、后盖板上设有平衡孔。滚动轴承承受泵的径向力和残余轴向力。该泵采用填料密封时,由填料压盖、填料环和填料组成。在轴通过填料腔的部位装有轴套,以保护泵轴,防止磨损。轴套和轴之间装有 O 形密封圈,以防进气和漏水。

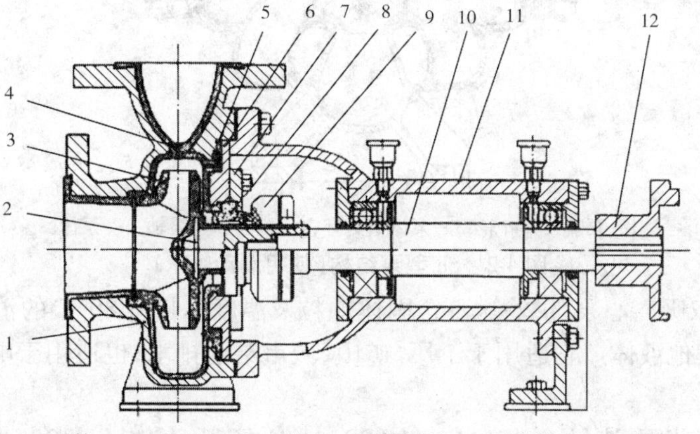

1—泵体;2—叶轮骨架;3—叶轮;4—泵体衬里;5—泵盖衬里;6—泵盖;
7—机封盖压;8—静环;9—动环;10—泵轴;11—悬架轴承部件;12—联轴器

图 4-1　IS 型单级单吸清水离心泵

泵的传动方式,通过加长弹性联轴器与电动机相联。从电动机方向看,泵为顺时针方向旋转。

IS 型泵系列单级单吸离心泵,用于输送清水或物理性质类似于清水的其他液体,温度不高于 80 ℃。它适用于工业和城市给水、排水及农田灌溉。

该泵的性能范围：流量 Q 为 6.3 ~ 400 m^3/h，扬程 H 为 5 ~ 125 m，转速 n 为 1 450 r/min 和 2 900 r/min。

型号意义：例如 IS80 - 65 - 160(B)。

IS——采用 ISO 国际标准的单级单吸清水离心泵；

80——水泵入口直径，mm；

65——水泵出口直径，mm；

160——叶轮名义直径，mm；

B——叶轮外径经第二次切削。

4.2 Sh 型单级双吸离心泵

Sh 型单级双吸离心泵主要由泵体、泵盖、轴承、转子等部件组成，如图 4-2 所示。该泵为单级双吸叶轮，泵体为水平中开。泵的吸入管和排出管均在泵轴中心线下方成水平方向，并与泵体铸成一体。泵体与泵盖的分开面在轴中心线上方，无须拆卸管路及电动机即可检修泵的转动部件。该泵滚动轴承用油脂润滑，滑动轴承用稀油润滑。轴向力由双吸叶轮平衡，残余轴向力由滚动轴承平衡。该泵采用填料密封，在轴封处装有可更换的轴封。

泵的传动是通过弹性联轴器由电动机驱动，从传动端看，泵为逆时针方向旋转。

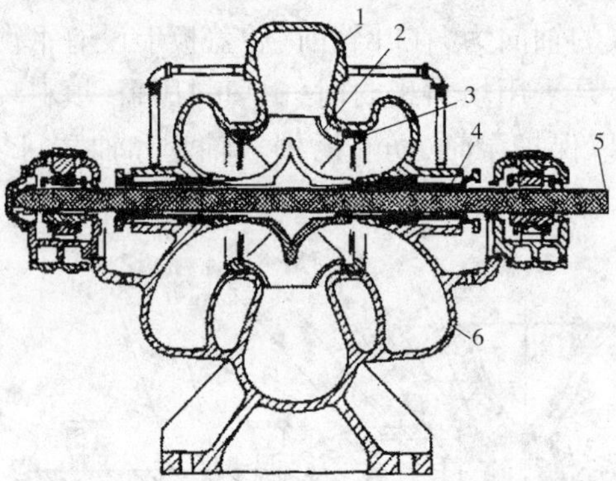

1—泵盖；2—叶轮；3—泵体密封环；4—轴套；5—泵轴；6—泵体

图 4-2 Sh 型泵结构（使用滑动轴承）

Sh 型单级双吸离心泵，供输送不含固体颗粒及温度不超过 80 ℃的清水或物理、化学性质类似水的其他液体。它适用于工厂、矿山、城市给水排水，也适用于电站、大型水利工程、农田排灌等。

该泵的性能范围：流量 Q 为 144 ~ 11 000 m^3/h，扬程 H 为 11 ~ 125 m。

型号意义：例如 6Sh - 9A。

6——水泵入口直径，in；

Sh——单级双吸中开式离心泵；

9——泵的比转数除以 10 的整数；

A——叶轮外径经第一次切削。

与 Sh 型泵的结构形式相类似的水泵有 SA 型和 S 型，还有一种 SLA 型立式双吸离心泵。它是将 SA 型泵的泵轴改为立式安装，除上、下两轴承体内装有向心球轴承外，上端轴承体内还装有止推轴承，以承受泵的轴向推力及转动部分的重量。习惯上把这种泵称为立式安装，目的是使泵房平面面积减小，布置紧凑。但从安装和维修角度讲，它不如卧式泵方便。

4.3　D 型多级离心泵

多级泵相当于将几个叶轮同时安装在一根轴上串联工作，轴上叶轮的个数就代表泵的级数。多级泵工作时，液体由吸入管吸入，按顺序由一个叶轮压出进入后一个叶轮，每经过一个叶轮，液体的比能就增加一次。所以，泵的总扬程是按叶轮级数的增加而增加的。

多级泵的泵体是分段式的，由一个前段、一个后段和数个中段组成，用螺栓连接成一个整体。它的叶轮都是单吸式的，吸入口朝向一边。泵壳不浇铸有蜗壳形的流道，水从一个叶轮流入另一个叶轮，以及把动能转化为压能的作用是由导流器来进行的。导流器的结构如图 4-3(a)所示，它是一个铸有导叶的圆环，安装时用螺母固定在泵壳上。水流通过导流器时，犹如水流经过一个不动的水轮机的导叶一样。因此，这种带导流器的多级泵通常称为导叶式离心泵(又称透平式离心泵)。图 4-3(b)表示泵壳中水流运动的情况。

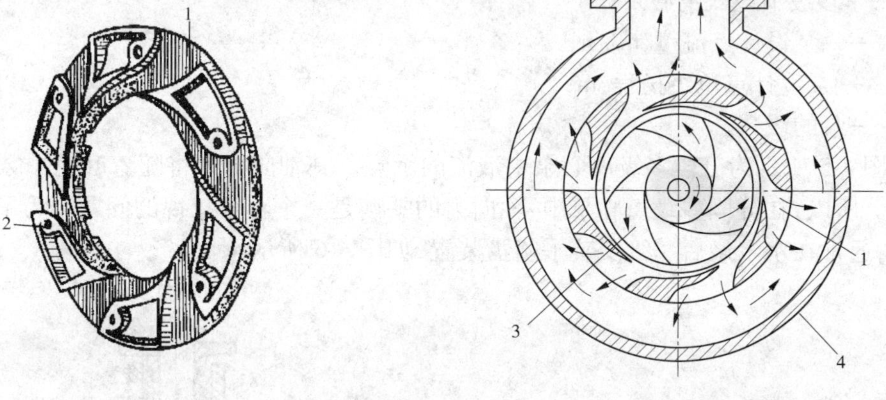

(a)导流器　　　(b)水流运动情况

1—流槽;2—固定螺栓孔;3—水泵叶轮;4—泵壳

图 4-3　导叶式离心泵

D 型泵为卧式安装，吸入口水平，排出口垂直向上。泵由泵体、叶轮、轴、导叶、导叶套和平衡盘等主要零部件组成，如图 4-4 所示。转子的轴向力由平衡盘平衡。轴承采用滚动轴承，用黄油润滑。轴封采用机械密封和填料密封，在填料密封的填料箱中通入有一定压力的水，起水封作用。从驱动方向看，泵为顺时针方向旋转。

D 型泵用来输送不含固体颗粒、温度低于 80 ℃的清水，或物理化学性质与清水类似的液体，适用于矿山、工厂和城市给水排水。

该泵性能范围：流量 Q 为 6.3 ~ 450 m^3/h，扬程 H 为 50 ~ 650 m。

型号意义：例如 D150 - 30 × 3。

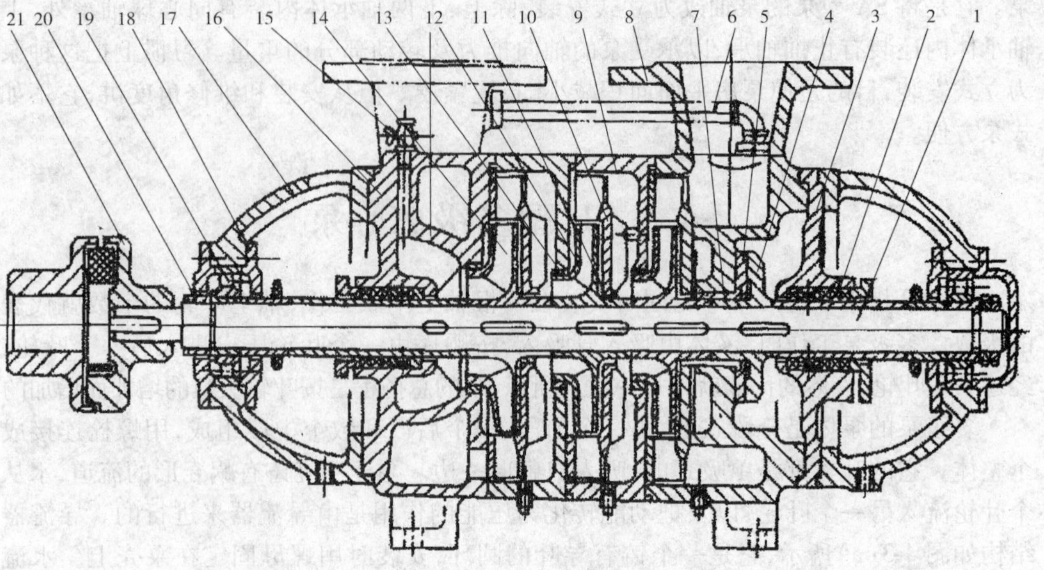

1—轴;2—轴套;3—尾盖;4—平衡盘;5—平衡板;6—平衡水管;7—平衡套;8—排出段;9—中段;
10—导叶;11—导叶套;12—次级叶轮;13—密封环;14—首级叶轮;15—气嘴;16—吸入段;
17—轴承体;18—轴承盖;19—轴承;20—轴承螺母;21—联轴器

图 4-4　D 型泵结构

D——多级节段式离心泵;

150——泵设计点流量,m^3/h;

30——泵设计点单级扬程,m;

3——泵的级数。

如图 4-5 所示为分段多级离心泵中液流的示意。其轴向推力将随着叶轮个数的增加而增大。所以,在分段多级离心泵中,轴向力的平衡是一个不容忽视的问题。为了消除轴向推力,通常在水泵最后一级安装平衡盘装置,如图 4-6 所示。

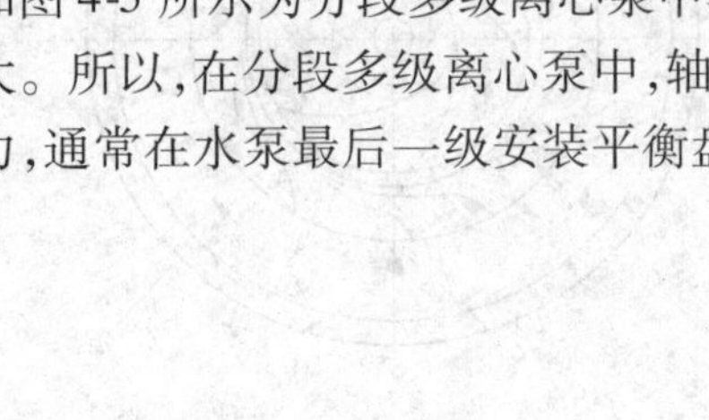

图 4-5　分段多级离心泵中液流示意

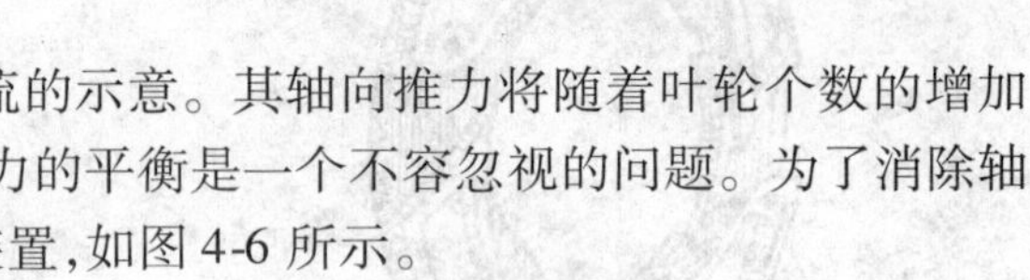

1—平衡盘;2—平衡室;3—通大气孔;
4—叶轮泵;5—键;6—泵壳

图 4-6　平衡盘

此平衡盘以键销固定于轴上，随轴一起旋转。它与泵轴及叶轮可视为同一个刚性体，而泵壳及泵座则视为另一个刚性体。当最后一级叶轮出口的压力水有一部分经轴隙 a 流至平衡盘时，平衡室内将有一个 ΔP 的力作用在平衡盘的内表面上，其值为 $\Delta P' = \gamma hA$（A 为平衡盘的面积）。其方向与水泵的轴向力 ΔP 相反。当 $\Delta P'$ 接近 ΔP 时，对泵轴而言，意味着使它向左移动的力和使它向右移动的轴向力平衡，所以我们称 $\Delta P'$ 为轴向力的平衡力。在水泵运行中，由于水泵的出水压力是变化的，因此轴向力 $\Delta P'$ 也是变化的。当 $\Delta P > \Delta P'$ 时，泵轴及平衡盘向右移动，盘隙 b 变小，泄漏量也变小，但因轴隙 a 是始终不变的。此时，平衡室内进水多而出水少，平衡室压力 γhA 值增大，即向左的平衡力 $\Delta P'$ 增大，当它很快增长至 $\Delta P' = \Delta P$ 值时，轴和平衡盘又从右边拉回到原来平衡位置。

分段多级泵中装了平衡盘以后，不论水泵工作情况如何变化，在平衡室内一定能自动地使 $\Delta P'$ 调整至与 ΔP 相等，并且这种调整是随时进行的。在水泵运行中，平衡盘始终处于一种动态平衡之中，泵的整个转动部分始终是在某一平衡位置的左右作微小的轴向脉动。一般水泵厂在水泵的总装置图上，对于装上平衡盘后，轴的窜动量都提有明确的技术要求。这里，轴缝 a 的作用，主要是造成一水头损失值，以减小泄漏量。盘隙 b 的作用，主要是控制泄漏量，以保证平衡室内维持一定的压力值。平衡盘直径应适当比水泵吸入口直径大一些，以保证 $\Delta P'$ 能与 ΔP 平衡。轴隙、盘隙、盘径这三者在水泵制作的设计中，都需要具体计算。另外，采用了平衡盘后，就不采用止推轴承，因为止推轴承限制了泵转动部分的轴向移动，使平衡盘失掉自动平衡轴向力这个最大的优势。

此外，消除轴向力的另一途径是将各个单吸式叶轮作面对面或背靠背的布置，如图 4-7 所示。一台四个单吸式叶轮的多级泵，可排成犹如两组双吸式叶轮在工作，这样可基本上消除由于叶轮受力的不对称性而引起的轴向推力。但是，一般而言，这类布置将使泵的结构较为复杂一些。

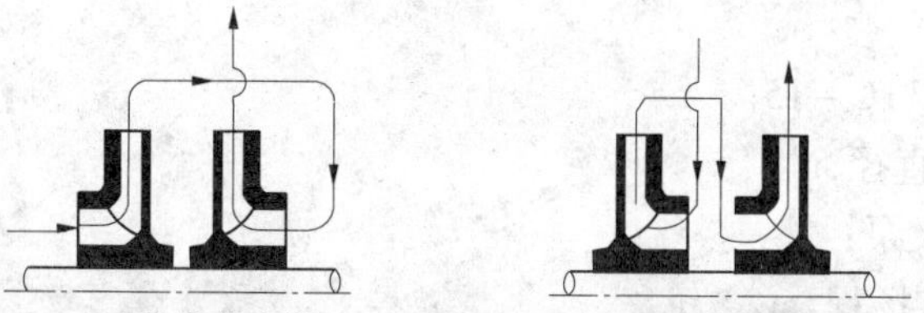

(a)背靠背布置　　(b)面对面布置

图 4-7　叶轮对称布置

4.4　TC 型自吸泵

TC 型自吸泵为单级单吸离心式自吸泵，可用来输送清水及物理化学性质与清水类似的液体，液体的最高温度不超过 80 ℃。此种水泵的结构简单、体积小、质量轻，具有良好的自吸性能。使用时不须安装底阀，维修操作方便，只要在第一次启动前往泵内灌满水即可进行抽水，以后启动可不再灌水。此种水泵很适合于小型稻田、菜地、园林的灌溉，渔塘、工厂、学校、别墅的供水，工程施工、地下室、下水沟的排水等。

TC 型自吸泵的主要零件有泵体、泵盖、叶轮、轴、轴承等，如图 4-8 所示。泵体内具有蜗形流道，流道外层周围有容积较大的气水分离腔，泵体下部铸有座角作为固定泵用，泵体的进出水口可用胶管或法兰管连接。当配胶管时，进口胶管接头座附有止回阀，以阻止停机液体倒流。泵体蜗形流道内装有闭式单吸叶轮，泵盖上具有密封室，轴承体内装黄油以润滑轴承，泵轴后端装 V 带轮或联轴器，用电动机或内燃机来带动泵。TC 型自吸泵进口是水平在泵的正前方，出水是垂直向上或用弯头朝上方 45°。

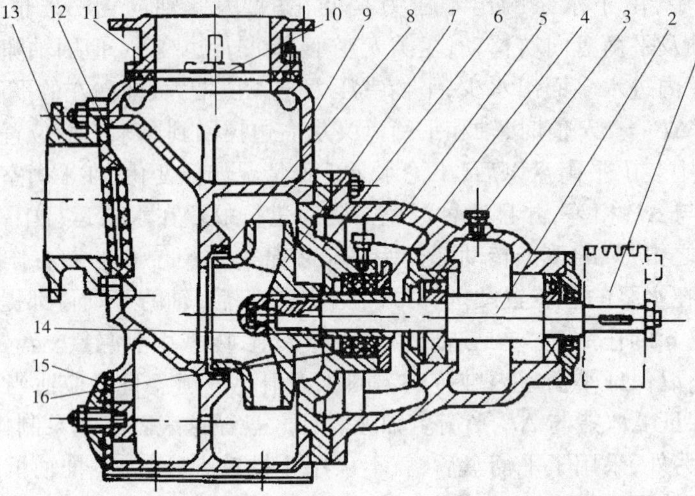

1—带轮（联轴器）；2—轴；3—轴承；4—填料压盖；5—轴承体；6—泵盖；7—叶轮；
8—密封环；9—泵体；10—引水塞；11—出水管接头座；12—吸入止回阀；
13—吸水管接头；14—轴套；15—放水盖；16—骨架油封

图 4-8　TC 型自吸泵结构

该泵的性能范围：流量 Q 为 6 ~ 120 m^3/h，扬程 H 为 4.8 ~ 87 m，转速 n 为 2 600 ~ 2 900 r/min。

型号意义：例如 3TC－15。

3——泵吸入口直径，in；

TC——离心自吸泵；

15——泵设计点扬程，m。

4.5　IH 型单级单吸化工离心泵

IH 型单级单吸化工离心泵是根据国际标准 ISO2858 进行设计的，并按国际标准 ISO5199/DIS 制造的，其技术经济指标与老产品比较，效率平均提高了 5% 左右，汽蚀余量降低了 2 m 左右，是国家推广的节能替代产品。

IH 型单级单吸化工离心泵主要由泵体、叶轮、泵盖、轴、轴套、密封环、叶轮螺母、中间支架、悬架部件等组成，如图 4-9 所示。该泵为后开门结构型式，其特点是不用拆卸与泵体连接的进、出口管路，也不用拆卸电动机，只需拆下加长联轴器的中间连接件，就可以拆除泵的转子部件进行检修，使维修工作十分方便。悬架体、轴承部件支承着泵的转子部件。为了平衡轴向力，在叶轮前盖板处设有密封环，在叶轮后盖板上设有背叶片。滚动轴承受泵的径向力和残余的轴向力。在强腐蚀条件下,有时需要将中间支架用耐腐蚀材料制造。轴封一般采用机械密封,最常用的是非平衡型内装式单端面机械密封,以防止泄漏和进气。根据工作条件也可采用外装式机械密封、平衡型机械密封和双端面机械密封。在某些情况下,还需要密封附加装置,如旋风分离器、孔板、换热器等。对于悬浮颗粒和腐蚀性较弱的介质,最经济的轴封型式是软填料密封。软填料密封由填料压盖、填料环、轴套、软填料等组成。传动由电动机通过加长联轴器传动泵轴。从电动机方向看,泵为顺时针方向旋转。

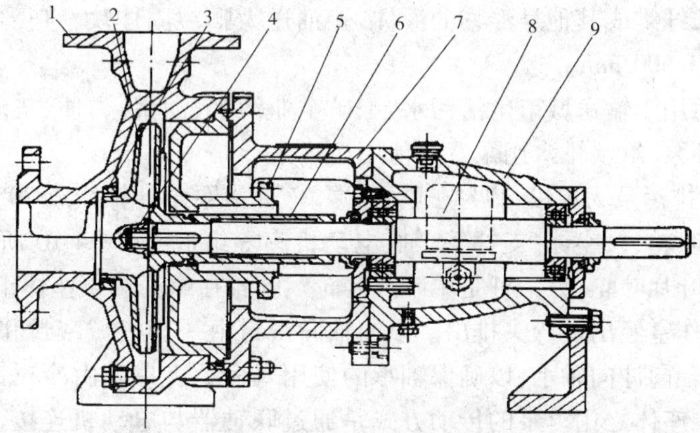

1—泵体;2—叶轮;3—密封环;4—叶轮螺母;5—泵盖;6—密封部件;7—中间支架;8—轴;9—悬架部件

图 4-9　IH 型单级单吸化工离心泵结构

IH 型单级单吸化工离心泵主要用于化工、石油、石油化工、冶金、轻工、印染、制药、环保、海水淡化、海上采油等工业部门,供输送没有固体颗粒的有机或无机化工介质、石油产品及有腐蚀性的液体。

该泵的性能范围:流量 Q 为 3.4 ~ 460 m^3/h,扬程 H 为 3.6 ~ 132 m,温度 T 为 20 ~ 180 ℃,最高工作压力 1.6 MPa。

型号意义:例如 $IH80-50-200AS_1-306$。

IH——符合国际标准的单级单吸化工泵;

80——泵入口直径,mm;

50——泵出口直径,mm;

200——叶轮名义直径,mm;

A——叶轮外径经第一次切削;

S_1——泵的轴封型式;

306——泵触液零件的材料代号。

4.6　WL 型立式排污泵

WL 型立式排污泵是杂质泵的一种,它与清水泵的不同之处在于:叶轮的叶片少,流道宽，便于输送带有纤维或其他悬浮杂质的污水。另外，在泵体的外壳上开设有检查孔、清扫孔，便于在停车后清除泵壳内部的污浊杂质。

WL 型立式排污泵是在吸收国外先进技术的基础上研制而成的，该产品具有以下三个特点：

(1)高效节能。

(2)功率曲线平坦，可以在全性能范围内运行而无过载之忧。

(3)无堵塞，防缠性能良好，采用单叶片、大流道叶轮，能顺利地输送含大固体颗粒、食品塑料袋等长纤维或其他悬浮物的液体，能抽送大颗粒固体块，直径达 100 ~ 250 mm，纤维长度 300 ~ 1 500 mm。

该种水泵适用于输送城市生活污水、工矿企业污水、泥浆、粪便、灰渣及纸浆等浆料，还可用于作循环泵、给水排水用泵及其他用途。

WL 型立式排污泵为单级单吸立式污水泵，液体沿泵轴的轴线成 70°方向流出。其主要部件由蜗壳、叶轮、泵座体、支撑管、轴、电动机座等组成，如图 4-10 所示。叶轮有两种规格：一种是三叶片叶轮；另一种是单叶片叶轮。叶轮在蜗壳和泵座体组成的工作室中工作，将介质由工作室经出口弯头排出。泵的轴向密封由一套机械密封和两个骨架油封组成，防止介质沿轴向冲向轴承，以确保轴承的使用寿命。支撑管由冷拉钢管制成，作为连接电动机座与泵座体之用。泵的传动方式是通过联轴器与电动机连接。泵的旋转方向，从电动机端看为顺时针方向旋转。

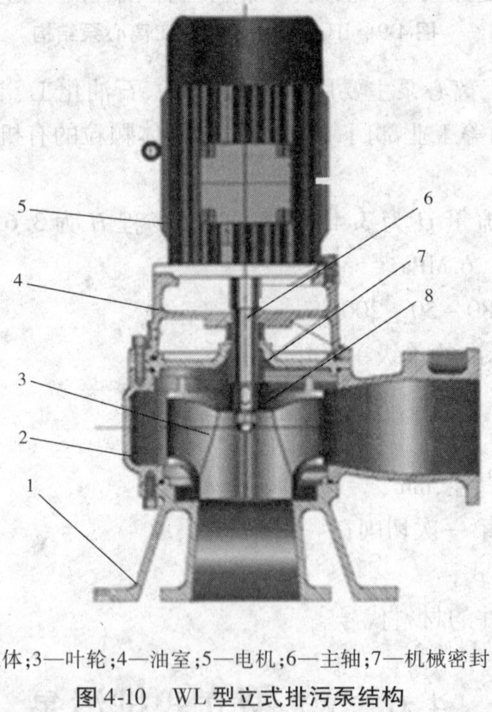

1—底座；2—泵体；3—叶轮；4—油室；5—电机；6—主轴；7—机械密封；8—叶轮螺母

图 4-10　WL 型立式排污泵结构

WL 型立式排污泵的泵体和进水管上都设有手孔，以供排出杂物，液体沿轴向吸入，沿水平方向排出。电动机与泵的连接方式有两种:一种是电动机联轴器装在与泵体连为一体的支架上;另一种是电动机单独设基础,通过带万向节的传动轴与泵轴连接。

型号意义:例如 200WLⅠ(Ⅱ)480-13。

200——泵出口直径,mm;

WL——立式排污泵;

Ⅰ——电动机直联式;

Ⅱ——加卡轴万向节连接式;

480——泵设计点流量,m^3/h;

13——泵设计点扬程,m。

4.7 WW 型无堵塞污水污物泵

WW 型无堵塞污水污物泵是适应现代工业发展的新型杂质泵。它广泛用于冶金、矿山、煤炭、电力、石油、化工等工业部门和城市污水处理、港口河道疏浚等作业。该种型号泵的最大特点是:可以抽送大块矿石,抽送含有杂草、麦穗、稻草等大量纤维状物质的污水而不会产生堵塞现象。它被用作化工流程泵时,不会因被抽送液体结晶而堵塞。如用来抽送鱼虾,则能保证鱼虾不被叶轮绞死打烂。所以,WW 型无堵塞污水污物泵是一种很理想的高性能杂质泵。

WW 型无堵塞污水污物泵是一种单级单吸离心泵,其结构如图 4-11 所示。该泵采用单叶片流道闭式叶轮,泵的进出口口径和叶轮流道的最小过流部位的尺寸相同。这样就保证了被抽送介质中的最大颗粒固体物质能顺利通过,从而达到泵的无堵塞效果。WW 型无堵塞污水污物泵的轴封采用外供水冲洗的填料盒,用软填料密封,用于抽送带腐蚀性的液体,如用作化工泵,则可采用机械密封,并设水冷却系统。泵是通过弹性联轴器由电动机驱动的。WW 型无堵塞污水污物泵采用滚动轴承支承,滚动轴承用稀油润滑。

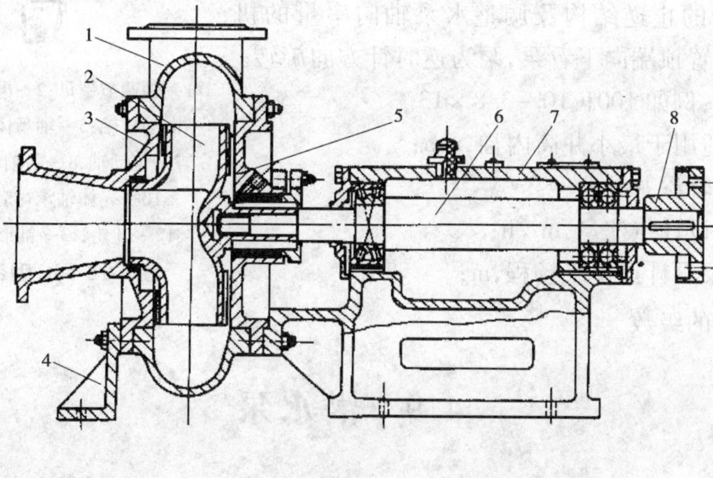

1—泵体;2—叶轮;3—前盖;4—支架;5—后盖;6—泵轴;7—托架;8—联轴器

图 4-11 WW 型无堵塞污水污物泵结构

该泵的性能范围:流量 Q 为 20 ~ 500 m^3/h,扬程 H 为 5 ~ 30 m。

型号意义:例如 150WW260 - 14。

150——进出口口径,mm;

WW——无堵塞污水污物泵;

260——泵设计点流量,m^3/h;

14——泵设计点扬程,m。

4.8 JC 型深井泵

JC 型深井泵是用来从深井中提取地下水的设备,供以地下水为水源的城市、工矿企业及农田灌溉之用。该泵适用于输送常温、无腐蚀性的清水,水中不许含有任何油类,含砂量小于 0.01%(质量比)、水质中性(pH 值为 6.5 ~ 8.5)。

如图 4-12 所示,该型泵是由单个或多个离心式叶轮、导流壳、扬水管和泵座等部件组成的。泵座和原动机位于井口上部,原动机的动力通过与扬水管同心的传动轴传递给叶轮轴。支承传动轴和泵轴的轴承用泵抽送的清水润滑,传动装置中的滚动轴或滑动轴承用干油或稀油润滑,轴封为填料密封。

该泵传动由原动机以 YLB 型专用立式空心轴电动机驱动为主,也可用普通立式或卧式电动机或内燃机通过传动装置来驱动。常用的传动装置有皮带轮传动装置、齿轮箱传动装置和普通立式电动机增设推力装置等。各种传动装置都设有承受水泵轴向推力的轴承和防止反转的止逆结构及调整水泵轴向串量的机构。从传动装置顶端向下看泵,泵为逆时针方向旋转。

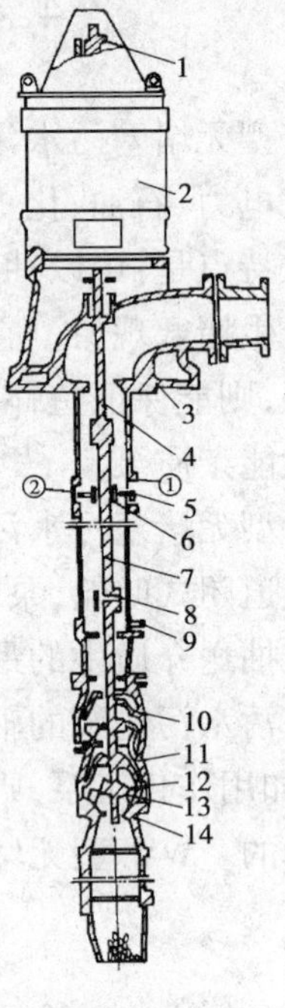

1—轴调节螺母;2—电动机;3—泵座;
4—电动机轴;5—轴承体;6—轴承体衬套;
7—传动轴;8—联轴器;9—扬水管;
10—壳体轴承衬套;11—泵壳;
12—叶轮;13—锥形套;14—泵轴

图 4-12 JC 型深井泵结构

型号意义:例如 100JC10 - 3.8 × 13。

100——适用于最小井筒内径,mm;

JC——长轴深井泵;

10——泵设计点流量,m^3/h;

3.8——泵设计点单级扬程,m;

13——泵的级数。

4.9 潜水泵

潜水泵主要由电动机、水泵和扬水管三个部分组成,电动机与水泵连在一起,完全浸没在水中工作。这种泵广泛地应用于工矿及城市给水排水工程中。

由于潜水泵是在水中运行的，故其结构上有一些特殊的要求，特别是潜水电动机较一般电动机有特殊要求，通常有干式、半干式、湿式和充油式等几种类型。干式电动机采用电动机内充入压缩空气或在电动机的轴伸端用机械密封等办法来阻止水或潮气进入电动机内腔，以保证电动机的正常运行。半干式电动机是仅将电动机的定子密封，而让转子在水中旋转。湿式电动机是在电动机定子内腔充以清水或蒸馏水，转子在清水中转动，定子绕组采用耐水绝缘导线，这种湿式电动机结构简单，应用较多。充油式电动机就是在电动机内充满绝缘油（如变压器油），防止水和潮气进入电机绕组，并起绝缘、冷却和润滑作用。

潜水泵的主要特点如下：

（1）电机与水泵合为一体，不用长的传动轴，质量轻。

（2）电动机与水泵均潜入水中，不需修建地面泵房。

（3）由于电动机一般是用水来润滑和冷却的，所以维护费用小。

很多型号的潜水泵都设有自动耦合装置，在泵出口端设有滚轮，在导轨内上下滚动，耦合装置保证泵的出水口与固定在基础上的出水弯管自动耦合和脱接，泵的检修工作可在池外进行。竖向导轨下端固定于弯管支座之上，上端与污水池顶梁或墙（出口弯管侧）内预埋钢板焊接固定。轴承与潜水电动机共用。轴封采用机械密封，传动与潜水电动机同轴，由电动机直接驱动。

如图 4-13 所示为 QWB 型立式潜水污水泵的结构示意。吸入口位于泵的底部，排出

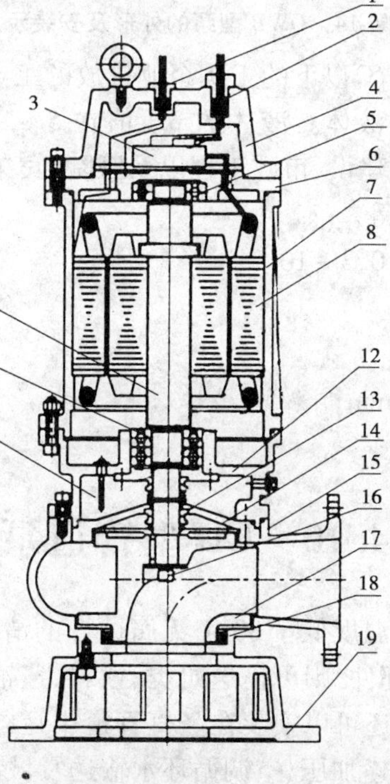

1—信号线；2—电机接线；3—接线盒；4—电机盖；5—轴承；6—上轴座；7—电机壳；8—定子；9—轴（转子）；10—轴承；11—油水探头；12—油室；13—机械密封；14—后盖板；15—泵体；16—叶轮螺栓；17—叶轮；18—密封环；19—底盘

图 4-13　QWB 型立式潜水污水泵的结构示意

口为水平设置。选用立式潜水电动机与泵体直联，过负荷保护装置和浸水保护装置保证了运转的安全。图 4-14 所示为 QWB 型泵的外形及安装示意。

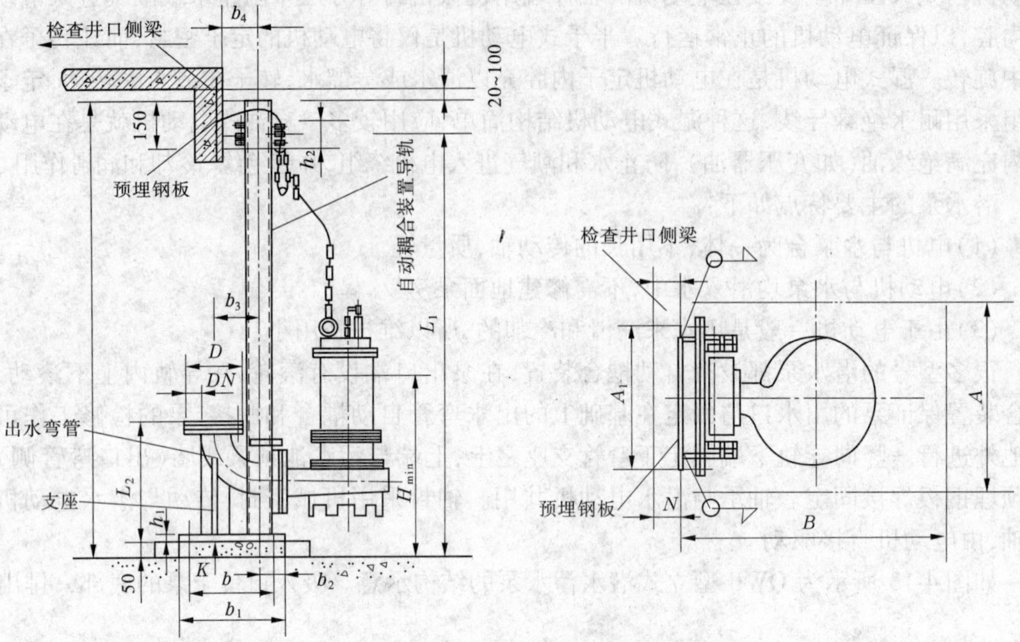

图 4-14　QWB 型泵的外形及安装示意

QWB 型泵适用于输送 40 ℃以下的工矿企业排放的工业废水、生活污水、粪便或含有纤维、纸屑等非磨蚀性固体的液体。液体的 pH 值在 5 ~ 9 范围内，固体颗粒直径小于 20 mm。该泵广泛应用于矿山建设、市政工程以及医院、宾馆、饭店污水杂物的排放，也可用作采油、水处理及农田灌溉等。

型号意义：例如 80QWB - 0. 3 - 10。

80——排出口直径，mm；

QWB——潜水污水泵；

0. 3——设计点流量，m^3/min；

10——泵总扬程，m。

4. 10　GD 型管道泵

GD 型管道泵一般供输送温度低于 80 ℃无腐蚀性的清水或物理、化学性质类似清水的液体。用不锈钢制造过流部件，则可输送奶类、饮料、酱油等卫生液体。泵可以直接安装在水平管道中运行，小型泵还可以安装在竖直管道中运行，也可多台串联或并联运行。GD 型管道泵适合工业系统中途加压、空调循环水输送及城市高层建筑给水使用。

GD 型管道泵是立式单吸单级离心泵。泵的出入口在同一水平方向上，并互成 180°。泵主要由泵体、泵盖、叶轮、轴、机械密封等零件组成。口径 100 mm 及其以下的泵与电动机共轴，叶轮直接装在电动机上，轴向力由电动机轴承承受。泵有无支承角与有支承角两种支承方式。口径 125 mm 及其以上的泵,泵轴与电动机分开,泵轴由中间轴承体轴承支承,电动机轴套入泵轴内。整机有底座支承,轴封采用机械密封。泵由电动机直接驱动,从电动机端部看,泵为顺时针方向旋转。GD 型管道泵的结构如图 4-15 所示。

该泵的性能范围:流量 Q 为 6 ~ 200 m^3/h,扬程 H 为 13 ~ 78 m。

型号意义:例如 GD150 - 315A。

GD——管道离心泵;

150——泵出入口直径,mm;

315——叶轮名义直径,mm;

A——泵叶轮外径经第一次切削。

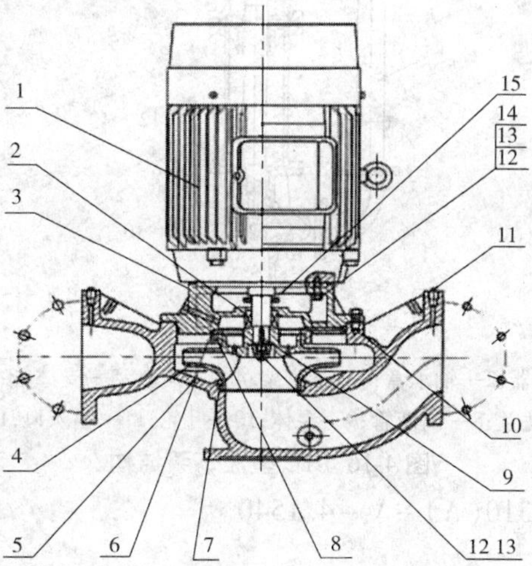

1—电机;2—机械密封;3—中承座;4—叶轮;5—泵体;6—螺钉;7—密封环;8—内盖;
9—键;10—O 形圈;11—丝堵;12—止动垫圈;13—叶轮螺母;14—螺柱;15—挡水圈

图 4-15 GD 型管道泵结构

4.11 TC 型液下泵

TC 型液下泵是立式单级单吸悬臂式结构,主要用于输送有固体颗粒的各种温度和浓度的无机酸和有机酸、各种碱溶液和盐溶液,也可用于输送磷复肥装置中的料浆。该泵主要用于化工、石油化工、采矿、造纸业、水泥厂、炼钢厂、自来水厂、食品厂等工业部门。

TC 型液下泵采用圆柱管连接泵的水力部件和底座,液体由另一个圆柱形出液管排出,泵可以装有闭式叶轮(TCN 型),也可以装有开式叶轮(TCF 型)。TC 型液下泵的主要特点是在液下部位的泵轴、叶轮、泵壳之间不设轴承,不采用轴封,因而可以输送含有固体颗粒的介质。泵插入液下的深度与电动机极数和所配用轴承架的规格大小有关,可以在 700 ~ 1 800 mm 范围变化;还可根据用户需要,配带吸入管。传动由立式电动机安装在底座上,用联轴器与泵相连。TC 型液下泵的结构如图 4-16 所示。

该泵的性能范围:流量 Q 为 5 ~ 400 m^3/h,扬程 H 为 2.5 ~ 110 m,温度 t 为 20 ~ 200 ℃。

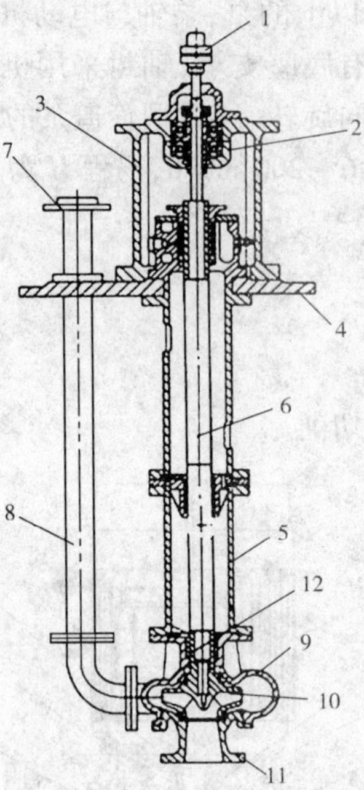

1—联轴器;2—轴承盒;3—下支架;4—安装盘;5—支撑管;6—轴;
7—出口法兰;8—出液管;9—泵体;10—叶轮;11—吸入口;12—轴套

图 4-16　TC 型液下泵结构

型号意义:例如 TCN3310(A)－V－4.1540。

TC——液下泵;

N——闭式叶轮(F 为开式叶轮);

3310——泵基本型号;

A——泵叶轮外径经第一次切削;

V——轴承架号;

4——电动机极数;

1540——液下长度值。

4.12　射流泵

射流泵也称水射器,基本结构如图 4-17 所示,由喷嘴、吸入室、混合管以及扩散管等部分所组成,构造简单,工作可靠,在给水排水工程中经常应用。

4.12.1　射流泵的工作原理

如图 4-18 所示,高压水以流量 Q_1 由喷嘴高速射出时,连续挟走了吸入室内的空气,在吸入室内造成不同程度的真空,被抽升的液体在大气压力作用下,以流量 Q_2 由吸入管进入吸入室内,两股液体(Q_1+Q_2)在混合管中进行能量的传递和交换,使流速、压力趋于稳定,然后,经扩散管使部分动能转化为压能后,以一定流速由压出管输送出去。

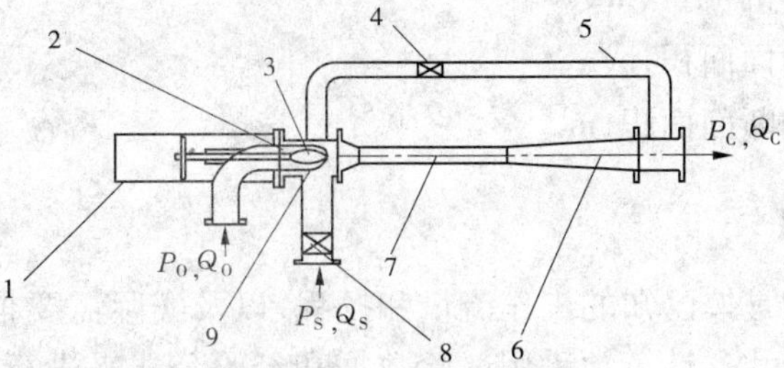

1—调节机构;2—喷嘴;3—喷针;4—闸阀;5—回流管;
6—扩散管;7—喉管;8—闸阀;9—吸入室

图 4-17　射流泵结构

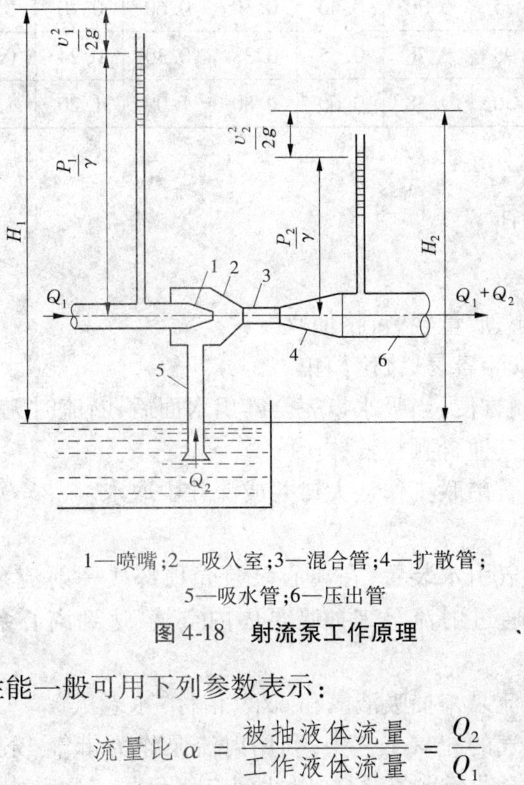

1—喷嘴;2—吸入室;3—混合管;4—扩散管;
5—吸水管;6—压出管

图 4-18　射流泵工作原理

射流泵的工作性能一般可用下列参数表示:

$$\text{流量比}\ \alpha = \frac{\text{被抽液体流量}}{\text{工作液体流量}} = \frac{Q_2}{Q_1}$$

$$\text{压头比}\ \beta = \frac{\text{射流泵扬程}}{\text{工作压力}} = \frac{H_2}{H_1 - H_2}$$

$$\text{断面比}\ m = \frac{\text{喷嘴断面}}{\text{混合室断面}} = \frac{F_1}{F_2}$$

式中　H_1——喷嘴前工作液体具有的比能,mH_2O;

H_2——射流泵出口处液体具有的比能,即射流泵的扬程,mH_2O;

Q_1——工作液体的流量,m^3/s;

Q_2——被抽液体的流量,m^3/s；

F_1——喷嘴的断面面积,m^2；

F_2——混合室的断面面积,m^2。

4.12.2 射流泵的计算

射流泵的计算通常是按已知的工作流量和扬程,以及实际需要抽吸的流量和扬程来确定射流泵各部分的尺寸。计算常采用试验数据和经验公式来进行。目前,这方面的公式与图表甚多,实际中有时因适用条件的差异,加工精度的不同,使用数据中彼此出入还较大。因此,在实用中可按运行情况作适当调整。如表4-1所示为射流泵效率较高时(达30%左右),其参数α、β、m之间的关系。

表4-1 射流泵参数α、β、m之间的关系

m	0.15	0.20	0.25	0.30	0.40	0.50	0.60	0.70	0.80	0.90	1.00
α	2.00	1.30	0.95	0.78	0.55	0.38	0.30	0.24	0.20	0.17	0.15
β	0.15	0.22	0.30	0.38	0.60	0.80	1.00	1.20	1.45	1.70	2.00

4.12.3 射流泵的应用

4.12.3.1 优点

(1)构造简单、尺寸小、质量轻、价格便宜。

(2)便于就地加工,安装容易,维修简单。

(3)无运动部件,启闭方便,当吸水口完全露出水面后,断流时无危险。

(4)可以抽升污泥或其他含颗粒液体。

(5)可以与离心泵联合串联工作从大口井或深井中取水。

4.12.3.2 缺点

(1)用作离心泵的抽气引水装置,在离心泵泵壳顶部接一射流泵,当水泵启动前,可用外接给水管的高压水,通过射流泵来抽吸泵体内空气,达到离心泵启动前抽气引水的目的。

(2)在水厂中利用射流泵来抽吸液氯和矾液,俗称"水老鼠"。

(3)在地下水除铁曝气的充氧工艺中,利用射流泵作为带气、充气装置,射流泵抽吸的始终是空气,通过混合管进行水气混合,以达到充氧目的。这种水、气射流泵一般称为加气阀。

(4)在排水工程中,射流泵可作为污泥消化池中搅拌和混合污泥用泵。近年来,用射流泵作为生物处理的曝气设备及气浮净化法的加气水设备发展异常迅速。

(5)与离心泵联合工作以增加离心泵装置的吸水高度。如图4-19所示,在离心泵的吸水管末端装置射流泵,利用离心泵压出的压力水作为工作液体,这样可使离心泵从深达30~40 m的井中提升液体。目前,这种联合工作的装置很常见,它适用于地下水位较深的地区或牧区解决人们生活用水、畜牧用水和小面积农田灌溉用水。

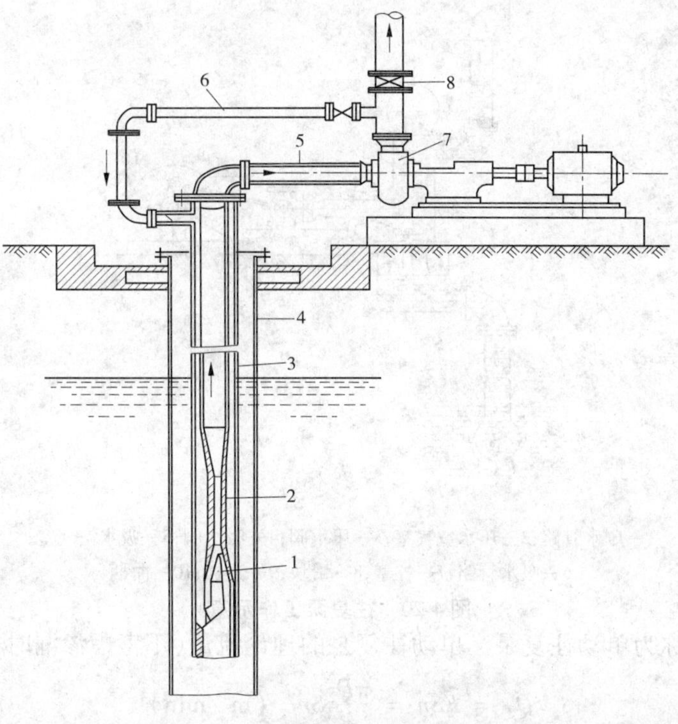

1—喷嘴;2—混合管;3—套管;4—井管;5—水泵吸水管;6—工作压力水管;7—水泵;8—闸阀

图 4-19　射流泵与离心泵联合工作

(6)在土方工程施工中,用于井点来降低基坑的地下水位等。

4.13　往复泵

4.13.1　往复泵的构造

往复泵主要由泵缸、活塞(或柱塞)和吸压水阀组成,如图 4-20 所示。它的工作是依靠在泵缸内作往复运动的活塞(或柱塞)来改变工作室的容积,从而达到吸入和排出液体的目的。由于泵缸内主要工作部件(活塞或柱塞)的运动是往复式的,因此称为往复泵。

4.13.2　往复泵的工作原理

如图 4-20 所示,柱塞由飞轮通过曲柄连杆机构来带动,当柱塞向右移动时,泵缸内造成低压,上端的压水阀被压而关闭,下端的吸水阀便被泵外大气压作用下的水压力推开,水由吸水管进入泵缸,完成了吸水过程。相反,当柱塞由右向左移动时,泵缸内造成高压,吸水阀被压而关闭,压水阀受压而开启,由此将水排出,进入压水管路,完成了压水过程。如此,周而复始,柱塞不断进行往复运动,水就间歇而不断地被吸入和排出。活塞或柱塞在泵缸内从一顶端位置移至另一顶端位置,这两顶端之间的距离 S 称为活塞行程长度(也称冲程)。两顶端叫作死点。活塞往复一次(即两冲程),泵缸内只吸入一次水和排出

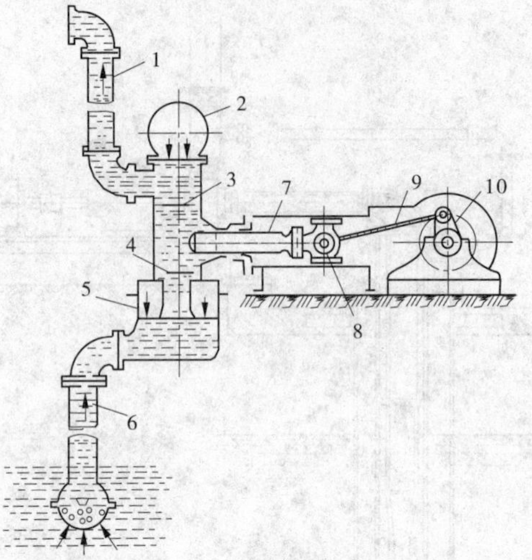

1—压水管路;2—压水空气室;3—压水阀;4—吸水阀;5—吸水空气室;
6—吸水管路;7—柱塞;8—滑块;9—连杆;10—曲柄

图 4-20　往复泵工作示意

一次水,这种泵称为单动往复泵。单动往复泵的理论流量(不考虑渗漏时)Q_T 为

$$Q_T = FSn = \frac{\pi D^2}{4}Sn \quad (m^3/min)$$

式中　F——活塞(或柱塞)端面积,m^2;

n——柱塞每分钟往复次数,次/min;

S——冲程,m。

实际上,在往复泵内,吸水阀和压水阀的开关动作均略有延迟现象,有一部分水漏回吸水管和泵缸。另外,柱塞、填料盒的不紧密等也造成水漏损和吸入空气。因此,往复泵的实际流量 Q 一定小于理论流量 Q_T。其值可用容积效率 η_V 来表示:

$$Q = \eta_V Q_T \quad (m^3/s) \tag{4-1}$$

构造良好的大型往复泵容积效率 η_V 较高,小型往复泵的容积效率 η_V 较低,一般 η_V 为 85% ~99% 。

4.13.3　往复泵的性能特点

4.13.3.1　往复泵的性能特点

(1)扬程取决于管路系统中的压力、原动机的功率以及泵缸本身的机械强度,理论上可达无穷大值;供水量受泵缸容积的限制。因此,往复泵的性能特点是高扬程、小流量的容积式水泵。

(2)必须开闸下启动。如果按离心泵一样在压水闸关闭下启动水泵,将使水泵或原动机发生危险,传动机构有折断的可能。

(3)不能用闸阀来调节流量。因为关小闸阀非但不能达到减小流量的目的,反而由于闸阀的阻力而增大原动机所消耗的功率。因此,管路上的闸阀只作检修时隔离之用,平时须常年开闸运行。另外,由于流量与排出压力无关,因此往复泵适宜输送黏度随温度而

变化的液体。

(4)在给水排水泵站中,如果采用往复泵,则必须有调节流量的设施;否则,当水泵供水量大于用水量时,管网压力将迅速增大,易引起炸管事故。

(5)具有自吸能力。往复泵是依靠活塞在泵缸中改变容积而吸入和排出液体的,运行时吸入口与排出口是相互间隔且各不相通的,因此泵在启动时,能把吸入管内空气逐步抽上排走。因而,往复泵启动时可不必先灌泵引水,具有自吸能力。有的为了避免活塞在启动时与泵缸干磨,应缩短启动时间和方便启动,也有在系统中装设底阀的。

(6)出水不均匀,严重时可能造成在运转中产生振动和冲击现象。

4.13.3.2 往复泵与离心泵比较

表 4-2 为往复泵与离心泵的优缺点比较。由表可以看出,虽然近代在城市给水排水工程中,往复泵已趋于被离心泵取代,但它在某些工业部门的锅炉给水方面、输送特殊液体方面、要求自吸能力高的场合下,仍有其独特的作用。

表 4-2 往复泵与离心泵的优缺点比较

项目	往复泵	离心泵
流量	较小,一般不超过 200 ~ 300 m^3/h	很大
扬程	很高	较低
转速(往复次数)	低,一般小于 400 次/min	很高,常用为 3 000 r/min
效率	较高	较低
流量调节及计量	不易调节,流量一般为恒定值,可计算	流量调节容易,范围广,要用专门仪表计量
适宜输送液体介质	允许黏度较大液体,不宜含颗粒液体	不宜输送黏度较大液体,但可以输送污水等
流量均匀度	不均匀	基本均匀,脉动小
结构	较复杂,零件多	简单,零件少
体积、质量	体积大,质量重	体积小,质量轻
自吸能力	能自吸	一般不能自吸,需灌泵
操作管理	操作管理不便	操作管理方便
造价	较高	较低

4.14 螺旋泵

螺旋泵也称阿基米德螺旋泵。近代的螺旋泵,在荷兰、丹麦等国应用较早,目前我国广泛应用于灌溉、排涝,以及提升污水、污泥等方面。

4.14.1 螺旋泵的结构

螺旋泵装置由电动机、变速装置、泵轴、叶片、轴承座和泵外壳等部分组成,如图 4-21

所示。泵体连接着上下水池，泵壳仅包住泵轴及叶片的下半部，上半部只要安装小半截挡板，以防止污水外溅。泵壳与叶片间，既要保持一定的间隙，又要做到密贴，尽量减少液体侧流，以提高泵的效率，一般叶片与泵壳之间保持 1 mm 左右间隙。大中型泵壳可用预制混凝土砌块拼成，小型泵壳一般采用金属材料卷焊制成，也可用玻璃钢等其他材料制作。

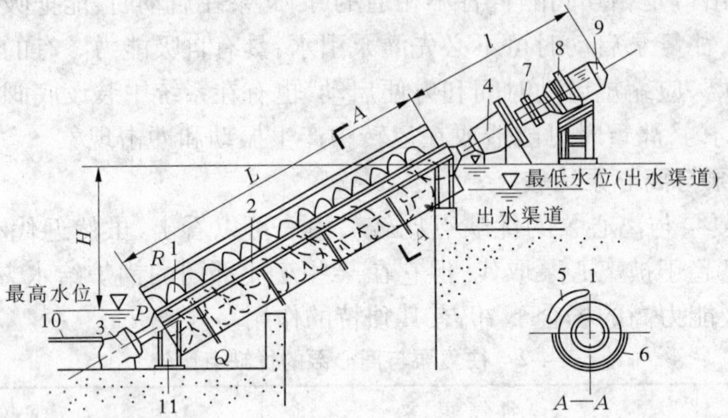

1—螺旋轴；2—轴心管；3—下轴承座；4—上轴承座；5—罩壳；6—泵壳；7—联轴器；8—减速箱；9—电机；10—润滑水管；11—支架

图 4-21　螺旋泵结构

影响螺旋泵效率的参数主要有以下几个：

(1) 倾角(θ)：指螺旋泵轴对水平面的安装夹角。它直接影响泵的扬水能力，倾角太大时，流量下降。

(2) 泵壳与叶片的间隙：间隙越小，水流失越小，泵效率越高。为了保持微量的间隙，要求螺旋叶片外圆的加工精密，同时泵壳内表面要求光滑平整。

(3) 转速(n)：试验资料表明，螺旋泵的外径越大，转速宜越小。泵外径小于 400 mm 时，其转速可达 90 r/min 左右；外径为 1 m 时，转速约 50 r/min；当泵外径达 4 m 以上时，转速骤降至 20 r/min 左右。

(4) 扬程(H)：螺旋泵是低扬程水泵。扬程低时，效率高。扬程太高时，泵轴过长，挠度大，对制造、运行都不利。螺旋泵扬程一般为 3 ~ 6 m。

(5) 泵直径(D)：泵的流量取决于泵的直径。一般资料认为：泵直径越大，效率越高。泵的直径与泵轴直径之比以 2∶1 为宜。如果比例不当，如叶片直径大，轴径过小，则由于泵在旋转时产生离心力，被螺旋泵带上的水反而不多；反之，盛水空间小，效率低。

(6) 螺距(S)：沿螺旋叶片环绕泵轴呈螺旋形旋转 360°所经轴向距离，即为一个螺旋导程 λ。

螺距 S 与导程 λ 的关系为

$$S = \frac{\lambda}{Z}$$

式中　Z——螺旋头数，即叶片数，一般为 1、2 片至 4 片左右。

当 $Z=1$ 时，导程就等于螺距(即 $S=\lambda$)。目前，大型螺旋泵一般采用 1 片；中型采用 1 ~ 2 片；小型采用 2 ~ 4 片。泵的直径 D 与螺距 S 之比的最佳值为 1，也就是说泵直径为

1 m 时,其螺距也宜为 1 m。

(7)流量(Q)及轴功率(N):螺旋泵的流量与螺旋叶片外径 D、螺距 S、转速 n 和叶片扬水断面率 α 有关,如下式

$$Q = \frac{\pi}{4}(D^2 - d^2)\alpha Sn \quad (\mathrm{m^3/min})$$

式中 d——泵轴直径,m。

轴功率可由下式计算

$$N = \frac{\gamma QH}{102\eta} \quad (\mathrm{kW})$$

式中 η——机械效率;

其他符号含义同前。

4.14.2 螺旋泵的工作原理

螺旋泵的提水原理与我国古代的龙骨水车十分相似。如图 4-22 所示,螺旋泵倾斜放置在水中,由于螺旋轴对水面的倾角小于螺旋叶片的倾角,当电动机通过变速装置带动螺旋轴时,螺旋叶片下端与水接触,水就从螺旋叶片的 P 点进入叶片,水在重力作用下,随叶片下降到 Q 点,由于转动时的惯性力,叶片将 Q 点的水又提升至 R 点,而后在重力作用下,水又下降至高一级叶片的底部,如此不断循环,水沿螺旋轴被一级一级地往上提起,最后升到螺旋泵的最高点而出流。由于螺旋泵提升原理不同于离心泵和轴流泵,因此它的转速十分缓慢,一般仅为 20 ~ 90 r/min。

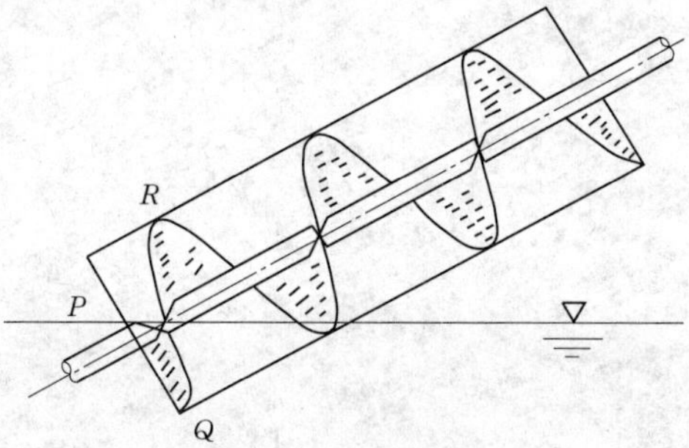

图 4-22 提水原理

4.14.3 螺旋泵的特点

4.14.3.1 优点

(1)提升流量大,省电。例如,提升高度为 3.5 m,流量为 500 m^3/h,采用螺旋泵只需 7.5 kW 电动机,如用其他类型泵,却要配 10 kW 的电动机。

(2)螺旋泵只要叶片接触到水面就可把水提升上来,并可按进水位的高度,自行调节出水量,水头损失小,吸水井可以避免不必要的静水压差。

(3)由于不必设置集水井以及封闭管道,泵站设施简单,减少土建费用,有的甚至可将螺旋泵直接安装在下水道内工作。

(4)离心式污水泵在泵前要设帘格,以去除碎片和纤维物质,防止堵塞水泵。而螺旋泵因叶片间间隙大,不需要设帘格,可以直接提升杂粒、木块、碎布等污物。

(5)结构简单、制造容易。另外,由于低速运转,因此机械磨损小,维修简单。

(6)离心泵由于转速高,将破坏活性污泥绒絮,而螺旋泵是缓慢地提升活性污泥,对绒絮破坏较少。

4.14.3.2 **缺点**

(1)扬程一般不超过 6 ~8 m,在使用上受到限制。

(2)其出水量直接与进水水位有关,故不适用于水位变化较大的场合。

(3)螺旋泵必须斜装,占地较大。

思考题

1. 绘制简图说明 IS 单机单吸离心泵的构造。

2. 绘制简图说明螺旋泵的工作原理。

3. 如图 4-18 所示,流量 Q_2 =5 L/s,射流泵扬程 H_2 =7 mH_2O,喷嘴前工作液体所具比能 H_1 =33 mH_2O。求射流泵各部分尺寸。

模块5　给水泵站

给水泵站由水泵、电机、管道、配电及控制柜等设施构成。水泵和管道、电机组合成一体才能发挥作用,水泵、管道、电机构成了泵站的主要工艺部分。因而,要正确设计和管理水泵站不但需要掌握水泵工作原理和安装要求,还要掌握泵站的设计和管理技术,以及选泵、水泵布置、基础设计、吸压水管路设计和阀门及管配件安装等技术。

5.1　给水泵站的作用、分类及特点

5.1.1　给水泵站的作用

水泵是给水泵站中的核心设备,水泵的作用就是给水泵站的作用,其目的就是使水增加能量,输送水到用户。另外,为了保证水泵平稳工作,水泵站往往设有一定容积的蓄水池,所以泵站还有能调节水量的作用。

5.1.2　给水泵站的分类

给水泵站按照水泵机组设置的位置与地面的相对标高关系,可分为地面式泵站、地下式泵站与半地下式泵站。

给水泵站按照操作条件及方式,可分为人工手动控制、半自动化、全自动化和遥控泵站等四种。半自动化泵站是指开始的指令是由人工按动电钮,使电路闭合或切断,以后的各操作程序是利用各种继电器来控制。全自动化的泵站中,一切操作程序则都是由相应的自动控制系统来完成的。遥控泵站的一切操作均由远离泵站的中央控制室进行。

给水泵站在给水工程中常见的分类,是按泵站在给水系统中的作用分为取水泵站、送水泵站、加压泵站及循环泵站等四种。

5.1.2.1　取水泵站(一级泵站)

在地面水水源中,取水泵站一般由吸水井、泵房及闸阀井等三部分组成。工艺流程如图5-1所示。取水泵站由于它具有靠江临水的特点,所以河道的水文、水运、地质以及航道的变化等都会直接影响到取水泵站本身的埋深、结构型式以及工程造价等。我国西南、中南地区以及丘陵地区的河道水位涨落悬殊,设计最大洪水位与设计最枯水位相差常达10~20 m。为了保证泵站能在最枯水位抽水的可能性,以及保证在最高洪水位时,泵房筒体不被水淹没,整个泵房的高度就很大,这是一般山区河道取水的共同特点。属于这一类的泵房,一般采用圆形钢筋混凝土结构。这类泵房平面面积的大小,对于整个泵站的工程造价影响甚大,所以在取水泵站的设计中有“贵在平面”的说法。机组及各辅助设施的布置应尽可能地充分利用泵房内的面积,水泵机组及电动闸阀的控制可以集中在泵房顶层集中管理,底层应尽可能做到无人值班,仅需定期下去抽查。

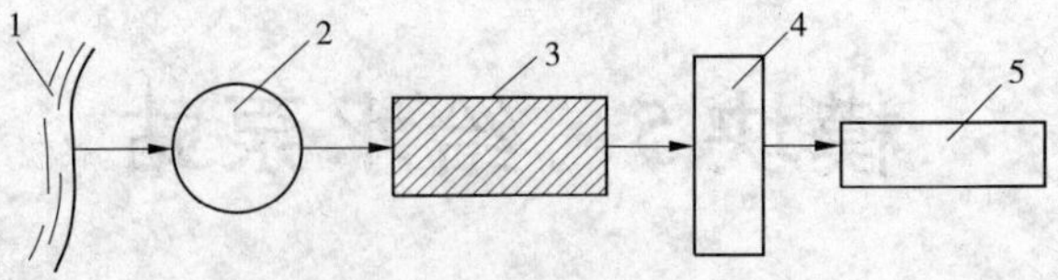

1—水源;2—吸水井;3—取水泵站;4—闸阀井;5—净化厂

图 5-1 地面水取水泵站工艺流程

设计取水泵房时,在土建结构方面应考虑到河岸的稳定性,在泵房筒体的抗浮、抗裂、防倾覆、防滑坡等方面均应有周详的计算。在施工过程中,应考虑到争取在河道枯水位时施工,要有比较周全的施工组织计划。在泵房投产后,在运行管理方面必须很好地使用通风、采光、起重、排水以及水锤防护等措施。此外,取水泵站由于其扩建比较困难,所以在新建给水工程时,应充分地认识到它的“百年大计,一次完成”的特点。泵房内机组的布置,可以近、远期相结合。对于机组的基础、吸压水管的穿墙嵌管,以及电气容量等都应考虑到远期扩建的可能性。

在近代的城市给水工程中,由于城市水源的污染、市政规划的限制等诸多因素的影响,水源取水点的选择常常是远离市区,取水泵站是远距离输水的工程设施。因此,对于水锤的防护问题、泵站的节电问题、远距离沿线管道的检修问题以及调度室的通信问题等都是值得注意的。

对于采用地下水作为生活饮用水水源而水质又符合饮用水卫生标准时,取井水的泵站可直接将水送到用户。

5.1.2.2 送水泵站(二级泵站)

送水泵站工艺流程如图 5-2 所示。通常是建在水厂内,它抽送的是清净水,所以又称为清水泵站。由净化构筑物处理后的出厂水,由清水池流入吸水井,送水泵站的供水情况直接受用户用水情况的影响,其出厂流量与水压在一天内各个时段中是不断变化的。送水泵站的吸水井,它既要有利于水泵吸水管道布置,也要有利于清水池的维修。吸水井形状取决于吸水管道的布置要求,送水泵房一般都呈长方形,吸水井一般也为长方形。

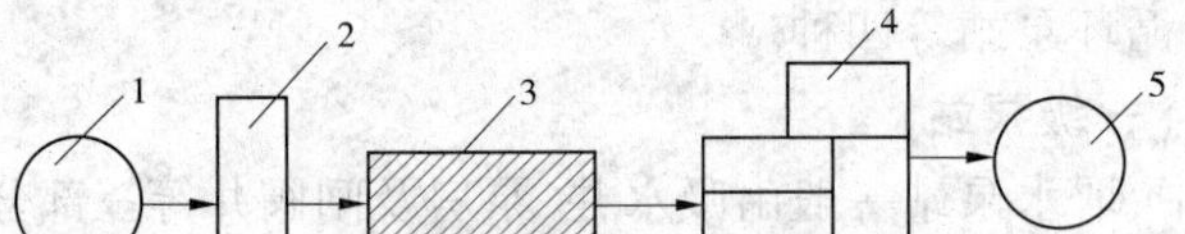

1—清水池;2—吸水井;3—送水泵站;4—管网;5—高地水池(水塔)

图 5-2 送水泵站工艺流程

吸水井型式有分离式吸水井和池内吸水井两种。分离式吸水井是邻近泵房吸水管一侧设置的独立构筑物,如图 5-3 所示。平面布置一般分为独立的两格,中间隔墙上安装阀门,阀门口径应足以通过邻格最大的吸水流量,以便当进水管 A(或 B)切断时泵房内各机组仍能工作。分离式吸水井对提高泵站运行的安全度有利。池内吸水井是在清水池的一端用隔墙分出一部分容积作为吸水井,如图 5-4 所示。吸水井分成两格,两格均可独立工作。吸水井一端接入来自另一只清水池的旁通管。当主体清水池需要清洗时,可关闭壁上的进水阀(或闸板),吸水井暂由旁通管供水,使泵房仍能维持正常工作。

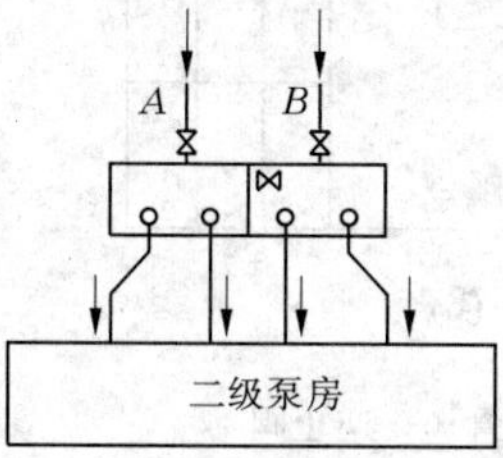

图 5-3　分离式吸水井

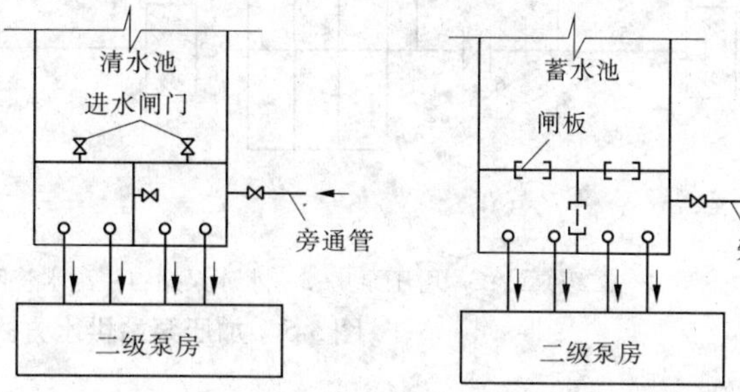

(a)隔墙上装阀门　(b)隔墙上装闸板

图 5-4　池内式吸水井

送水泵站吸水井水位变化范围小,通常不超过 3 ~ 4 m,因此泵站埋深较浅。一般可建成地面式或半地下式。送水泵站为了适应管网中用户水量和水压的变化,必须设置各种不同型号和台数的水泵机组,从而导致泵站建筑面积增大,运行管理复杂。水泵的调速运行在送水泵站中尤其显得重要。送水泵站在城市供水系统中的作用,犹如人体的心脏,通过主动脉以及无数的支微血管,将血液送到人体的各个部位上去。在无水塔管网系统中工作的送水泵站,这种相似性就更加明显。

5.1.2.3　加压泵站

城市给水管网面积较大,输配水管线很长,或给水对象所在地的地势很高,城市内地形起伏较大的情况下,通过技术经济比较,可以在城市管网中增设加压泵站。在近代大、中型城市给水系统中实行分区分压供水方式时,设置加压泵站已十分普遍。

加压泵站的工况取决于加压所用的手段,一般有两种方式:一是采用在输水管线上直接串联加压的方式,如图 5-5(a)所示。这种方式,水厂内送水泵站和加压泵站将同步工作,一般用于水厂位置远离城市管网的长距离输水的场合。二是采用清水池及泵站加压供水方式(又称水库泵站加压供水方式),即厂内送水泵站将水输入远离水厂、接近管网起端处的清水池内,由加压泵站将水输入管网,如图 5-5(b)所示。这种方式,城市中用水负荷可借助于加压泵站的清水池调节,从而使水厂的送水泵站工作制度比较均匀,有利于调度管理。此外,水厂送水泵站的出厂输水干管因时变化系数 $K_{时}$ 降低或均匀输水,从而使输水干管管径可减小。当输水干管越长时,其经济效益就越可观。

5.1.2.4　循环泵站

在某些工业企业中,生产用水可以循环使用或经过简单处理后回用。在循环系统的泵站中,一般设置输送冷、热水的两组水泵,热水泵将生产车间排出的废热水,压送到冷却构筑物进行降温,冷却后的水再由冷水泵抽送到生产车间使用。如果冷却构筑物的位置较高,冷却后的水可以自流进入生产车间供生产设备使用,则可免去一组冷水泵。有时生产车间排出的废水温度并不高,但含有一些机械杂质,需要把废水先送到净水构筑物进行处理,然后用水泵压回车间使用。这种情况下就不设热水泵。有时生产车间排出的废水,既升高了温度又含有一定量的机械杂质。其处理工艺流程如图 5-6 所示。

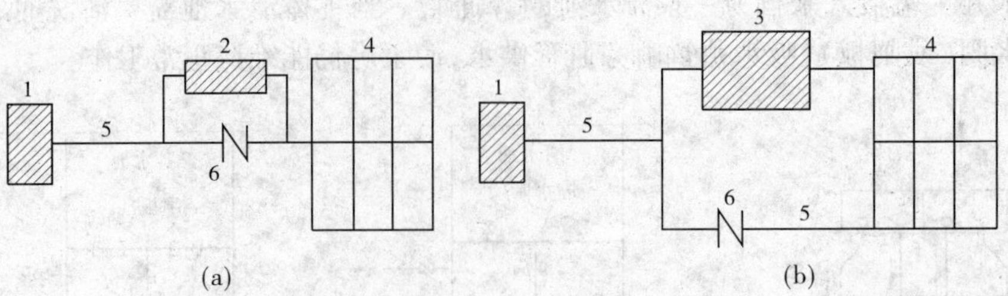

1—二级泵站;2—增压泵房;3—水库泵站;4—配水管网;5—输水管;6—逆止阀

图 5-5　加压泵站供水方式

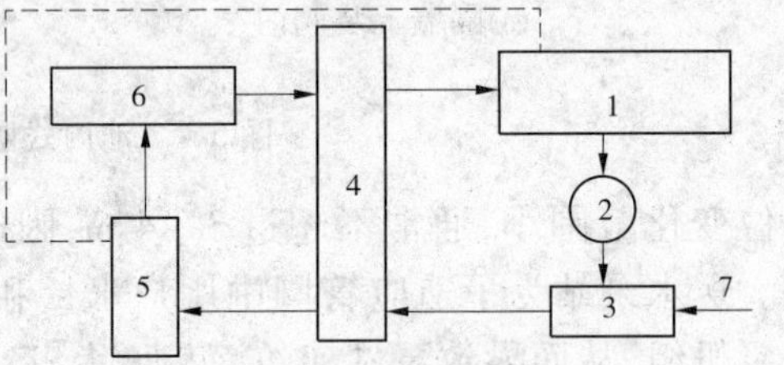

1—生产车间;2—净水构筑物;3—热水井;4—循环水泵;
5—冷却构筑物;6—集水池;7—补充新鲜水

图 5-6　循环给水系统工艺流程

一个大型工业企业中往往设有好几个循环给水系统。循环水泵站的工艺特点是:供水对象所要求的水压比较稳定,水量亦仅随季节的气温改变而有所变化;但供水安全性要求一般都较高,因此水泵备用率较大,水泵台数较多,有的一个循环泵站冷热水泵可达20～30台。在确定水泵数目和流量时,要考虑到一年中水温的变化。因此,可选用多台同型号水泵,不同季节开动不同台数的水泵来调节流量。循环水泵站通常位于冷却构筑物或净水构筑物附近。

为了保证水泵良好的吸水条件和管理方便,水泵最好采用自灌式,即让水泵顶的标高低于吸水井的最低水位,因此循环水泵站大多是半地下式的。

5.1.3　给水泵站的组成

给水泵站由机械间与配套设施组成,如图 5-7 所示。

机械间与配套设施主要包括:

(1)水泵机组:包括水泵和电动机,这是水泵站的心脏,是水泵站中最重要的组成部分。

(2)吸压水管路系统:指水泵的进水管路(也称吸水管路)和出水管路(也称压水管路),水泵通过吸水管路从吸水井吸水,通过压水管路送水给用户。

(3)吸水井:也称集水池,水泵吸水管从这里进行吸水。

(4)控制、调节和安全设备:指管路上安装的各种功能的截止阀、止回阀、安全阀、水锤消除器等。

(5)计量和检查设备:指流量计、压力计、真空表、电流表、电压表等。

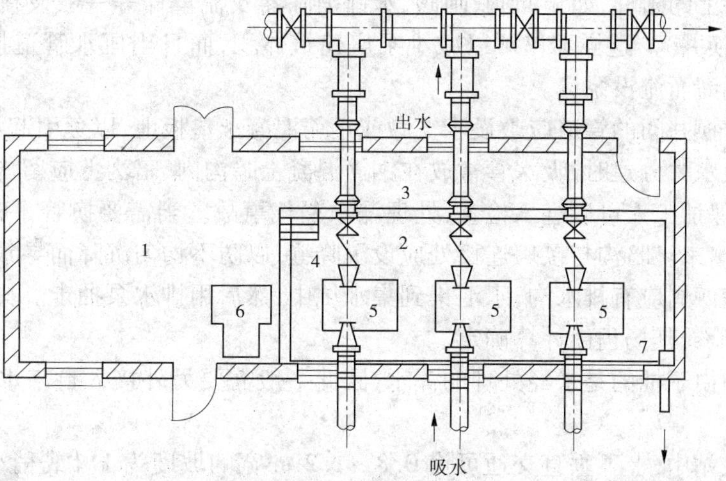

1—操作室与配电室;2—地下室泵房;3—走道;4—短梯;
5—水泵基础;6—真空泵基础;7—集水坑
图 5-7　某给水泵站的组成

(6)启动引水设备:指真空引水和灌水设备,如真空泵、引水罐等。
(7)电气设备:电机的启动、配电设备。
(8)通信、自动控制设备。
(9)起重设备:指安装、检修用的吊车、电动葫芦等。
(10)排水设施:指排水泵,排水沟,集水坑等。
(11)其他:包括采暖、通风、照明结构等。
此外,与机械间配套的还有高低压变电所、控制室、值班室等。

一个给水泵站往往由上述几个部分或全部组成,水泵机组是水泵站的核心设备,其他部分都对水泵机组正常良好的工作起着不可替代的保证作用。

5.1.4　给水泵站的特点

5.1.4.1　取水泵站的构造特点

如前所述,地面水源取水泵站,往往建成地下式的。

地下式一级泵站由于“临水埋深”,在结构上要求承受土压和水压,泵房筒体和底板要求不透水,有一定自重以抵抗浮力。这就大大增加了基建投资。因此,对于地下式泵房应尽可能地缩小其平面尺寸,以降低工程造价。在地质条件允许时,一级泵站多采用沉井法施工。因此,大都采用圆形结构。其缺点是布置机组及其他设备时,不能充分利用建筑面积,此外安设吊车也有一定困难。因此,有时泵房地下部分是椭圆形,而地上部分做成矩形。

泵房筒体的水下部分用钢筋混凝土结构,水上部分可用砖砌。泵房底板一般采用整体浇筑的混凝土或钢筋混凝土底板,并与水泵机组的基础浇成一体。为了减小平面尺寸有时也采用立式水泵。

配电设备一般放置在上层以充分利用泵房内空间。

压水管路上的附件，如止回阀、闸阀、水锤消除器及流量计等一般设在水泵房外的闸阀井（或称切换井）。这样不仅可以减小泵房建筑体积，而且当压水管道损坏时，水流不致向泵房内倒灌而淹没泵房。

泵站与切换井间的管道应敷设于支墩或钢筋混凝土垫板上，以免引起不均匀沉陷。

泵站与吸水井分建时，吸水管常放在钢筋混凝土暗沟内，暗沟上应留出入的人孔。暗沟的尺寸，应保证工人可以进入检查，处理漏水漏气事故。当需要换管子时，可以通过人孔，把管子取出来。暗沟与泵房连接处应设沉降缝，以防不均匀沉降而导致管道破裂。

泵房内壁四周应有排水沟，水汇集到集水坑中，然后用排水泵抽走。排水泵的流量可选用 10～30 L/s，其扬程由计算确定。

一级泵站由于抽的是未经处理的浑水，因此一般需要另外接入自来水作为水泵机组的水封用水。

地下式泵站中，上下垂直交通可设 0.8～1.2 m 宽的坡度为 1∶1或稍小坡度的扶梯，每两个中间平台之间不应超过 20 级踏步。站内一般不设卫生间、贮藏室，但应设电话与各种指示信号，以便调度联系。为防止火灾，泵站内外要考虑灭火设备。

地下式一级泵站扩建时有一定的困难，所以在第一次修建时，即应考虑将来的扩建问题，通常泵房一次建成，设备分期安装。泵站内机器间的电力照明按每平方米地板面积 20～25 W计算。

泵站的大门，应比最大设备外形尺寸大 0.25 m。对于特别笨重的设备应预先留出安装孔。为了保证泵房内有良好的照明，应在泵房的纵墙方向开窗，窗户面积通常应大于地板面积的 1/6～1/7，最好为 1/4。

在泵房附近没有修理场时，应在泵房内留出 6～10 m^2 的面积，作为修理和放置备用零件的场地。

5.1.4.2 送水泵站的构造特点

二级泵站的工艺特点是水泵机组较多，占地面积较大，但吸水条件好。因此，大多数二级泵站建成地面式或半地下式。

地面式的优点是施工方便，造价较低和运行条件较好。在地下式的水泵站内，启动水泵比较方便。

在地下式泵房中，应设置排除积水的管道，在该管道上应装有止回阀，以防止大雨时雨水倒流。若泵房地坪标高低于室外排水管标高，则应设置抽水设备。

二级泵站由于机组台数较多，因而附属的电气设备及电缆线也较多。在进行工艺设计时，应结合土建与供电要求一并考虑。但是，对于二级泵站，土建造价经常相对地比电能耗费小。因此，在设计二级泵站时，要着重注意工艺上的要求和布置，土建结构应保证满足工艺布置的要求。

二级泵房属于一般的工业建筑，常用的是柱墩式基础，墙壁用砖砌筑于地基梁上，外墙可以是一砖、一砖半或两砖厚，根据当地的气候寒暖而定。为了防潮，墙身用防水砂浆与基础隔开。对于装有桥式吊车的泵房，墙内须设置壁柱。机组运行时，由于震动而发生很大噪声，影响工人健康。为此，首先应保证机组安装的质量，同时要把机组与基础连接好，如有必要亦可采取消音措施。在管道穿过墙壁处采用柔性穿墙套管也可减少噪声的传播。泵房设计还应考虑抗震和人防要求。从抗震角度出发,泵房最好建成地下式或半地下式的。如果地下水位很高,施工困难或受其他条件限制,不能修建地下式泵房,也可设计成地面式泵房,但必须尽量做到:平、立面简单,体型规整,不做局部突出的建筑。水泵站内还应有水位指示器,当清水池或水塔中水位最高或最低时,便可自动发出灯光或音响信号。

5.1.4.3 深井泵站的构造特点

深井泵站通常由泵房和变电所组成。深井泵房的型式有地面式、半地下式和地下式等三种。不同结构型式的泵房各有其优缺点。

地面式的造价最低,建成投产迅速;通风条件好,室温一般比半地下式的低 5 ~ 6 ℃;操作管理与检修方便;室内排水容易;水泵电动机运行噪声扩散快,音量小。但出水管弯头配件多,不便于工艺布置,且水头损失较大。

半地下式比地面式造价高;出水管可不用弯头配件,便于工艺布置;水力条件好,可稍节省电耗及经常运行费用,人防条件较好。但通风条件较差,夏季室温高;室内有楼梯,有效面积缩小;操作管理,检修人员上下,机器设备上下搬运均较不便;室内地坪低,不利排水;水泵电动机运转时,声音不易扩散,声量大;地下部分土建施工困难。

地下式的造价最高;施工困难最多;防水处理复杂;室内排水困难;操作管理,检修工作不便。但人防条件好;抗震条件好;因不受阳光照射,故夏季室温较低。

实践表明:以上三种形式,以前两种为好。

深井泵房平面布置一般很紧凑,因此选用尺寸较小的设备对缩小平面尺寸有很大意义。设计时应与机电密切配合,选择效能高、尺寸小、占地少的机电设备。

此外,深井泵房设计,还应注意泵房屋顶的处理,屋顶检修孔的设置以及泵房的通风、排水等问题。

5.2 给水泵站的设计资料与步骤

5.2.1 给水泵站的设计资料

5.2.1.1 基础资料

基础资料对设计具有决定性作用和不同程度的约束性。它往往不能按照设计者的意图与主观愿望任意变动,是设计的主要依据。主管部门对设计工作的主要指示、决议、设计任务书,有关的协议文件,工程地质、水文与水文地质、气象、地形等,都属于这类资料。其内容主要包括:

(1)设计任务书。

(2)规划、人防、卫生、供电、航道、航运等部门同意在一定地点修建泵站的正式许可文件。

(3)地区气象资料:最低、最高气温,冬季采暖计算温度,冻结平均深度和起止日期,最大冻结层厚。

(4)地区水文与水文地质资料:水源的供水位、常水位、枯水位资料,河流的含沙量、流速、风浪情况,地下水流向、流速、水质情况及对建筑材料的腐蚀性等。

(5)泵站所在地附近地区一定比例的地形图。

(6)泵站所在地的工程地质资料,抗震设计烈度资料。

(7)用水量、水压资料(污水泵站还应有水质分析资料)以及给水排水制度。

(8)泵站的设计使用年限。

(9)电源位置、性质、可靠程度、电压、单位电价等。

(10)与泵站有关的给水排水构筑物的位置与设计标高。

(11)水泵样本,电动机和电器产品目录。

(12)管材及管配件的产品规格。

(13)设备材料单价表,预算工程单位估价表,地方材料及价格,劳动工资水平。

(14)对于扩建或改建工程,还应有原构筑物的设计资料、调查资料、竣工图或实测图。

5.2.1.2 参考资料

参考资料仅供参考,不能作为设计的依据,如各种参考书籍,口头调查资料,某些历史性记录及某些尚未生产的产品目录等,都属于这一类。其内容主要包括:

(1)地区内现有水泵站的运行情况调查资料,水泵站形式,建筑规模和年限,结构型式,机组台数和设备性能,历年大修次数,曾经发生的事故及其原因分析和解决办法,冬季采暖,夏季通风情况,电源或其他动力来源等。

(2)地区内现有泵站的设计图、竣工图或实测图。

(3)地区内已有泵站的施工方法和施工经验。

(4)施工中可能利用的机械和劳动力的来源。

(5)其他有关参考资料。

5.2.2 给水泵站的工艺设计步骤

(1)确定设计流量和扬程。

(2)初步选择水泵和电动机或其他原动机,包括选择水泵的型号、工作泵和备用泵的台数。由于初步选泵时,泵站尚未设计好,吸水、压水管路也未进行布置,水流通过管路中的水头损失是未知的,所以这时水泵的全扬程不能确切知道,只能先假定泵站内管道中的水头损失为某一个数值。一般在初步选泵时,可假定此数为 2 m 左右。

根据所选泵的轴功率及转数选用电动机。如果机组由水泵厂配套供应,则不必另选。

(3)设计机组的基础。在机组初步选好后,即可查水泵及电动机产品样本,查到机组的安装尺寸(或机组底板的尺寸)和总质量,据此可进行基础的平面尺寸和深度的设计。

(4)计算水泵的吸水管和压水管的直径。

(5)布置机组和管道。

(6)精选水泵和电动机。根据地形条件确定水泵的安装高度。计算出吸水管路和泵站范围内压水管路中的水头损失,然后求出泵站的扬程。如果发现初选的水泵不合适,则可以切削叶轮或另行选泵。根据新选的水泵的轴功率,再选择电动机。

(7)选择泵站中的附属设备。

(8)确定泵房建筑高度。泵房的建筑高度取决于水泵的安装高度、泵房内有无起重设备以及起重设备的型号。

(9)确定泵房的平面尺寸,初步规划泵站总平面。机组的平面布置确定以后,泵房(机器间)的最小长度 L 也就确定了,见图 5-8。查有关材料手册,找出相应管道、配件的型号规格、大小尺寸,按一定的比例将水泵机组的基础和吸水、压水管道上的管配件、闸阀、止回阀等画在同一张图上,逐一标出尺寸,依次相加,就可以得出机器间的最小宽度 B,如图 5-9 所示。

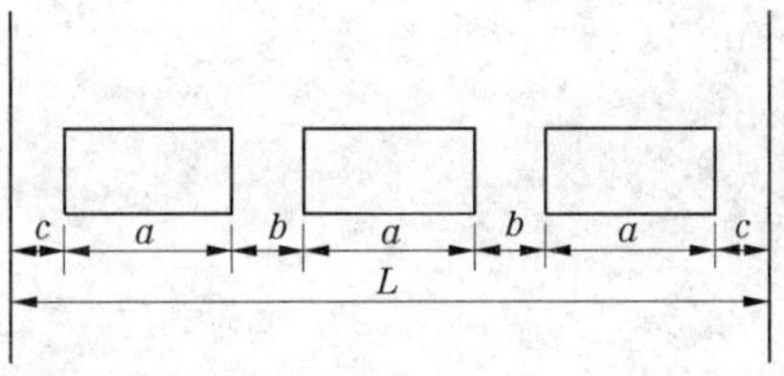

a—机组基础的长度;b—机组基础的间距;
c—机组基础与墙的距离

图 5-8　机器间的最小长度 L

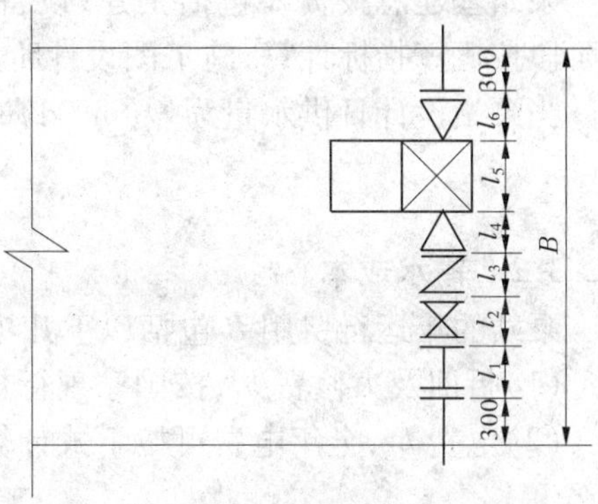

l_1、l_2、l_3、l_4、l_6—短管甲、闸阀、止回阀、水泵出口短管、水泵进口短管的长度;
l_5—机组基础的宽度

图 5-9　机器间的最小宽度 B

L 和 B 确定后,再考虑修理场地等因素,便可最后确定泵站机器间的平面尺寸大小。

泵站的总平面布置包括变压器室、配电室、机器间、值班室、修理间等单元。

总平面布置的原则是:运行管理安全可靠,检修及运输方便,经济合理,并且考虑到有发展余地。

变电配电设备一般设在泵站的一端,有时也可将低压配电设备置于泵房内侧。

泵房内装有立式泵或轴流泵时,配电设备一般装设在上层或中层平台上。

控制设备一般设于机组附近,也可以集中装置在附近的配电室内。

配电室内设有各种受配电柜,因此应便于电源进线,且应紧靠机组,以节省电线,便于操作。配电室与机器间应能通视;否则,应分别安装仪表及按钮(切断装置),以便当发生故障时,在两个房间内,均能及时切断主电路。

由于变压器发生故障时,易引起火灾或爆炸,故宜将变压器室设置于单独的房间内,且位于泵站的一端。

值班室与机器间及配电室相通,而且一定要靠近机器间,且能很好通视。

修理间的布置应便于重物(如设备)的内部吊运及向外运输。因此,往往在修理间的外墙上开有大门。

进行总平面布置时,尽量不要因为设置配电间而把泵房跨度增大。

(10)向有关工种提出设计任务。

(11)审校,会签。

(12)出图。

(13)编制预算。

5.2.3 泵站技术经济指标

泵站的主要技术经济指标有单位水量基建投资、输水成本和电耗三项。

5.2.3.1 单位水量基建投资

泵站基建总投资 A 包括土建、设备及管道、电气等项费用。初步设计和扩大初设设计阶段按概算指标计算,施工图设计阶段按预算指标计算,工程竣工后按工程决算进行计算。当泵站设计日供水量为 $Q(\mathrm{m^3/d})$时,则单位水量基建投资 a 为

$$a = \frac{A}{Q} \quad (元/\mathrm{m^3})$$

5.2.3.2 输水成本

泵站的年运行费用 B 包括以下几项:

(1)折旧及大修费 b_1,按国家现行规定计算。

(2)电费 b_2,全年电费可按下式计算:

$$b_2 = \frac{\sum QHT}{\eta_p \eta_m \eta_n} \rho g \cdot d \quad (元)$$

式中 Q——一年中泵站随季节变化的平均日输水量,$\mathrm{m^3/s}$;

H——泵站在一昼夜内所消耗的电能,$\mathrm{kW \cdot h}$;

T——一年中平均泵站工作小时数,h;

η_p——水泵效率(%);

η_m——电机效率(%);

η_n——电网效率(%);

ρ——水的密度,取 $\rho = 1\,000\ \mathrm{kg/m^3}$;

g——重力加速度,$g = 9.81\ \mathrm{m/s^2}$;

d——每 1 kW·h 电的价格,元/(kW·h)。

(3)工资福利费 b_3,按劳动定员及职工平均工资水平计算。

泵站以上三项指标,在泵站设计时,可作为方案比较的参考。泵站投产后,可作为年度经营活动分析检查泵站效率,提出降低运行成本技术措施的主要依据。

(4)经常养护费 b_4,按国家规定计算并计入成本。

(5)其他费用 b_5,按国家规定应该计入成本的各项其他费用,即

$$B = b_1 + b_2 + b_3 + b_4 + b_5$$

若全年泵站的总输水量为 $Q(\mathrm{m^3})$,则输水成本 b 为 $b = \frac{B}{Q}(元/\mathrm{m^3})$。

5.2.3.3 电耗

泵站电耗 e 是指抽升 1 000 $\mathrm{m^3}$ 水所消耗的电,即

$$e = \frac{E}{Q} \times 1\,000 \quad (\mathrm{kW \cdot h})$$

式中　E——泵站在一昼夜内所消耗的电能,kW·h;

Q——泵站在一昼夜内所提升的水量,m^3。

5.3　泵站的设计流量和扬程

5.3.1　泵站的设计流量

泵站的设计流量与用户的用水水量、用水性质、给水系统的工作方式有关。

5.3.1.1　一级泵站的设计流量

(1)泵站从水源取水,输送到净水构筑物的情况:

为了减小取水构筑物、输水管道和净水构筑物的尺寸,节约基建投资,在这种情况下,通常要求一级泵站中的水泵昼夜均匀工作,因此泵站的设计流量应为

$$Q_r = \frac{aQ_d}{T} \quad (m^3/h)$$

式中　Q_r——一级泵站中水泵所供给的流量,m^3/h;

Q_d——供水对象最高日用水量,m^3/d;

a——计及输水管漏损和净水构筑物自身用水的系数,一般取 $a = 1.05 \sim 1.1$;

T——一级泵站在一昼夜内工作小时数,h。

(2)泵站将水直接供给用户或送到地下集水池的情况:

当采用地下水作为生活饮用水水源,而水质又符合卫生标准时,就可将水直接供给用户。在这种情况下,实际上是起二级泵站的作用。

如送水到集水池,再从那里用二级泵站将水供给用户,则由于在给水系统中没有净水构筑物,此时泵站的流量为

$$Q_r = \frac{\beta Q_d}{T} \quad (m^3/h)$$

式中　β——给水系统中自身用水系数,一般取 $\beta = 1.01 \sim 1.02$。

对于供应工厂生产用水的一级泵站,其中水泵的流量应视工厂生产给水系统的性质而定。如为直流给水系统,则泵站的流量应按最高日最高时用水量计算。当用水量变化时,可采用开动不同台数泵的方法予以调节。对于循环给水系统,泵站的设计流量(即补充新鲜水量)可按平均日用水量计算。

5.3.1.2　二级泵站的设计流量

一般按最大日逐时用水变化曲线来确定各时段中水泵的分级供水线。分级供水的优点在于,管网中水塔的调节容积远较均匀供水时为小。但是,分级不宜太多,因为分级供水需设置较多的水泵,将增大泵站面积,清水池的调节容积也要加大。此外,二级泵站的输水管道直径也要相应加大,因为必须按最大一级供水流量来设计输水管道的直径。

通常对于小城市的给水系统,由于用水量不大,大多数采用泵站均匀供水方式,即泵站的设计流量按最高日平均时用水量计算。这样,虽然水塔的调节容积占全日用水量的百分比值较大,但其绝对值不大,在经济上是合适的。对于大城市的给水系统,有的采取

无水塔、多水源、分散供水系统，因此宜采取泵站分级供水方式，即泵站的设计流量按最高日最高时用水量计算，而运用多台或不同型号的水泵的组合来适应用水量的变化情况。对于中等城市的给水系统，输水管路越长，越宜采用均匀供水方式，以节省基建投资。

5.3.2 泵站的设计扬程

水泵站的设计扬程与用户的位置和高度、管路布置及给水系统的工作方式等有关，其计算公式为

$$H = H_{ss} + H_{sd} + \sum h_s + \sum h_d + H_{安全}$$

式中 H——水泵的设计扬程，mH_2O；

H_{ss}——水泵吸水地形高度，mH_2O，与水泵安装高度和吸水井水位变化有关；

H_{sd}——水泵压水地形高度，mH_2O，与地形高差、用户要求的水压（自由水压）有关；

$\sum h_s$——水泵吸水管水头损失，mH_2O，与吸水管的长度、布置、管径、管材等有关；

$\sum h_d$——水泵压水管水头损失，mH_2O，与压水管的长度、布置、管径、管材等有关；

$H_{安全}$——保证水泵长期良好稳定工作而取的安全水头，m，根据情况取 2 ~ 3 m。

5.4 水泵选择

5.4.1 确定工作泵的型号和台数

水泵工作时应满足工程所需的水量和水压，同时要适应其变化规律。所以，选泵的原则是在满足最不利工况的条件下，考虑各种工况，尽可能节约投资、减少能耗，应对流量 Q、扬程 H 进行合理计算，确定水泵台数、型号和类型，满足用户对水量和水压的要求，还应保证泵站经济和合理运行，投资、维修费最低，正常工作能耗最低，确定水泵台数和工作方式。

5.4.1.1 满足最不利工况

我们以一个例子介绍考虑最不利工况的选泵方法和步骤。

【例 5-1】 一个小区给水泵站的管路总长度 $L = 3\ 000$ m，管径为 $DN = 500$ mm，管材为钢管，最大工况时的流量 $Q_{max} = 800\ m^3/h$，最小工况时的流量 $Q_{min} = 400\ m^3/h$，吸水井最低水位与最不利点地形高差 $H_{sT} = 1.0$ m，自由水压 $H_C = 12.0$ m，泵站内部水头损失 $h_{泵站} = 2.0$ m，安全水头取 $H_{安全} = 1.5$ m，最大流量 Q_{max} 时从泵站至最不利点的管路水头损失 $\sum h = 3.3$ m。试选择水泵。

解：选泵步骤如下：

（1）首先确定水泵站设计供水量，泵站最大供水量 $Q_{max} = 800\ m^3/h = 0.22\ m^3/s$，最小供水量 $Q_{min} = 400\ m^3/h = 0.11\ m^3/s$。

（2）计算水泵站设计扬程，$H = H_{sT} + H_C + \sum h + h_{泵站} + H_{安全} = 1.0 + 12.0 + 3.3 + 2.0 + 1.5 = 19.8$（m）；总水头损失为 $\sum h + h_{泵站} = 3.3 + 2.0 = 5.3$（m），所以管路阻抗 $S = \sum h_{总}/Q^2 = 5.3/0.22^2 = 109.50$（$s^2/m^5$），可得到管路特性曲线方程为：$H = 13.0 + 109.50Q^2$。

(3)根据流量 $Q=800\ m^3/h$ 和扬程 $H=19.8\ m$,从水泵样本上查得12Sh－19型水泵的高效区的流量范围 $Q=612\sim935\ m^3/h$,扬程范围 $H=23\sim14\ m$,适合水泵站的设计流量和设计扬程要求。

(4)绘制水泵工况点,确定所选水泵是否适合需要。

从水泵样本上把12Sh－19型水泵特性曲线 $Q\sim H$ 描绘在方格坐标纸上,同时绘出管路特性曲线 $(Q\sim H)_G$,二者的交点 M 就是水泵工况点,如图5-10所示,其对应的流量和扬程就是12Sh－19型水泵安装在所给管路条件下的工作流量和工作扬程。

从图上可查得工作流量 $Q=805\ m^3/h$,工作扬程 $H=20\ m$,满足水泵站的设计流量和设计扬程的要求,相应的水泵效率 $\eta=85\%$,选泵合适。

根据上述方法步骤选出的水泵,虽然满足最不利工况时工作要求,但是,当水泵不在最大流量工作时就会产生能量浪费问题。

如图5-11所示,水泵不在最大工况点工作时就会出现阴影部分的扬程浪费,当水泵在最小流量 $Q=400\ m^3/h$ 工作时,水泵工况点为 N 点,此时的水泵扬程 $H=26\ m$,水泵效率 $\eta=65\%$;而管路只需消耗扬程 $H=12\ m$ 就可以把 $Q=400\ m^3/h$ 的水量输送到用户,水泵给出的扬程比管路需要的扬程多出14 m,这部分多出的扬程就称为扬程浪费,因为无谓的消耗就是浪费。

因而,水泵装置的运行效率就为:$\eta_{运行}=65\%\times12/26=30\%$,远远小于水泵在最大工况点工作时的水泵装置的运行效率 η。

虽然这个浪费是不可避免的,但是尽量减少能量浪费是泵站设计的一个不可忽视的重要问题。

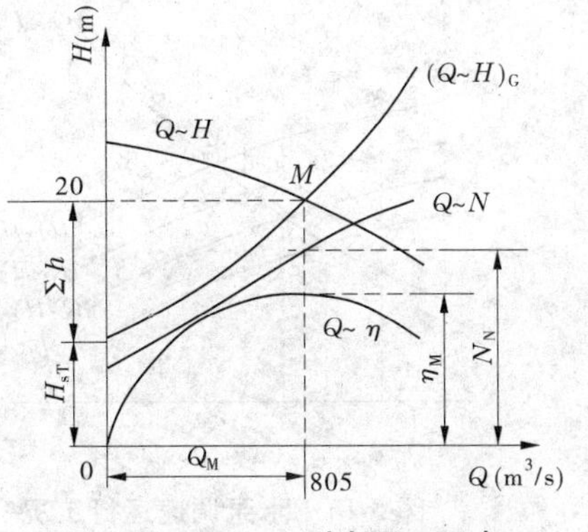

图5-10　12Sh－9型水泵工况点

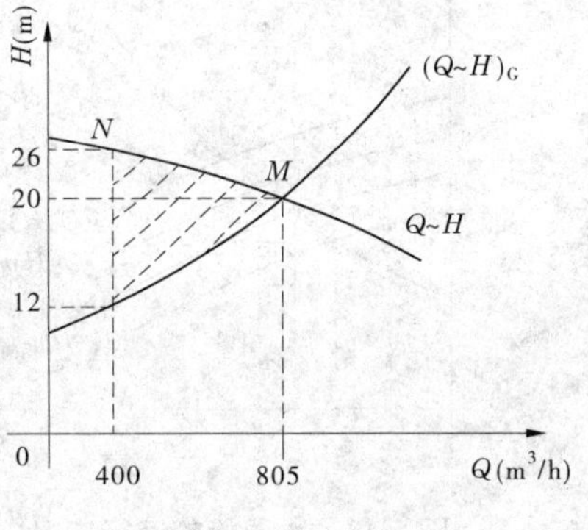

图5-11　扬程浪费

5.4.1.2　减少能量浪费

1.兼顾,灵活

选用几台不同型号的水泵供水,以适应用水量的变化,如图5-12所示。选用四台不同水泵工作代替一台大泵工作,扬程浪费(阴影部分)大大降低。泵数量越多,浪费越少,理论上当水泵台数无限多时,可以使扬程浪费消除。但在实际工程中水泵台数不可能太多,因为将使工程投资无限大,另外型号太多也不便于管理。所以,一般选择使用不易超过两种类型的水泵。

2. 整齐,备用

在实际工程多采用多台同型号泵并联工作以减少扬程浪费。多台水泵或单独工作或多台并联工作,以适应水量变化,这同样使得扬程浪费大大降低,而且水泵型号相同,可以互为备用,对零配件、易损件的储备、管道的制作和安装、设备的维护和管理都带来很大的方便。

但是,水泵台数的增加,泵站投资费用必然增加,到底孰多孰少呢?经验证明,在水泵并联台数不是特别多(5 ~7 台以内)时,运行效率提高而节省的能耗,足以抵偿多设置水泵的投资。

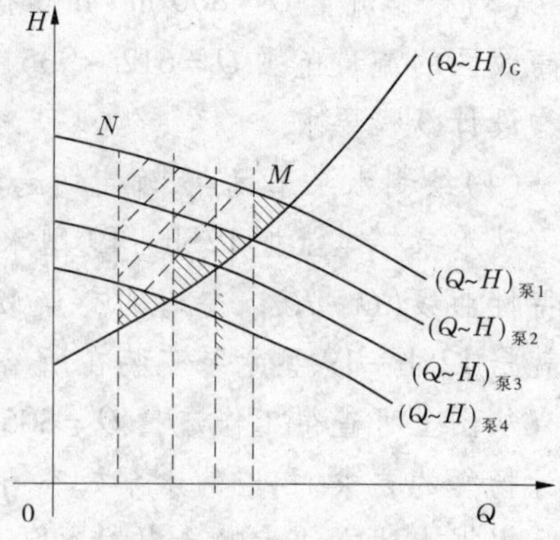

图 5-12　大、小泵工况

3. 换轮运行

水泵换轮运行同样可以达到上述减少扬程浪费的目的,如图 5-13 所示。但是,更换叶轮需要停泵,操作不方便,宜于长期调节时使用。

4. 调速运行

利用变频调速的方法,可以使得扬程浪费减少到最小,如图 5-14 所示。图中的阴影部分能量损失能减小到最小,大大提高水泵装置运行效率,目前水泵调速方法有变频调速、串极调速等。在小区供水、高层建筑供水中,多采用变频调速,节能效果好,使用方便,安全可靠,但增加投资较多。

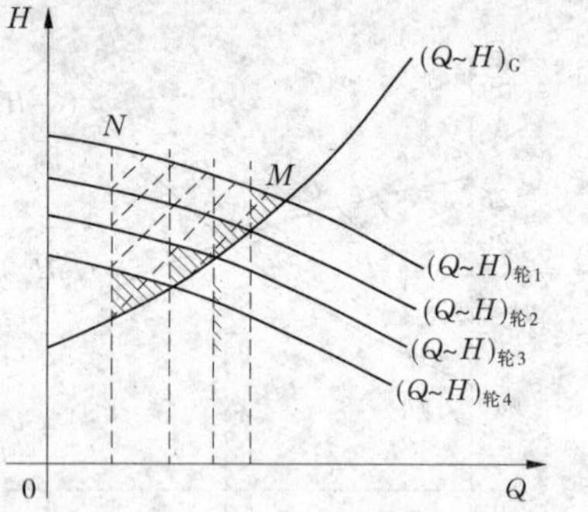

图 5-13　水泵换轮运行工况

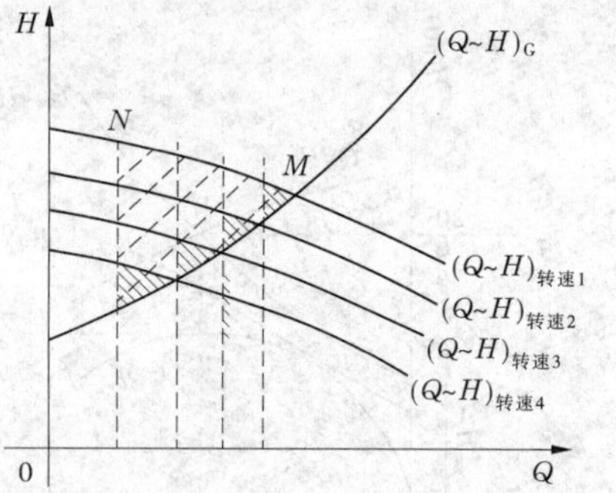

图 5-14　水泵调速运行工况

多台水泵并联工作时,可以采用调速泵和定速泵配合工作,达到节能和节省投资的最佳效果。

5.4.1.3　提高运行效率

(1)尽量选用大泵,在保证一定调节能力的条件下,大泵的效率往往都大于小泵的效率。

(2)若有多种工况,要尽可能使得各种工况都在高效区工作,并联工作的水泵要单独工作及并联工作时均能在高效区工作,如果不能保证所有的工况都在高效区,就应保证频率出现较高的工况一定在高效区工作,如平均日、平均时;频率出现较低的工况,可以短时间不在高效区工作,如最高时、最低时等。

（3）尽可能减少管路水头损失，管路设计时，在保证水泵装置良好工作的条件下，尽量缩短管路长度，取直不取弯，减少管路配件，阀门、管件的数目越少越好。

5.4.1.4 选泵时应注意的一些问题

（1）水泵的构造型式对泵房的大小、结构型式和泵房内部布置等都有影响，因而对泵站造价很有关系。例如，对于水源水位很低，必须建造很深的泵站时，选用立式泵可使泵房面积减小，降低造价。又如，单吸式垂直接缝的水泵和双吸式水平接缝的水泵在站内吸、压水管路的布置上就有很大不同。

（2）应保证水泵的正常吸水条件。在保证不发生汽蚀的前提下，应充分利用水泵的允许吸上真空高度，以减少泵站的埋深，降低工程造价。同时应避免泵站内各泵安装高度相差太大，致使各泵的基础埋深参差不齐或整个泵站埋深增加。

（3）根据供水对象对供水可靠性的不同要求，选用一定数量的备用泵，以满足在事故情况下的用水要求。在不允许减少供水量的情况下（例如冶金工厂的高炉与平炉车间的供水），应有两套备用机组；在允许短时间内减少供水量的情况下，备用泵只保证供应事故用水量；在允许短时间内中断供水时，可只设一台备用泵。城市给水排水系统中的泵站，一般也只设一台备用泵，通常备用泵的型号可以和泵站中最大的工作泵相同。当管网中无水塔且泵站内机组较多时，也可考虑增设一台备用泵，它的型号和最常运行的工作泵相同。如果给水系统中具有足够大容积的高地水池或水塔，可以部分或全部泵站进行短时间供水，则泵站中可不设备用泵，仅在仓库中贮存一套备用机组即可。备用泵和其他工作泵一样，应处于随时可以启动的状态。

（4）选泵时应尽量结合地区条件，优先选择当地制造的成系列生产的、比较定型的和性能良好的产品。

5.4.1.5 实例

【例 5-2】 已知某城市给水系统最高日最高时用水量为 920 L/s，时变化系数 K_h 为 1.7，日变化系数 K_d 为 1.3，管网中无调节构筑物。经管网水力计算，最高时输水管网水头损失为 1.5 m，配水管网水头损失为 11.5 m；泵站吸水井最低水位到管网中最不利点地形高差为 2 m，配水管网控制点所需的服务水头为 16 m。试根据以上资料为该水厂送水泵站选择水泵。

解：（1）确定泵站的设计流量和扬程：因给水管网中无调节构筑物，泵站采用分级工作的调节方式，所以该泵站供水能力应按最高时所需的水量和扬程计算。

最高时用水量即为泵站供水量 $Q_h = 920$ L/s。

最高时泵站扬程 H 为

$$H = 2 + 1.5 + 11.5 + 16 + 2 + 2 = 35(\text{m})$$

上式计算中取泵站内管路水头损失为 2 m，取安全水头为 2 m。

（2）选择水泵型号：根据所给资料以及选泵的原则，拟选用 Sh 型单级双吸卧式离心清水泵。

（3）确定工作泵台数：按所给资料，水厂供水量在 5 ~ 10 万 m^3/h 范围内，以三台水泵为宜。为了使调节流量方便，采用大小泵搭配，流量分配采用 2∶2∶1。

（4）确定水泵规格：在确定水泵规格时，既要满足最高时用水要求，也要满足其他时用水要求,又要使水泵长期在高效率下运行和保证较高的扬程利用率。

可以参考以下方法确定水泵规格:

(1)在 Sh 型水泵型谱图上作出管路近似参考特性曲线 ab,如图 5-15 所示。因为管路特性曲线方程为 $H = H_{sT} + SQ^2$,该曲线为一条二次抛物线,为简化运算,用管路近似参考特性直线 ab 来代替曲线。a 点为最大用水工况点,其坐标为(920,35),即流量为 920 L/s,扬程为 35 m,由最大用水时管路的总水头损失 $\sum h = SQ^2$ 可得到 $S = 1.77 \times 10^{-5}\ s^2/m^5$,从而可以确定,当流量较小工况点 b 的流量为 100 L/s 时,所需扬程 $H = H_{sT} + SQ^2 = 20 + 1.77 \times 10^{-5} \times 100^2 = 20.2(m)$,则 b 点坐标为(100,21)。在图上作 ab 连线,从图上可以看出,在分级供水方式下,与 ab 线有交点的水泵均可以用于该给水泵站。但从 ab 线跨越各种型号水泵高效段的情况和大小泵流量比例看,12Sh－13、14Sh－13、20Sh－13 较合适。

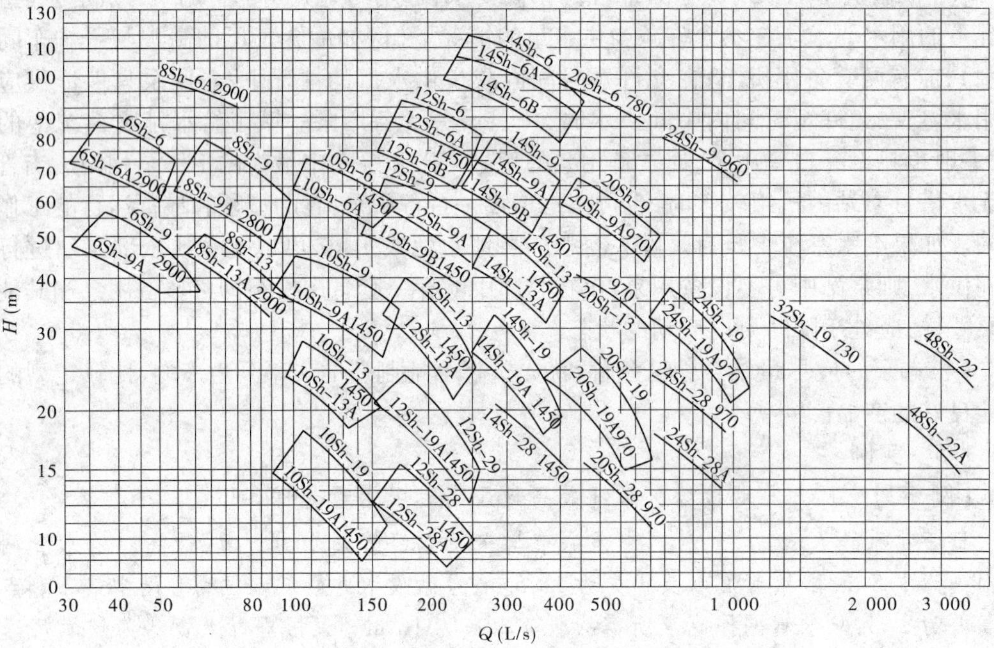

图 5-15 水泵性能曲线谱

(2)选择水泵方案:在具体确定水泵规格时可以选择几个方案,然后经方案比较后,确定一个最佳方案。

第一方案:

在图 5-15 中找到一台 20Sh－13 型泵和两台 12Sh－13 型泵,三台水泵并联工作时,可以满足一点用水要求,而且以上两种规格水泵在单泵运行时曲线的高效段均与 ab 线相交,说明这三台泵组合,适应给水系统流量变化的范围较大。例如,两台 12Sh－13 与一台 20Sh－13 水泵并联工作时,在扬程 35 m 情况下,两台 12Sh－13 泵出水量均为 200 L/s,一台 20Sh－13 泵出水量均为 550 L/s,三泵并联工作总出水量为 950 L/s,满足最高时用水量 920 L/s 的要求和运行在高效段、扬程利用率高的要求;而且当用水量降低时,以上两种规格水泵并联组合及单独运行，同样能满足用水量变化的要求和水泵在高效率下运行、扬程利用率较高的要求。例如，两种规格水泵在单泵单独运行时，流量分别为 240 L/s 和 600 L/s；当一台 20Sh－13 和一台 12Sh－13 并联运行时，可以在 750 L/s 流量下与 *ab* 线相交。因此选择一台 20Sh－13 和两台 12Sh－13 规格水泵作为第一方案。

第二方案：

从图 5-15 还可以找到用一台 14Sh－13 和一台 14Sh－13A、一台 12Sh－13 三台水泵并联工作，在扬程 35 m 时，出水量分别为 410 L/s、310 L/s、200 L/s，三泵并联总出水量为 920 L/s，满足最大工况要求，并且可以看出 14Sh－13A 和 12Sh－13 并联及单独工作时均与 *ab* 线有交点。说明并联组合后，能满足用水量变化时的要求和水泵运行效率高、扬程利用率较高的要求。因此，选择一台 14Sh－13、一台 14Sh－13A 和一台 12Sh－13 规格水泵作为第二方案。

(3) 列出水泵分级供水运行参数表，见表 5-1。

从表 5-1 中可以看出每个供水方案在分级供水时用水量变化范围、运行水泵的型号和台数、水泵提供扬程、给水系统所需扬程、扬程利用率、水泵效率等，以便进行方案比较。

从表 5-1 中可以看出，第一方案能量利用略好于第二方案，尤其是在出现概率较大的平均时用水量范围内(370～570 L/s)，能量浪费较少，从水泵台数和设备价格上看，两个方案相差不多。因而，选择第一方案。

表 5-1　选泵方案比较

方案	用水量变化范围(L/s)	运行水泵型号及台数	水泵扬程(m)	所需扬程(m)	扬程利用率(%)	水泵效率(%)
第一方案 1 台 20Sh－13 2 台 12Sh－13	750～920	1×20Sh－13 2×12Sh－13	38～35	29.5～35	77～100	86～88 65～80
	650～750	1×20Sh－13 1×12Sh－13	37～35	27～29.5	73～84	88～87 74～81
	500～650	1×20Sh－13	38～30	24.5～27	64～90	87～82
	250～500	2×12Sh－13	37.5～27.5	21～24.5	56～89	67～81
	<250	1×12Sh－13	～28	～21		～81
第二方案 1 台 14Sh－13 1 台 14Sh－13 1 台 12Sh－13	750～920	1×14Sh－13 1×14Sh－13A 1×12Sh－13	38～35	29.5～35	77～100	82～75 83～85 65～78
	610～750	1×14Sh－13 1×14Sh－13A	40～34	26.5～29.5	66～87	84～71 82～84
	400～610	1×14Sh－13A 1×12Sh－13	37.5～29	22.5～26.5	60～91	84～81 65～81
	250～400	1×14Sh－13A	39～26.5	21～22.5	54～85	83～75
	<250	1×12Sh－13	～27.5	～21		～80

5.4.2 确定备用水泵的型号和台数

5.4.2.1 备用水泵

给水泵站内不但要设置工作水泵,还要设置备用水泵,以便在工作泵损坏或维修时能替换工作,以保证供水水量和水压。备用水泵的数量,要根据用户的用水性质和用户对供水可靠性的要求确定。例如,工业用水比居民用水可靠性要求高,断水危害和损失程度大的企业(如国防、发电、钢铁企业)一般不容许断水。

备用水泵台数确定的一般原则如下:

(1)不允许减小供水量和不允许间断供水的泵站,应有两套备用机组,如大工矿企业。

(2)允许减小供水量,只保证事故水量的泵站,或允许间断供水时,可设一套备用机组。

(3)城市供水系统中的泵站以及高层建筑给水泵一般只设一套备用机组。

(4)通常备用水泵与最大水泵型号相同。

(5)如果给水系统中有相当大容积的水塔,也可不设备用机组。

(6)备用水泵要处于完好准备状态,随时能启动工作,备用水泵和工作水泵是互为备用、轮流工作关系。

5.4.2.2 选泵后的校核

泵站中水泵选好后必须按照发生火灾时的供水情况,校核泵站的流量和扬程是否满足消防时的要求。

对于消防用水,一级泵站的任务是在规定的时间内向清水池中补充必要的消防贮备用水。由于供水强度小,一般可以不另设专用的消防水泵,而是在补充消防贮备用水时间内,开动备用水泵以加强泵站的工作。

因此,备用水泵的流量可用下式进行校核:

$$Q = \frac{2a(Q_f + Q') - 2Q_r}{t_f}$$

式中 Q_f——设计的消防用水量,m^3/h;

Q'——最高用水日连续最大 2 h 平均用水量,m^3/h;

Q_r——一级泵站正常运行时的流量,m^3/h;

t_f——补充消防用水的时间,为 24 ~ 28 h,由用户的性质和消防用水量的大小决定,见《建筑设计防火规范》(GB 50016—2006);

a——计及净水构筑物本身用水的系数。

对于二级泵站,消防属于紧急情况,消防用水的总量一般占整个城市或工厂供水量的比例虽然不大,但因消防期间供水强度大,使整个给水系统负担突然加重。因此,应作为一种特殊情况在泵站中加以考虑。

例如,10 万人口的城镇,一二层混合建筑,其生活用水按 100 L/(人·d)计,平均秒流量 $q = 116$ L/s,设工业生产用水按生活用水量的 30% 计算,为 $Q' = 35$ L/s,合计 $\sum Q = 151$ L/s。消防时,按两处同时着火计,$q_f = 60$ L/s。可见,几乎使泵站负荷增加 40% 。

因此,虽然城市给水系统常采用低压消防制,消防给水扬程要求不高,但由于消防用水的供水强度大,即使开动备用泵有时也满足不了消防时所需的流量。在这种情况下,可再增加一台消防水泵。如果因为扬程不足,那么泵站中正常工作的水泵,在消防时都将不能使用,这时将另选适合消防时扬程的水泵,而流量将为消防流量与最高时用水量之和。这样势必使泵站容量大大增加。在低压制条件下,这是不合理的。对于这种情况,最好适当调整管网中个别管段的直径,而不使消防扬程过高。

除消防校核外,根据实际工程情况还有转输校核和事故校核等情况。小区加压泵站和高层建筑给水泵站是单设消防泵房,不存在消防校核问题;而转输校核和事故校核为管网系统问题。

5.5 水泵机组的布置和基础设计

5.5.1 水泵机组的布置要求

水泵机组布置排列和管路系统的设计布置是水泵站设计的主要内容,它决定着泵房建筑面积的大小。机组间距以不妨碍设备操作和维护、人员巡视安全为原则。所以,水泵机组的布置具体应满足以下要求:

(1)要有一定宽度的人员通道。当电动机功率不大于 55 kW 时,净距应不小于 0.8 m;当电动机功率大于 55 kW 时,净距应不小于 1.2 m。设备的突出部分之间或突出部分与墙壁之间不小于 0.7 m,进出设备的大门口宽为最大设备宽度加 1 m。

(2)非中开式水泵,要有能抽出水泵泵轴的位置,其长度为轴长加 0.25 m,对于电机转子要有电机转子加 0.5 m 的位置。

(3)大型泵应有检修的空地,其大小应使得被检修设备周围有 0.7 ~ 1.0 m 空地,以便工人活动工作。

(4)辅助泵(如真空泵、排水泵等)通常应安装在部分适当的地方,以不增加泵房面积为原则,可以靠墙、墙角布置,也可以架空布置。

(5)泵站内主要通道宽度应不小于 1.2 m。

机组布置应保证设备工作可靠,运行安全,装卸维修和管理方便,管道总长度最短,接头配件最少,水头损失最小,并应留有扩建的余地。

5.5.2 水泵机组的布置形式

5.5.2.1 纵向排列(水泵轴线平行)

纵向排列,如图 5-16 所示,适用于如 IS 型单级单吸悬臂式离心泵。因为悬臂式水泵是顶端进水,采用纵向排列能使吸水管保持顺直状态,如图 5-16 中泵 1。如果泵房中兼有侧向进水和侧向出水的离心泵,如图 5-16 中泵 2 均系 Sh 型泵或 SA 型泵,则纵向排列的方案就值得商榷。如果 Sh 型泵占多数,则纵向排列方案就不可取。例如 20Sh - 9 型泵,纵向排列时,泵宽加上吸压水口的大小头和两个 90°弯头长度共计 3.9 m,如图 5-17 所示。如果作横向排列,则泵宽为 4.1 m,其宽度并不比纵排增加多少,但进出口的水力条件就大为改善了,在长期运行中可以节省大量电耗。

如图 5-16 所示,水泵机组纵向排列各部分尺寸应符合下列要求:

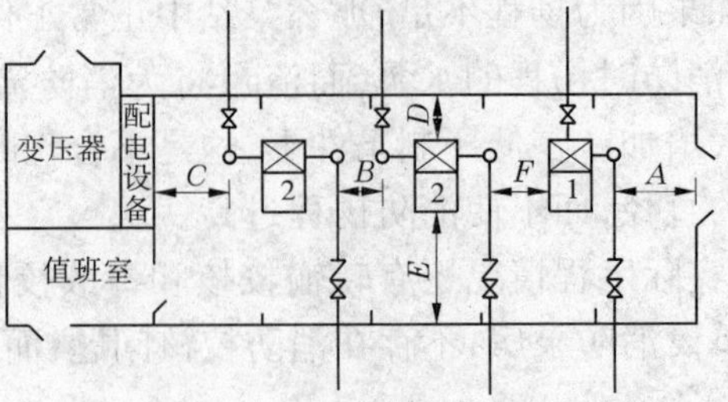

图 5-16　水泵机组纵向排列

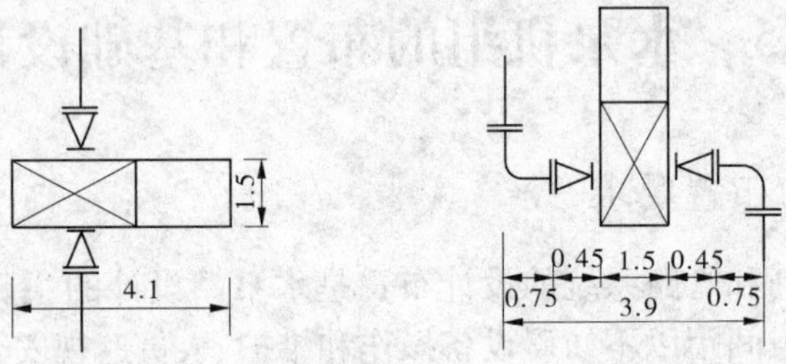

(a)横向排列　　(b)纵向排列

图 5-17　水泵机组横向排列与纵向排列比较(20Sh－9 型)

(1)泵房大门口要求通畅,即能容纳最大的设备(水泵或电机),又有操作余地。其场地宽度一般用水管外壁和墙壁的净距 A 表示。A 等于最大设备的宽度加 1 m,但不得小于 2 m。

(2)水管与水管之间的净距 B 应大于 0.7 m,保证工作人员能较为方便地通过。

(3)水管外壁与配电设备应保持一定的安全操作距离 C。当为低压配电设备时,C 不小于 1.5 m,高压配电设备 C 不小于 2 m。

(4)水泵外形凸出部分与墙壁的净距 D,须满足管道配件安装的要求,但是为了便于就地检修水泵,D 不宜小于 1 m。如水泵外形不凸出基础,D 则表示基础与墙壁的距离。

(5)电机外形凸出部分与墙壁的净距 E,应保证电机转子在检修时能拆卸,并适当留有余地。E 一般为电机轴长加 0.5 m,但不宜小于 3 m,如电机外形不凸出基础,则 E 表示基础与墙壁的净距。

(6)水管外壁与相邻机组的突出部分的净距 F 应不小于 0.7 m,如电机容量大于 55 kW 时,F 应不小于 1 m。

纵向排列布置的特点是布置紧凑,跨度小,适宜布置单吸式泵;但电机散热条件差,起重设备较难选择。

5.5.2.2　横向排列(水泵轴线呈一直线)

水泵机组横向排列如图 5-18 所示,适用于侧向进、出水的水泵,如单级双吸卧式离心泵 Sh 型、SA 型。横向排列虽然稍增加了泵房的长度,但跨度可减小,进出水管顺直,水力条件好,节省电耗,故被广泛采用。

水泵机组横向排列的各部分尺寸应符合下列要求:

(1)水泵凸出部分到墙壁的净距 A_1 与上述纵向排列的第一条要求相同,如水泵外形不凸出基础,则 A_1 表示基础与墙壁的净距。

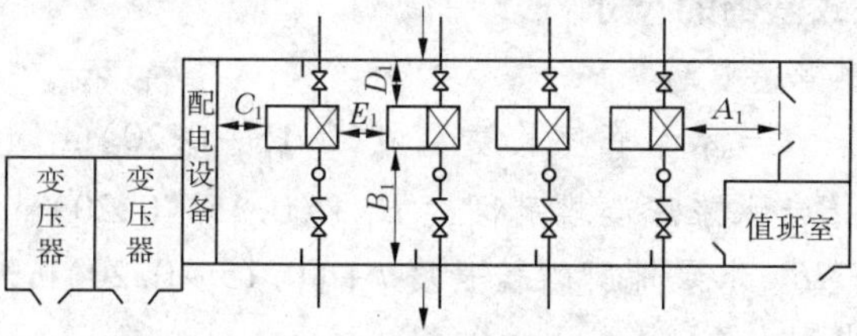

图 5-18　水泵机组横向排列

(2)出水侧水泵基础与墙壁的净距 B_1 应按水管配件安装的需要确定。但是,考虑到水泵出水侧是管理操作的主要通道,故 B_1 不宜小于 3 m。

(3)进水侧水泵基础与墙壁的净距 D_1,也应根据管道配件的安装要求确定,但不小于 1 m。

(4)电机凸出部分与配电设备的净距,应保证电机转子在检修时能拆卸,并保持一定的安全距离,其值要求为:C_1 = 电机轴长 +0.5 m。但是,低压配电设备应使 $C_1 \geqslant 1.5$ m;高压配电设备应使 $C_1 \geqslant 2.05$ m。

(5)水泵基础之间的净距 E_1 与 C_1 要求相同,即 $E_1 = C_1$。如果电机和水泵凸出基础,E_1 表示为凸出部分的净距。

(6)为了减小泵房的跨度,也可考虑将吸水阀门设置在泵房外面。

5.5.2.3　横向双行排列

水泵机组横向双行排列如图 5-19 所示,这种布置形式更为紧凑,节省建筑面积。泵房跨度大,起重设备需考虑采用桥式行车。在泵房中机组有较多的圆形取水泵站时,采用这种布置可节省较多的基建造价。应该指出,这种布置形式两行水泵的转向从电机方向看去彼此是相反的。因此,在水泵定货时应向水泵厂特别说明,以便水泵厂配置不同转向的轴套止锁装置。

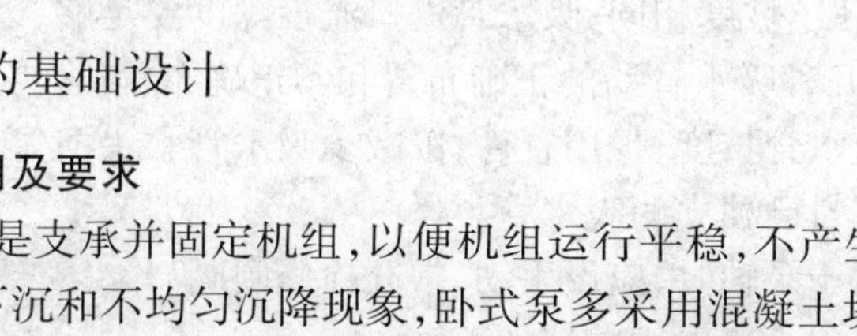

图 5-19　水泵机组横向双行排列(倒、顺转)

5.5.3　水泵机组的基础设计

5.5.3.1　基础的作用及要求

水泵基础的作用是支承并固定机组,以便机组运行平稳,不产生振动。因而,要求基础坚实牢固,不发生下沉和不均匀沉降现象,卧式泵多采用混凝土块式基础,立式泵多采用圆柱式混凝土基础或与泵房基础、楼板合建。

5.5.3.2　**卧式泵的块式基础的尺寸**

1. 带底座的小型水泵

基础长度　　L = 水泵底座长度 L_1 + (0.15 ~ 0.20) m

基础宽度　　B = 水泵底座螺孔间距 B_1 + (0.15 ~ 0.20) m

基础高度　　H = 水泵地脚螺栓长度 l + (0.15 ~ 0.20) m

2. 不带底座的大中型水泵

基础长度　L = 水泵机组地脚螺孔长度方向间距 L_1 + (0.40 ~ 0.50) m

基础宽度　B = 水泵地脚螺孔宽度方向间距 B_1 + (0.40 ~ 0.50) m

基础高度　　H = 水泵地脚螺栓长度 l + (0.15 ~ 0.20) m

5.5.3.3　**高度校核**

为保证水泵稳定工作，基础必须有相当的重量，一般基础重量应大于 2.5 ~ 4.0 倍水泵机组总重量，在已知基础平面尺寸的条件下，根据基础的总重量可以算出其高度。基础最小高度不小于 500 ~ 700 mm，以保证基础的稳定性，基础一般用混凝土浇筑，混凝土基础应高出室内地坪 10 ~ 20 cm。

基础在室内地坪以下的深度还取决于临近的管沟深度，不得小于管沟的深度。由于水能促进振动的传播，所以应尽量使基础的底放在地下水位以上，否则应将泵房地板做成整体的连续钢筋混凝土板，而将机组安装在地板上凸出的基础座上。

5.6　给水泵站管路设计

5.6.1　吸水管路的设计要求

(1) 不允许有泄漏，尤其是离心泵不允许漏气，否则会使水泵的工作发生严重故障。所以，水泵吸水管一般采用金属管材，多为钢管，钢管强度高，密封性好，便于检修补漏。

(2) 不积气，应避免形成气囊。吸水管的真空值达到一定值时，水中溶解的气体就会因为压力减少而逸出，积存在管路的局部最高点处，形成气囊，影响吸水管过水能力，严重时会使真空破坏，吸水管停止吸水。

为避免形成气囊，吸水管路设计时应注意：吸水管应有沿水流方向连续向上等坡度，一般 $i \geq 0.005$；当吸水管径大于进口直径且需用渐缩管连接时，要用偏心渐缩管，渐缩管上部管壁与吸水管（直段）坡度相同；吸水管进口淹没深度要足够，以避免吸气。

如图 5-20 所示是几种吸水管路的正确布置和不正确布置，容易产生气囊的例子。

(3) 尽可能减小吸水管长度，少用管件，以减少吸水管水头损失，减小埋深。

(4) 每台水泵应有自己独立的吸水管。

(5) 吸水井水位高于泵轴时，应设手动、常开检修闸阀。

(6) 吸水管设计流速一般采用数据如下：

$DN < 250$ mm，$v = 1.0 \sim 1.2$ m/s；

$DN \geq 250$ mm，$v = 1.2 \sim 1.6$ m/s。

自灌式工作的水泵的吸水管水流速度可适宜放大。

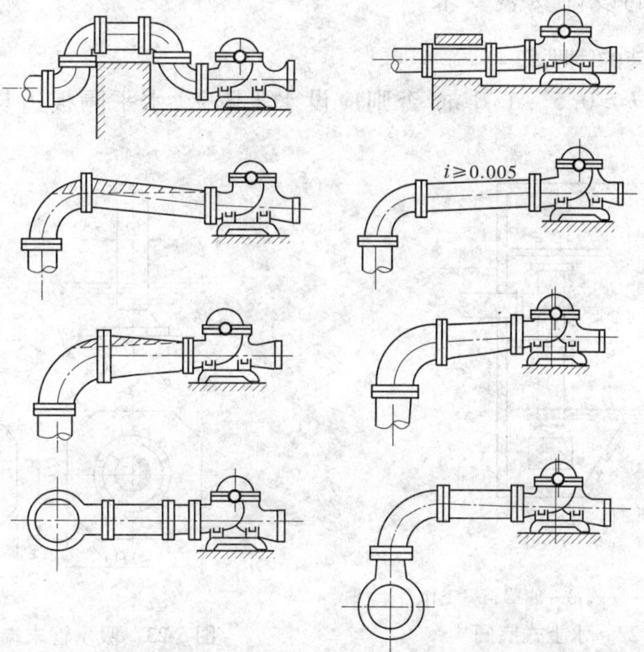

(a)不正确　　　　(b)正确

图 5-20　正确的和不正确的吸水管安装

(7)吸水管进口用底阀时,应设喇叭口,以使吸水管进口水流流动平稳,减少损失。

喇叭口的尺寸为

$$D = (1.3 \sim 1.5)d$$

$$H = (3.5 \sim 7.0)(D - d)$$

式中　D——喇叭口大头直径;

d——吸水管直径。

当水中有大量悬浮杂质时,可在喇叭口前段加装滤网,以减少杂质的进入。

(8)水泵灌水启动时,应设有底阀。

底阀过去一般采用水下式,装于吸水管的末端。底阀的式样很多,它的作用是使水只能吸入水泵,而不能从吸水喇叭口流出。铸铁底阀,如图 5-21 所示,在水泵停车时,碟形阀门在吸水管中压力作用及本身重量作用下落座,使水不能从吸水管逆流。底阀上附有滤网,以防止杂物进入水泵堵塞或损坏叶轮。实践表明,水下式底阀因胶垫容易损坏,引起底阀漏水,须经常检修拆换,给使用带来不便。为了改进这一缺点,试验成功了水上式底阀,如图 5-22 所示。由于水上式底阀具有使用效果良好、安装检修方便等特点,因而设计中采用者日益增多。水上式底阀使用的条件之一,是吸水管路水平段应有足够的长度,以保证水泵充水启动后,管路中能够产生足够的真空值。

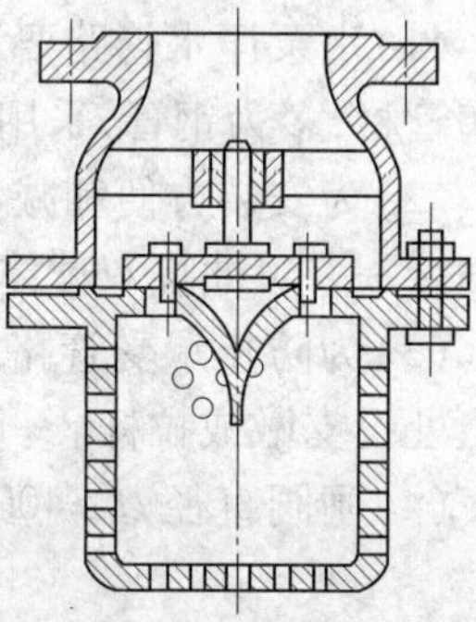

图 5-21　铸铁底阀

5.6.2 吸水井的设计安装要求

5.6.2.1 垂直安装的喇叭口

(1)淹没深度 $h \geqslant 0.5 \sim 1.0$ m,否则应设水平隔板,水平隔板边长为 $2D$ 或 $3d$,如图5-23所示。

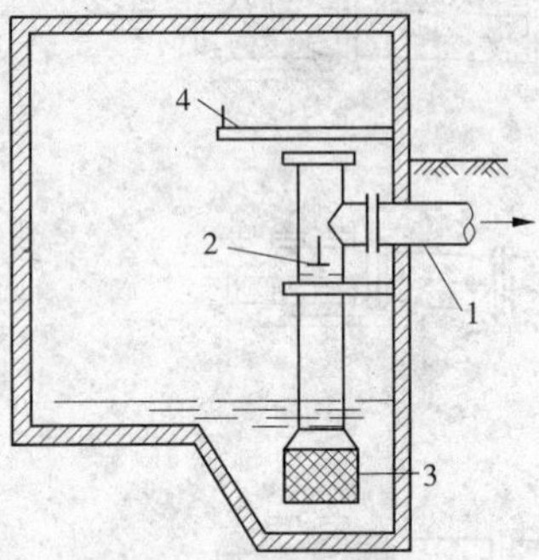

1—吸水管;2—底阀;3—滤罩;4—工作台

图 5-22 水上式底阀

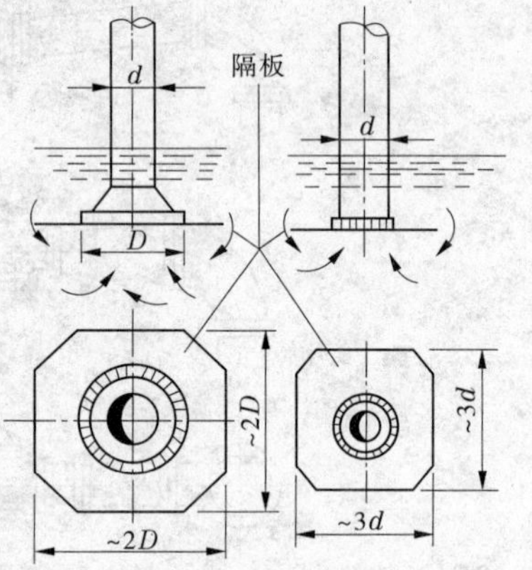

图 5-23 吸水管末端的隔板装置

(2)喇叭口与井底间距要大于 $0.8D$,如图 5-24 所示,使水行近流速小于吸水管进口流速。

(3)喇叭口距吸水井井壁距离要大于$(0.75 \sim 1.0)D$。

(4)喇叭口之间的距离要大于$(1.5 \sim 2.0)D$。

5.6.2.2 水平安装的喇叭口

(1)淹没深度 $h \geqslant 0.5 \sim 1.5$ m。

(2)喇叭口与井底间距要大于 $0.33D$,行近流速小于吸水管进口流速。

(3)喇叭口之间距离要大于$(1.5 \sim 2.0)D$。

5.6.3 压水管路的设计要求

(1)水泵压水管路要承受高压,所以要求坚固不漏水,有承受高压的能力。通常采用金属管材,多为钢管,采用焊接接口,在必要的地方设法兰接口,以便拆装和检修。

(2)为安装方便和减小管路上的温度应力或水锤应力,在必要的地方设柔性接口或伸缩接头。可曲挠双球体橡胶接头,如图 5-25 所示。

(3)为防止承受管路中内应力所产生的内部推力破坏管路,要在转弯、三通等受内部推力处设支墩或拉杆。

(4)闸阀直径 $D \geqslant 400$ mm 时,应用电动或水力闸阀,因为高水压下,阀门启动较为困难。

(5)压水管的设计流速一般应为:

$DN < 250$ mm, $v = 1.5 \sim 2.0$ m/s;

$DN \geqslant 250$ mm, $v = 2.0 \sim 2.5$ m/s。

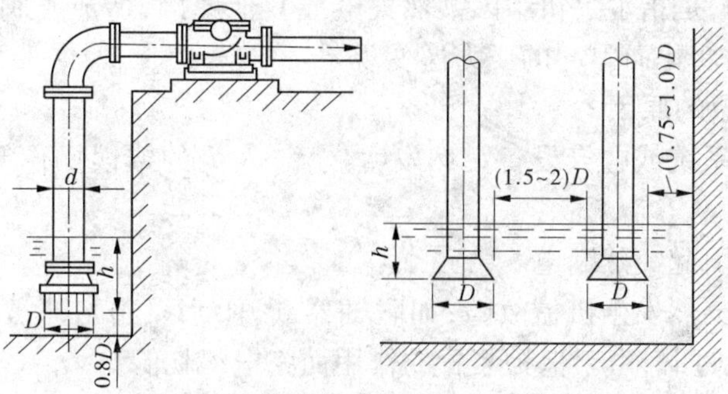

图 5-24　吸水管在吸水井中的位置

(6)不允许水倒流时,要设置止回阀。在下列情况要设置止回阀:①大泵站,输水管长;②井群给水系统;③多水源,多泵站给水系统;④管网可能产生负压的情况;⑤遥控泵站无法关闸。

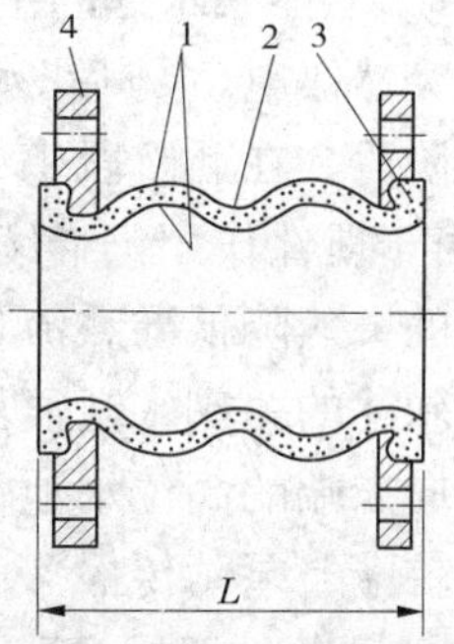

1—主体;2—内衬;3—骨架;4—法兰

图 5-25　可曲挠双球体橡胶接头

5.6.4　泵站中管路的敷设与布置

5.6.4.1　管路敷设基本要求

(1)管道不能直接埋于土中,要敷设在地沟内、地板上或地下室中。

(2)泵房出户管应敷设在冰冻线以下。

(3)泵房内管路不宜架空,必要时要不妨碍通行及机组吊装和检修,不能架设在电气设备上方。

管路的布置主要是解决水泵联合和代换工作的问题,阀门和管路的数目问题,局部有损坏和维修时对其他水泵工作的影响问题等。

5.6.4.2　管路布置基本要求

(1)输水干管一般为两条,要设检修闸阀。

(2)吸水管应避免设联络管。

(3)保证任一处干管、闸阀、联络管损坏时,水泵站能将水送往用户。

(4)保证任一台水泵、闸阀检修时,不影响其他水泵工作。

(5)任一台水泵都能输水到任一条输水干管中。

(6)在保证上述要求下,管配件、接头以及阀门数目最少。

5.7　停泵水锤及防护

5.7.1　停泵水锤

泵站实际运行过程中,当水泵正常启动、停车及管道内流量发生变化时,压水管路中由于液体流速的变化较小,水锤现象不明显。但是,突然停泵时,会引起管道压力急剧的交替升高,其最高压力仍然可达正常压力的200%。

所谓停泵水锤，是指水泵机组因突然失电或其他原因，造成开阀停车时，在水泵及管路中水流速度发生变化而引起的压力递变现象。

5.7.1.1 突然停泵的原因

（1）由于电力系统或电气设备突然发生故障，人为的错误操作等致使电力供应突然中断。

（2）雨天雷电引起突然断电。

（3）水泵机组突然发生机械故障，如联轴器断开，水泵密封环被咬住，致使水泵转动发生困难而使电机过载，由于保护装置的作用而将电机切除。

（4）在自动化泵站中由于维护管理不善，也可能导致机组突然停电。

5.7.1.2 停泵水锤的主要特点

突然停电（泵）后，水泵工作特性开始进入水力暂态（过渡）过程，其第1阶段为水泵工作阶段。在此阶段中，由于停电主驱动力矩消失，机组失去正常运行时的力矩平衡状态，由于惯性作用仍继续正转，但转速降低（机组惯性大时降得慢，反之则降得快）。机组转速的突然降低导致流量减小和压力降低，所以先在水泵处产生压力降低。这点和水力学中叙述的关阀水锤显然不同。此压力降以波（直接波或初生波）的方式由泵站及管路首端向末端的高位水池传播，并在高位水池处引起升压波（发射波），此反射波由水池向管路首端及泵站传播。由此可见，停泵水锤和关阀水锤的主要区别就在于产生水锤的技术（边界）条件不同，而水锤波在管路中的传播、反射与相互作用等，则和关阀水锤中的情况完全相同。

压水管路中的水，在停电后的最初瞬间，主要靠惯性作用呈逐渐减慢的速度，继续向高位水池方向流动，然后流速降至零。接着，管道中的水在重力的作用下，又开始向水泵倒流，速度由零逐渐增大，受到水泵阻挡产生很大压力，往往会产生水锤现象。

发生停泵水锤时，在水泵处首先产生压力下降，然后是压力升高，这是停泵水锤的主要特点。在水泵出口处如果设有止回阀，管路中倒流水流的速度达到一定程度时，止回阀很快关闭，水流速度一瞬间降到零，发生直接水锤，引起很大的压力上升。当水泵机组惯性小，供水地形高差大时，压力升高较大，最高压力可达正常压力的200%，能击坏管路和设备。

实践证明：止回阀突然关闭危害性极大，旋启式止回阀是一瞬间关闭的，很容易发生水锤。所以，开发研制了二次关闭止回阀和缓闭止回阀等设备，其关闭时间长，$T_Z > 2L/q$，产生间接水锤，危害程度就要小得多。

若水泵压水管路布置起伏较大，还会发生断流水锤，如图5-26所示，发生停泵水锤初期，在管路局部最高点B点产生负压，有水柱分离现象，当水流倒流时，就在B点处产生水流撞击，形成很大的压力升高，称为断流水锤，其往往比水泵处水锤压力增值要大得多，因而危害也大得多。所以，讨论停泵水锤尤其要注意断流水锤的问题，判断水柱分离现象发生的位置，采取防护措施。

5.7.2 停泵水锤的危害及防护

5.7.2.1 停泵水锤的危害

一般的停泵水锤事故会造成“跑水”、停水；严重的事故会造成泵房被淹，甚至使取水

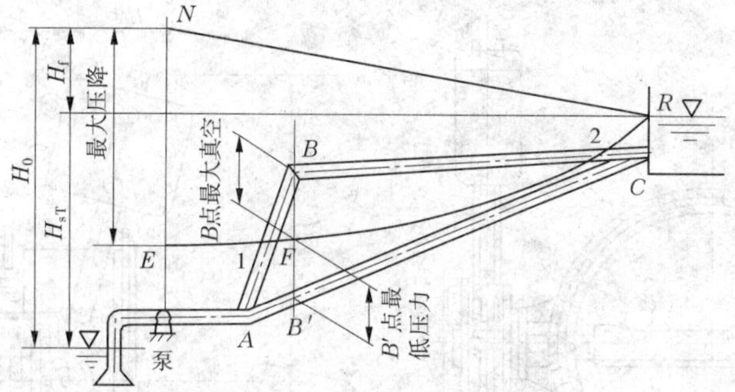

NR—正常运行时的压力线;EFR—发生水锤时的最低压力线

图 5-26　两种布管方式(ABC 及 AB′C)

囤船沉没;有的还会引起次生灾害,如冲坏铁路、中断运输;还有设备被损坏,伤及操作人员,甚至造成人身死亡的事故。

5.7.2.2　停泵水锤的防护措施

(1)尽可能不设止回阀。在压水管路较短、水泵倒转无危害、停电时可以及时关闭出水闸阀时就可以不设止回阀,从而可减少停泵水锤发生的可能性。

(2)管路设有止回阀时,应设置防止压力升高的措施,如下开式水锤消除器、自闭式水锤消除器、自动复位式水锤消除器、空气缸、安全阀等,如图 5-27、图 5-28 所示。

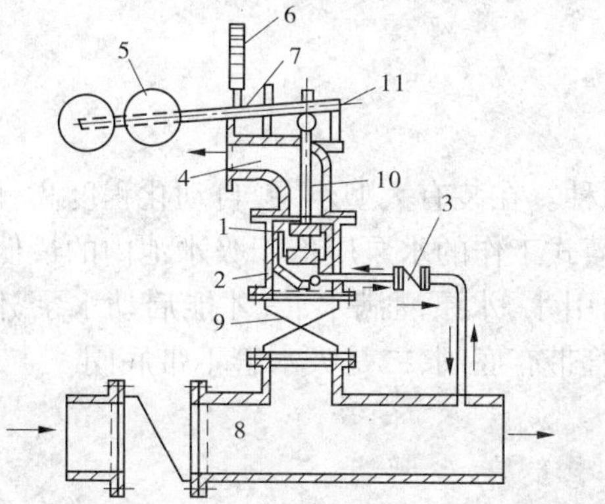

1—活塞;2—缸体;3—阀瓣上钻有小孔的单向阀;
4—排水管;5—重锤;6—缓冲器;7—保持杆;8—管道;
9—闸阀(常开);10—活塞联杆;11—支点

图 5-27　下开式水锤消除器

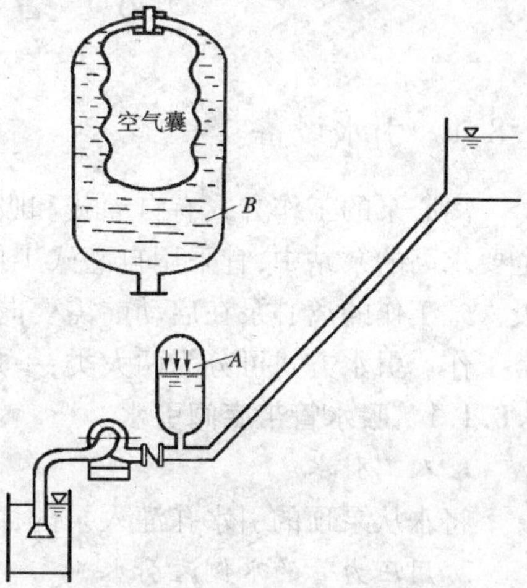

A—没有气囊;B—有气囊

图 5-28　空气缸

(3)用缓闭止回阀、自动缓闭水力闸阀、液控止回阀、两阶段自闭阀门等,可以减小水锤产生的压力增值,如图 5-29 所示。

(4)防止压力下降和水柱分离,在容易发生断流水锤的地方,可在水流下方设止回阀。

(5)此外,还可考虑采取增加管道直径和壁厚,选择机组的飞轮力矩(GD^2)大的电机,

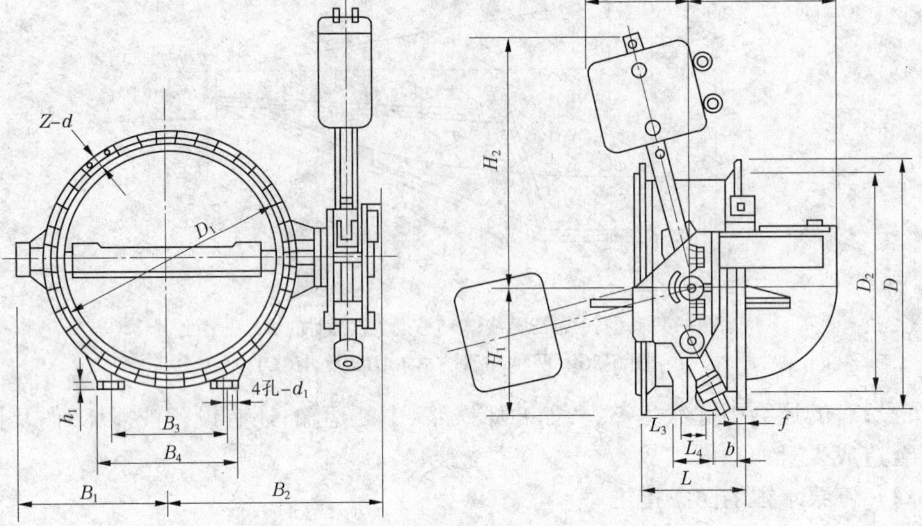

图 5-29　液压式缓冲止回阀

减小管路长度,设置爆破膜片等措施。

5.8　给水泵站的辅助设施

5.8.1　引水设备

离心泵的工作方式有自灌式和吸入式两种。在装有大型水泵、自动化程度高、供水安全要求高的泵站中,宜采用自灌式工作。自灌式工作的水泵应低于吸水池内的最低水位。吸入式工作的离心泵在启动前需要向水泵内引水,水泵灌满水后,才能启动水泵,使之正常工作。引水方式可分为两大类:一是吸水管带有底阀,二是吸水管不带底阀。

5.8.1.1　吸水管带底阀引水

1. 人工引水

将水从泵顶的引水孔灌入泵内,同时打开排气阀。

2. 用压力管的水倒灌引水

当压水管内经常有水,且水压不大而无止回阀时,直接打开压水管上的闸阀,将水倒灌入泵内。当压水管中的水压较大且在泵后装有止回阀时,直接打开送水闸阀就不行了,而需在送水闸阀后装设一旁通管引入泵壳内,如图 5-30 所示。旁通管上设有闸阀,引水时开启闸阀,水充满泵后,关闭闸阀。此法设备简单,一般中小型水泵(吸水管直径在 300 mm 以内时)多被采用。

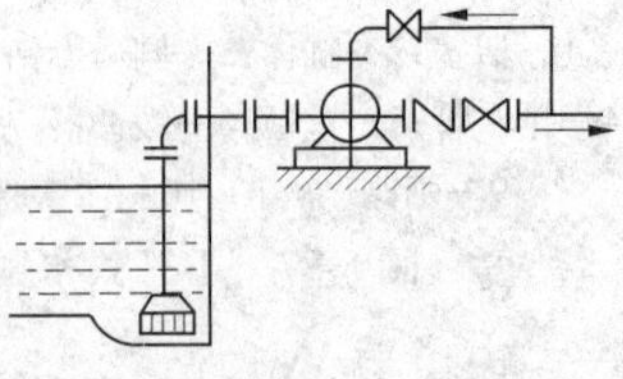

图 5-30　水泵从压水管引水

3. 高架水箱引水

在泵房内设一高位水箱,启动水泵时,可用水箱中水自流灌满水泵。

上述引水方法的特点是：底阀水头损失大，底阀须经常清理和检修，装置比较简单。

5.8.1.2　**吸水管不带底阀引水**

1. 真空泵引水

真空泵引水的特点是：水泵启动快，运行可靠，易于实现自动化控制。目前，使用最多的是水环式真空泵，其型号有 SZB 型、SZ 型及 S 型三种。水环式真空泵的构造如图 5-31 所示。

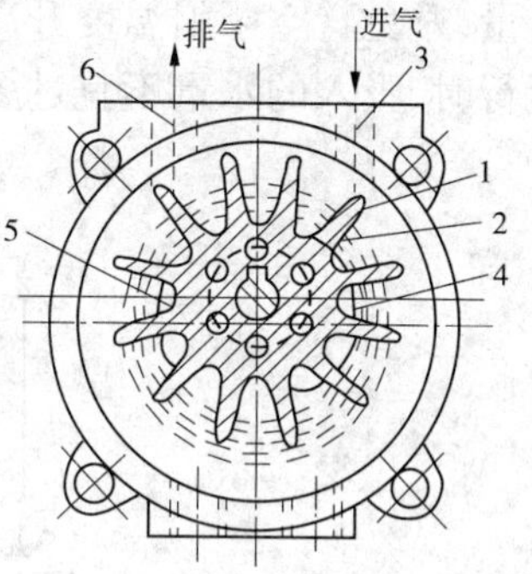

1—叶轮；2—旋转水环；3—进气管；4—进气口；5—排气口；6—排气管

图 5-31　水环式真空泵的构造

水环式真空泵的工作原理：叶轮 1 偏心地装置于泵壳内，启动前往泵壳内灌满水，叶轮旋转时由于离心作用，将水甩至四周而形成一旋转水环 2，水环上部的内表面与轮壳相切，沿箭头方向旋转的叶轮，在前半转（图中右半部）的过程中，水环的内表面渐渐与轮壳离开，各叶片间形成的空间渐渐增大，压力随之降低，空气就从进气管 3 和进气口 4 吸入。在后半转（图中左半部）的过程中，水环的内表面渐渐与泵壳接近，各叶片间的空间渐渐缩小，压力随之升高，空气便从排气口 5 和排气管 6 排出。叶轮不断地旋转，水环式真空泵就不断地抽走气体。

真空泵的排气量计算式为

$$Q_V = \frac{K(W_p + W_s)H_a}{T(H_a - H_{ss})}$$

式中　K——漏气系数，一般 $K = 1.05 \sim 1.10$；

W_p——泵站中最大一台水泵泵壳空气容积，m^3，相当于水泵吸入口面积乘以水泵吸入口到出水阀门之间的距离；

W_s——泵站中最大一台水泵吸水管空气容积，m^3，相当于吸水管横截面面积乘以长度，一般可查表 5-2 求得；

H_a——大气压，mH_2O；

H_{ss}——水泵安装高度，m；

T——水泵引水时间，h，一般应小于 5 min，消防水泵应不大于 3 min。

最大真空值 H_{Vmax} 一般可根据吸水池最低水位至水泵最高点垂直距离 H 计算，即

$$H_{Vmax} = 760H/10.33 = 73.6H(mmHg)。$$

表 5-2　水管直径与空气容积关系

D(mm)	100	125	150	200	250	300	350	400
W_s(m^3/m)	0.008	0.012	0.018	0.031	0.071	0.092	0.096	0.120
D(mm)	450	500	600	700	800	900	1 000	
W_s(m^3/m)	0.159	0.196	0.282	0.385	0.503	0.636	0.785	

根据 Q_V 和 H_{Vmax} 查真空泵产品规格便可选择真空泵。泵站内真空泵的布置，如图 5-32所示。图中气水分离器的作用是为了避免水泵中的水和杂质进入真空泵内，影响

真空泵的正常工作。对于输送清水的泵站也可以不用气水分离器。水环式真空泵在运行时,应有少量的水流不断地循环,以保持一定容积的水环及时带走由于叶轮旋转而产生的热量,避免真空泵因温度升高过大而损坏,为此在管路上装设了循环水箱。但是,真空泵运行时,吸入的水量不宜过多,否则将影响其容积效率,减少排气量。

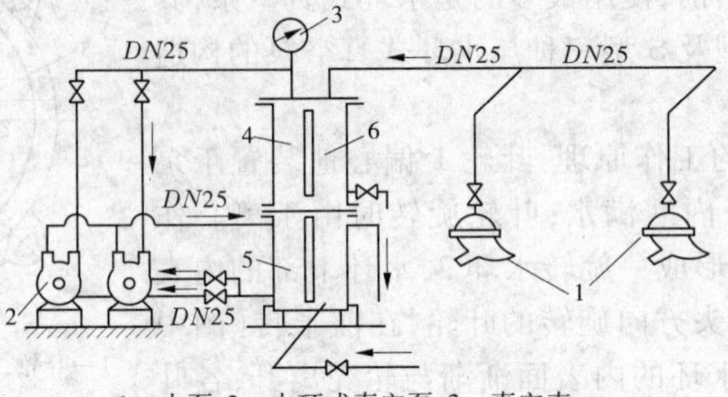

1—水泵;2—水环式真空泵;3—真空表;
4—气水分离器;5—循环水箱;6—玻璃水位计

图 5-32　泵站内真空泵管路布置

真空泵平面布置多采用一字形(靠墙布置)和直角形(靠墙角布置),抽气管布置可沿墙架空,沿管沟敷设,抽气管与水泵泵壳顶排气孔相连,要装指示器和截止阀。

真空管路直径,根据水泵大小,采用直径 $d = 25 \sim 50$ mm。泵站内真空泵通常设置两台,一用一备,两台水泵可共用一个气水分离器。

2. 水射器引水

水射器引水的装置如图 5-33 所示。水射器引水是利用压力水通过水射器喷嘴处产生高速水流,使喉管进口处形成真空的原理,将水泵内的气体抽走。因此,为使水射器工作,必须供给压力水作为动力。水射器应连接于水泵的最高点,在开动水射器前,要把水泵压水管上的闸阀关闭,水射器开始带出被吸的水时,就可启动水泵。水射器具有结构简单、占地少、安装容易、工作可靠、维护方便等优点,是一种常用的引水设备。缺点是效率低,需供给大量的高压水。

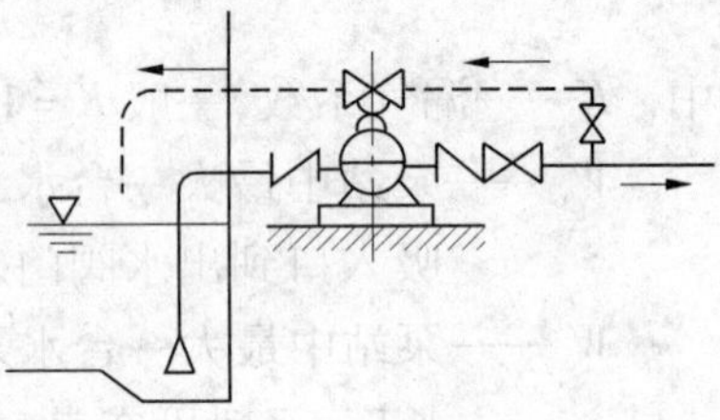

图 5-33　水射器引水

5.8.2　计量设备

目前,水厂泵站中常用的计量设施有电磁流量计、超声波流量计、插入式涡轮流量计、插入式涡街流量计以及均速流量计等。这些流量计的工作原理虽然各不相同,但它们基本上都是由变送器(传感元件)和转换器(放大器)两部分组成的。传感元件在管流中所产生的微电讯号或非电讯号,通过变送、转换放大为电讯号在液晶显示仪上显示或记录。一般而言,上述代表现代型的各种流量计较之过去在水厂中使用的诸如孔板流量计、文氏管流量计等压差式流量仪表,具有水头损失小、节能和易于远传、显示等优点。

5.8.2.1　电磁流量计

电磁流量计是利用电磁感应定律制成的流量计,如图 5-34 所示。

电磁流量计由电磁流量变送器和电磁流量转换器(放大器)组成。变送器安装在管道上,把管道内通过的流量变换为交流毫伏级的信号,转换器则把信号放大,并转换成0~10 mA的直流电信号输出,与其他电动仪表配套,进行记录指示、调节控制等。

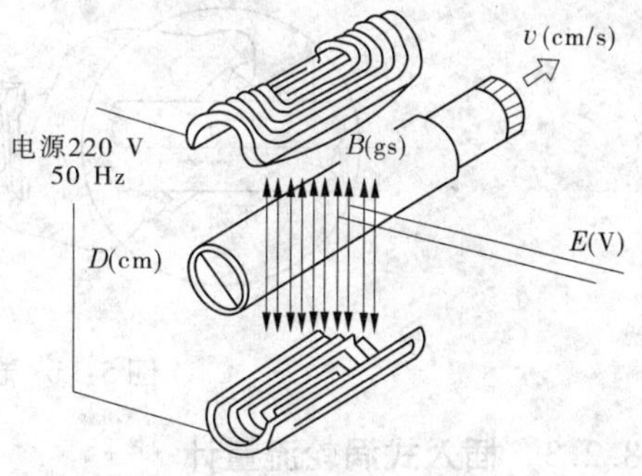

图 5-34　电磁流量计

电磁流量计的特点是:其变送器结构简单,工作可靠;水头损失小,且不易堵塞,电耗少;无机械惯性,反应灵敏,可以测量脉动流量,流量测量范围大,低负荷亦可测量,而且输出信号与流量呈线性关系,计量方便(这是最主要的优点),测量精度约为±1.5%;安装方便;质量轻、体积小、占地少;价格较高,怕潮、怕水浸。

电磁流量计的直径等于或小于工艺管道直径(由于电磁流量计具有很大的测量范围,所以一般情况下,即使管道中流量很大,也不必选用比管道直径大的流量计),流量计的测量量程应比设计流量大,一般正常工艺流量为量程的65%~80%,而最大流量仍不超过量程。例如,设计管道直径为700 mm,设计流量为1 500 m^3/h,就可以选用LD-600型电磁流量计,起量程范围为0~2 000 m^3/h。在这种情况下,正常工作时最大流量应为最大量程的75%。

电磁流量计的安装环境,应选择温度为0~40 ℃,周围环境尽量避免阳光直射和高温的场合,尽量远离大电器设备,如电动机、变压器等。为了保证测量精度,从流量计电极中心起在上游侧5倍直径的范围内,不要安装影响管内流速的设备配件,如闸阀等。对于地下埋设的管道,电磁流量计的变送器应装在钢筋混凝土水表井内。井内有泄水管,井上有盖板,防止雨水的淹没。电磁流量计的电源线和信号线,应穿在金属管套内(最好是电源线和信号线分别穿在两根管子内)敷设,以免损坏电线,同时可以减少干扰,提高仪表的可靠性和稳定性。在流量计的下游侧安装伸缩接头,以便仪表的拆装。

5.8.2.2　超声波流量计

超声波流量计是利用超声波在流体中的传播速度随着流体的流速变化这一原理设计的,一般称为速度差法,目前世界各国所用的超声波流量计大部分属于这种类型。在速度差法中,根据接收和计算模式的不同,先后又有时差法、频差法及时频法等多种类型的超声波流量计。从超声波流量计发展历史来看,首先出现的是时差法,但由于当时超声测流理论认为时差法测量精度受液体温度变化影响较大,而且当时采用的转换方式使时差法误差较大,分辨率不高,所以到20世纪70年代后,由新起的频差法取代。近代由于数字电路技术的发展,计量频率数比较容易提高量测精度和分辨率,所以频差法超声波流量计在国际上大批生产推广使用。国产超声波流量计安装示意,如图5-35所示。由图上可以看出,它由两个探头(超声波发生和接收元件)及主机两部分组成。

超声波流量计的优点是水头损失极小,电耗很省,量测精度一般在±2%范围内,使用中可以计量瞬时流量,也可计累积流量。安装时探头的安装部位要求上游的直管段不小于10倍管径,下游的直管段不小于5倍管径。目前国产的超声波流量计已可测得管径100~2 000 mm的任何直径管道,信号传送一般为30~50 m以内。

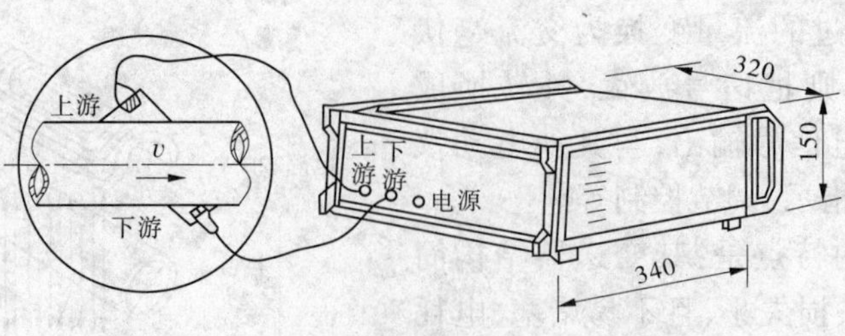

图 5-35　超声波流量计安装示意

5.8.2.3　插入式涡轮流量计

插入式涡轮流量计主要由变送器和显示仪表两个部分组成,如图 5-36 所示。利用变送器的插入杆将一个小尺寸的涡轮头插到被测管道的某一深处,当流体流过管道时,推动涡轮头中的叶轮旋转,在较宽的流量范围内,叶轮的旋转速度与流量成正比。利用磁阻式传感器的检测线圈内的磁通量发生周期性变化,在检测线圈的两端发生电脉冲信号,从而测出涡轮叶片的转数而测得流量。

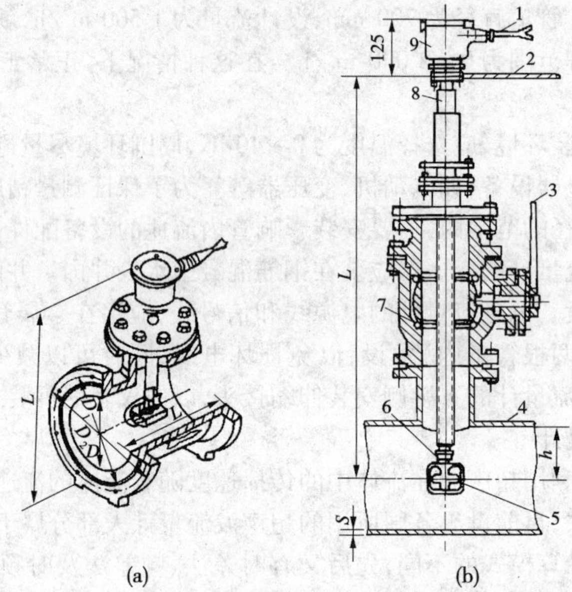

1—信号传送线;2—定位杆;3—阀门;4—被测管道;5—涡轮头;
6—检测线圈;7—球阀;8—插入杆;9—放大器

图 5-36　插入式涡轮流量计

一般保证仪表常数精度的流速范围为 0.5 ~ 2.5 m/s。目前,用于管径 200 ~ 1 000 mm 的管道,仪表常数的精度为 ±2.5%。插入式涡轮流量计目前还没有专门的型号命名,一般沿用变送器的型号作为流量计的型号。例如,LWCB 型插入式涡轮流量变送器与任何一种型号的显示仪配套组成的插入式涡轮流量计,就称为 LWCB 型插入式涡轮流量计。

目前国产的插入式涡轮流量计有 LWC 型与 LWCB 型。LWC 型必须断流才可在管道上安装和拆卸，所以它只用在可以随时停水的管道上，否则应安装旁通管道；而 LWCB 型可不断流即可在管道上安装和拆卸，也无须安装旁通管道。

5.8.2.4　**插入式涡街流量计**

涡街流量计又称卡门涡街流量计，它是根据德国学者卡门发现的旋涡现象而研制的测流装置，是 20 世纪 70 年代在流量计领域里崛起的一种新型流量仪表。

卡门的旋涡现象认为：液流通过一个非流线型的障碍挡体时，在挡体两侧便会周期性地产生两列内旋的交替的旋涡。当两列旋涡的间距 h 与同列两个相邻旋涡之间的距离 L 之比满足 $h/L \leqslant 0.281$ 时，此时所产生的旋涡是稳定的，经得起微扰动的影响，称为稳定涡街，因而命名为卡门涡街，如图 5-37 所示。插入式涡街流量计就是按此原理设计的，流量计的安装示意，如图 5-38 所示。

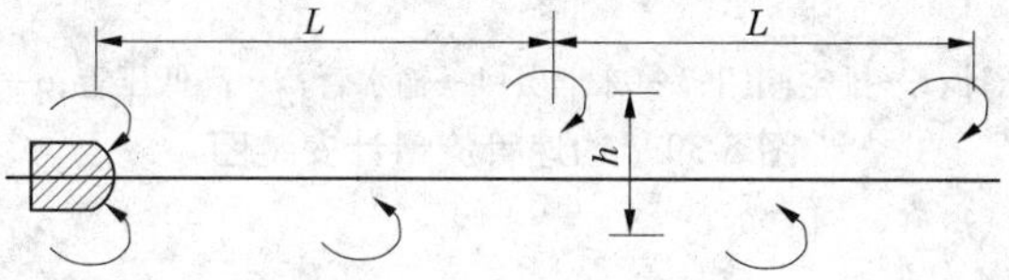

图 5-37　卡门涡街

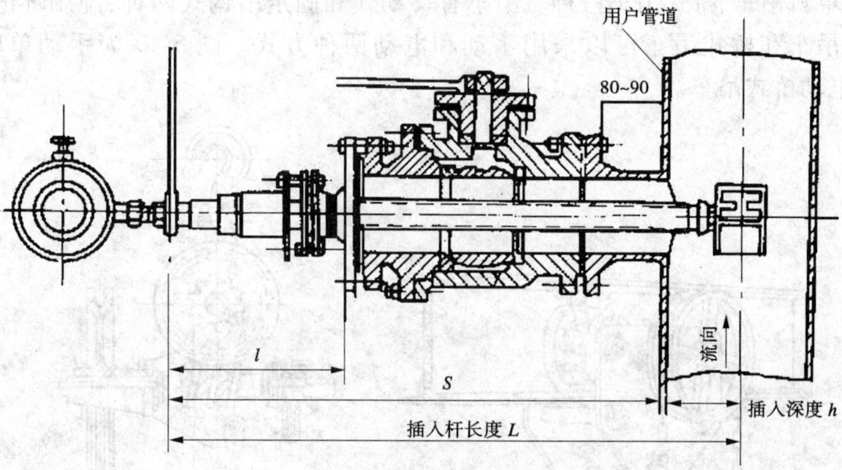

图 5-38　插入式涡街流量计

插入式涡街流量计的主要部件为传感器、插入杆、密封锁紧装置及放大器等。传送器中产生旋涡的挡体是用不锈钢制成的多棱柱复合挡体结构。

5.8.2.5　**均速管流量计**

均速管流量计是基于早期毕托管测速原理发展而来的一种新型流量计。研究始于 20 世纪 60 年代末期，国外称为阿纽巴流量计。它主要由双法兰短管、测量体铜棒、导压管及差压变送器、开放器及流量显示、记录仪表等组合而成，如图 5-39 所示。

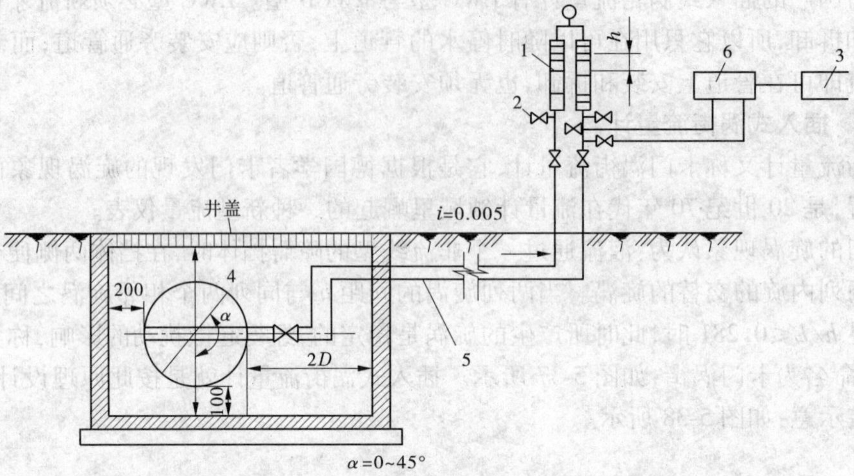

1—水位差压计;2—排空阀门;3—冻土层;4—输水管;5—高低压管;6—差压变送器

图 5-39 均速管流量计安装图

5.8.3 起重设备

为了便于设备、阀门、管道的安装及检修,泵站应设置起重设备。泵站常用的起重设备有吊架、单轨吊车、桥式吊车三种。吊车有移动式和固定吊钩式两种,配用环链式手拉葫芦;单轨吊车和桥式吊车可以采用手动和电动两种方式。图 5-40 为手动单轨吊车,图 5-41为电动桥式吊车。

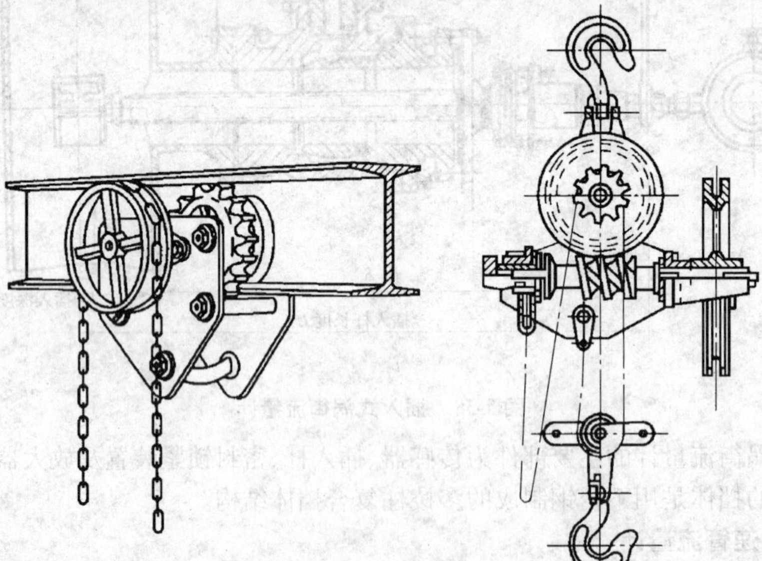

(a) 小车外形图 (b) 葫芦

图 5-40 手动单轨吊车

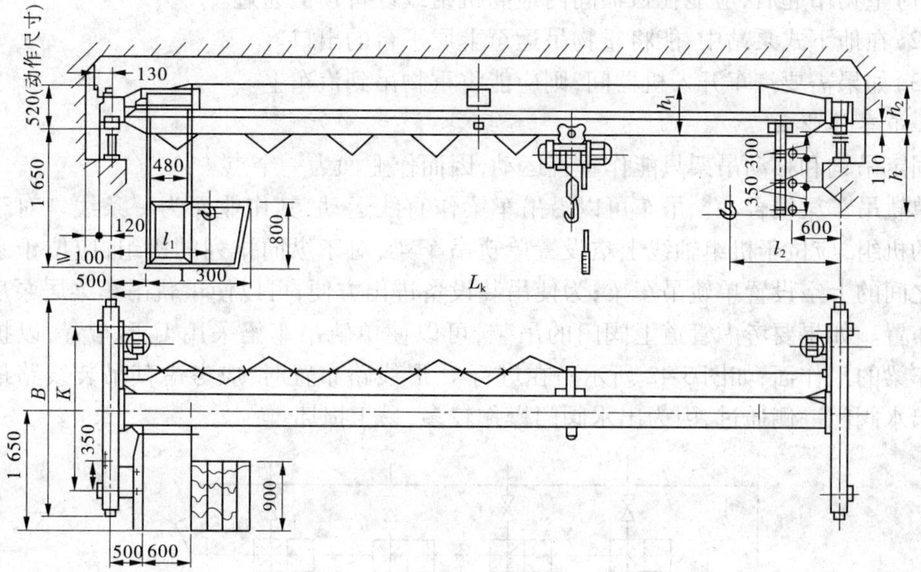

图 5-41　电动桥式吊车

5.8.3.1　起重设备的选择

泵站起重设备主要是确定起重设备的型式与规格。起重设备型式的选择，主要依据起重量、起重高度和吊车跨度来确定，可按表 5-3 选择。

表 5-3　泵房起重设备型式选定

起重量(t)	<0.5	0.5 ~ 2.0	2.0 ~ 5.0	>5.0
起重设备型式	移动吊架或固定吊钩、手动	手动起重设备	手动或电动	电动起重设备

起吊高度大、吊运距离长、起吊次数多或双行排列的泵房，可以适当提高起吊的机械化水平。

起重量应以泵房内最重的一台设备计算，并应适当考虑远期起重量的增加。对于大型泵站，当设备重量在 10 t 以上时，应考虑解体吊装。解体吊装的设备应取得厂家同意，并在操作规程上说明，防止发生超载吊装。

吊车提升高度是指室内地坪至吊取物装置上极限位置的高度，应按泵房型式、吊车类型等情况经计算确定。吊车的提升高度一般为 3 ~ 16 m，当超过 16 m 时，在订货时要有加长钢索的说明，一般可以加长到 30 m。

吊车的跨度是指桥式吊车两条轨道中心的间距，确定跨度时，要考虑吊车的作业范围及与泵房跨度的配合。

5.8.3.2　起重设备的布置

起重设备的布置主要是确定起重机的设置高度和作业面。

1. 吊车的设置高度

吊车的设置高度应满足以下要求：

(1)重物吊起后,应能在机器间内最高机组或设备顶上通过。

(2)在地下式泵站中,能将重物吊运至上层平台的出口。

(3)如果需要汽车开入机器间,则应能将重物吊到汽车上。

2. 吊车作业面

固定吊钩和移动吊架只能作垂直运动,因而作业面为一个点。

单轨吊车梁轨合一。吊车可以沿吊车梁作直线运动,其作业面为一条线。对于横向排列的机组,应位于机组轴线上空设置单轨吊车梁;对于纵向排列的机组,应位于水泵和电机之间的上空设置单轨吊车梁;为使吊装设备进出方便,可以使单轨吊车梁居泵房大门正中布置。如果要考虑管道上阀门的吊装,可以使单轨吊车梁采用U形布置,以扩大单轨吊车梁的工作面,如图5-42所示。在进行U形线路布置时,应考虑其吊装线路最好从水泵出水阀门一侧通过,因为出水阀门操作较多,易于损坏。

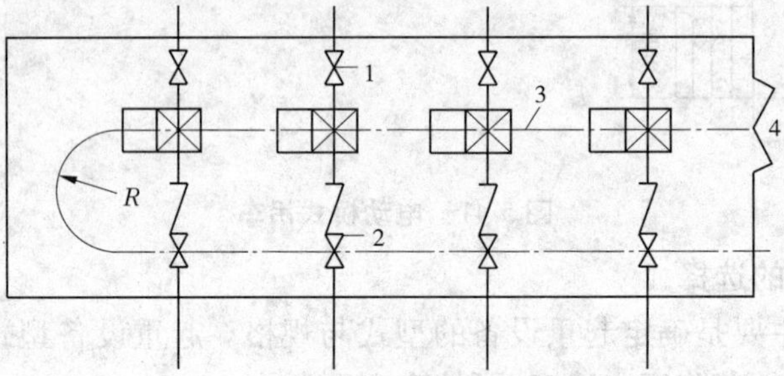

1—进水阀门;2—出水阀门;3—单轨吊车梁;4—大门

图5-42　单轨吊车梁U形布置

桥式吊车的大车沿轨道可以作前后运动,小车沿梁可以作左右运动,因此其作业范围为一个面。它适用于机组作任何排列的泵房。需要注意的是,由于结构上的因素,桥式吊车钩的落地点距泵房墙壁应有一定的距离,即存在行车工作死区。桥式吊车工作面示意如图5-43所示,图中阴影部分为行车工作死区,需要吊装的设备不应设在死区内。

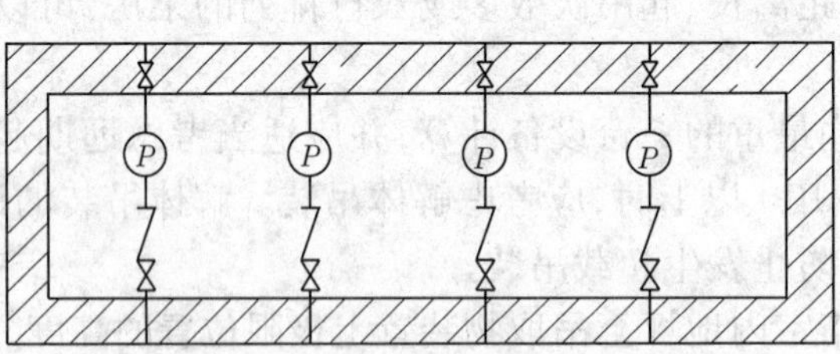

图5-43　桥式吊车工作示意

5.8.3.3　泵房高度的确定

泵房地面层的净高应考虑吊车安装及起吊的需要,应满足通风、采光等条件,并遵守以下规定:

(1)无起重设备或采用固定吊钩或移动吊架时,泵房净高(进口处室内地坪或平台距屋顶梁底的距离)不小于3.0 m。

(2)当采用单轨起重机时,吊起物底部与吊运所越过的物体顶部之间应保持有0.5 m以上的净距。

(3)当采用桁架起重机时,除应遵守以上规定外,还应考虑起重机安装和检修的需要。

(4)对地下式泵房,需要满足吊运时吊起物底部与地面层地坪间净距不小于0.3 m。

设计有立式水泵的泵房除应符合以上规定外,还应考虑以下措施:

(1)尽量缩短水泵传动轴长度。

(2)水泵层的楼盖上设吊装孔。

(3)设置通向中间轴承的平台或爬梯。

(4)管井泵房屋盖上应设吊装孔。

以安装单轨吊车为例,泵房高度 H 可按图5-44计算。

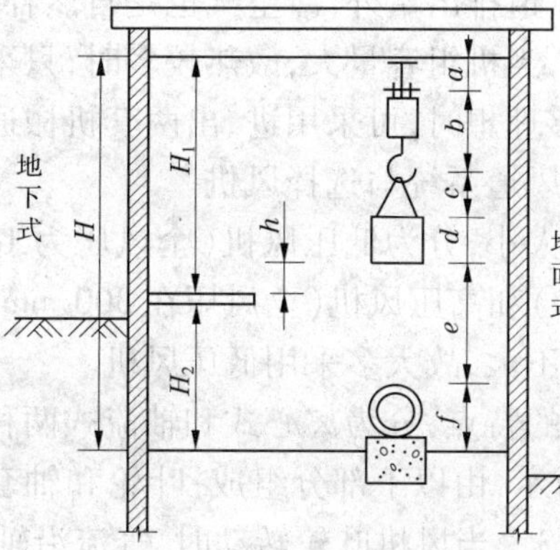

图5-44 单轨吊车泵房高度

地面式泵房高度:

$$H = a + b + c + d + e + f \quad (\mathrm{m})$$

式中 a——单轨吊车梁高度,m;

b——吊车钢丝绳绕紧状态下最小尺寸,m;

c——吊绳垂直长度,m,对于水泵为 $0.8x$,对于电机为 $1.2x$,x 为起重部件宽度;

d——最大设备高度,m;

e——吊起物底部和最高设备顶部的净距,一般不小于0.5 m;

f——最高一台机组顶至室内地坪的高差,m。

地下式泵房高度:

$$H = H_1 + H_2$$

式中 H_1——泵房地上部分高度,m;

H_2——泵房地下部分深度,m。

$$H_1 = a + b + c + d + h$$

当 $H_2 < e + f - h$ 时:

$$H = (a + b + c + d + f) - h$$

式中 h——吊起物底部与大门平面地坪的净距,一般取0.2 m。

5.8.4 通风设备与采暖设备

5.8.4.1 通风设备

泵房内一般采用自然通风。地面式泵房为了改善自然通风条件,往往设有高低窗,并且保证足够的开窗面积。当泵房为地下式或电动机功率较大,自然通风不够时,特别是南方地区,夏季气温较高,为使室内温度不超过 35 ℃,以保证工人有良好的工作环境,并改善电动机的工作条件,宜采用机械通风。

机械通风分抽风式和排风式。前者是将风机放在泵房上层窗户顶上,通过接到电动机排风口的风道将热风抽出室外,冷空气自然补充。后者是在泵房内电动机附近安装风机,将电动机散发的热气通过风道排出室外,冷空气也是自然补进。

对于埋入地下很深的泵房,当机组容量大,散热较多时,只采用排出热空气,自然补充冷空气的方法,其运行效果不够理想时,可采用进、出两套机械通风系统。

泵房通风设计主要是布置风道系统与选择风机。

通风机根据所产生的风压大小,分为低压风机(全风压为 100 mmH_2O 以下)、中压风机(全风压为 100 ~ 300 mmH_2O)和高压风机(全风压在 300 mmH_2O 以上)。

泵房通风一般要求的风压不大,故大多采用低压风机。

风机按作用原理和构造上的特点,分为离心式和轴流式两种,泵房中一般采用轴流式风机。轴流式风机如图 5-45 所示,由以下部分组成:叶轮和轴套 1,装在叶轮上与轴成一定角度的叶片 2 及圆筒形外壳 3。当风机叶轮转动时,气流沿轴向流过风机。

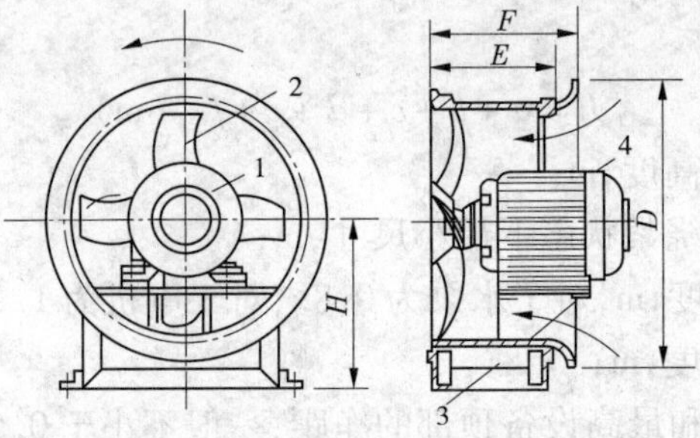

1—叶轮和轴套;2—叶片;3—圆筒形外壳;4—电动机

图 5-45 轴流式通风机

一般来说,轴流式风机应装在圆筒形外壳内,并且叶轮的末端与机壳内表面之间的空隙不得大于叶轮长度的 1.5%。如果吸气侧没有风管,则在圆筒形外壳的进风口处须装置边缘平滑的喇叭口。

5.8.4.2 采暖设备

在寒冷地区,泵房应考虑采暖设备。泵房采暖温度:对于自动化泵站,机器间为 5 ℃;非自动化泵站,机器间为 16 ℃。在计算大型泵房采暖时,应考虑电动机所散发的热量;但也应考虑冬季天冷停机时可能出现的低温。辅助房间室内温度在 18 ℃以上。对于小型泵站可用火炉取暖,我国南方地区多用此法。大中型泵站中亦可考虑采用集中采暖方法。

5.8.5 其他设施

5.8.5.1 排水设施

泵房内由于水泵填料盒滴水、闸阀和管道接口的漏水、拆修设备时泄放的存水以及地沟渗水等,常须设置排水设备,以保持泵房环境整洁和安全运行(尤其是电缆沟不允许积水)。地下式或半地下式泵房,一般设置手摇泵、电动排水泵或水射器等排除积水。地面式泵房,积水就可以自流入室外下水道。另外,无论是自流或提升排水,在泵房内地面上均需设置地沟集水。排水泵也可采用液位控制自动启闭。

排水设施的设计基本要求:

(1)泵房内要设排水沟,坡度大于 0.01 坡向集水坑,且集水坑容积为 5 min 排水泵流量。

(2)排水泵流量可选 10 ~ 30 L/s。

(3)自流排水时,必须设止回阀,以防雨水倒灌。

5.8.5.2 通信设施

泵站内通信十分重要,一般是在值班室内安装电话机,供生产调度和通信之用。电话间应是具有隔音效果的房间,以防噪声干扰。

5.8.5.3 防火与安全设施

泵房中防火主要是防止用电起火以及雷击起火两种。起火的原因可能是用电设备过负荷超载运行、导线接头接触不良、电阻多大发热,使导线的绝缘物或沉积在电气设备上的粉尘自燃。短路的电弧能使充油设备爆炸等。在江河边的取水泵房,常常设置在雷击较多的地区,泵房上如果没有可靠的防雷保护措施,便有可能发生雷击起火。

雷电是一种大气放电现象,它是由带有不同电荷的云层放电所产生的。在放电过程中发生强烈的电光和巨响,产生强大的电流和电压。电压可达几十万至几百万伏,电流可达几千安。雷电流的电磁作用对电气设备和电力系统的绝缘物质的影响很大。泵站中防雷保护设施常用的是避雷针、避雷线等。

避雷针是由镀锌铁针、电杆、连接线和接地装置组成的。落雷时,由于避雷针高于被保护的各种设备,它把雷电流引向自身,承受雷电流的袭击,于是雷电先落在避雷针上,然后通过针上的连接线流入大地,使设备免受雷电流的侵袭,起到保护作用。

避雷线的作用类同于避雷针,避雷针用以保护各种电气设备,而避雷线则用在 35 kV 以上的高压输电架空电路上,如图 5-46所示。

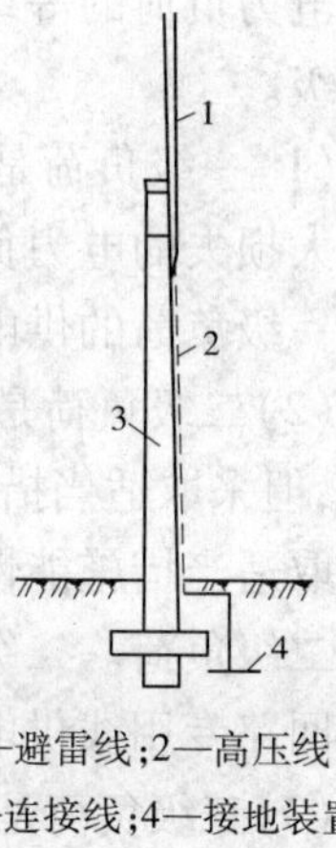

1—避雷线;2—高压线;
3—连接线;4—接地装置

图 5-46 避雷线

泵站安全设施中除防雷保护外,还有接地保护的使用。接地保护是接地线和接地体的总称。当电线设备绝缘破损,外壳接触漏了电,接地线便把电流导入大地,从而消除危险,保证安全,如图 5-47 所示。

泵站的电器设备的保护接零,如图 5-48 所示。它是指电气设备带有中性零线的装置,把中性零线与设备外壳用金属线与接地体连接起来。它可以防止变压器高低压线圈间的绝缘破坏时而引起高压电加于用电设备,危害人身安全的危险。380 V/220 V 或 220 V/127 V 中性线直接接地的三相四线制系统的设备外壳,均应采用保护接零。三相三线制系统中的电气设备外壳,也均应采用保护接地设施。

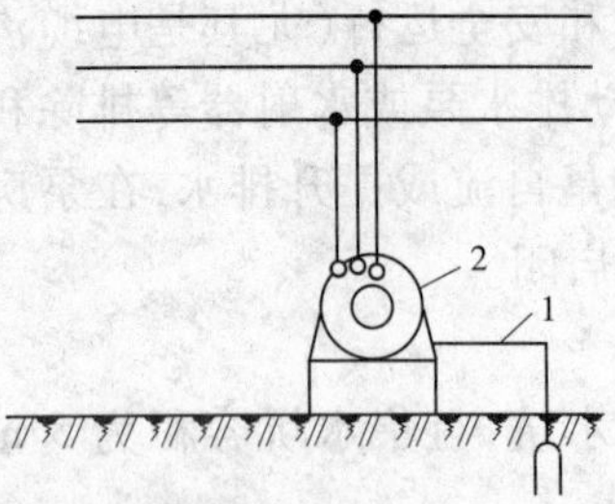

1—接地线;2—电动机外壳

图 5-47　保护接地

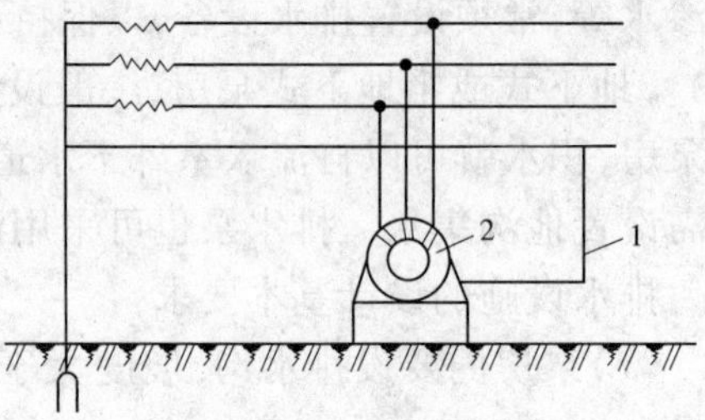

1—零线;2—设备外壳

图 5-48　保护接零

泵站中常用的灭火器材有四氯化碳灭火机、二氧化碳灭火机、干式灭火机等。

5.9　泵站变配电设施

变电站是泵站的重要组成部分。工艺技术人员需要了解有关变配电及设备布置等知识,以便向电气设计人员提出明确的要求和资料,使泵站设计更加完善。在泵站初步设计以前,建筑单位应就电力负荷等级、负荷容量、电压等级、供电方案、用电地点等问题,向当地电力部门申报。

5.9.1　泵站变配电系统

5.9.1.1　负荷等级

电力负荷的等级,是根据用电设备对供电可靠性的要求来决定的。电力负荷一般分为三级。

(1)一级负荷是指突然停电将造成人身伤亡危险,或重大设备损坏且难以修复,而带来重大损失的电力负荷。例如,大中城市的水厂、钢铁厂等重要企业均按一级电力负荷设计。一级负荷的供电方式,要求有两个独立电源供电。

(2)二级负荷是指突然停电将产生大量废品、大量原材料报废或发生主要设备破坏事故,但采取适当措施后能避免损失的电力负荷。例如,某些城市水厂允许短时间断水,经采取适当措施能恢复供水,利用管网调度等手段,可以避免用水单位造成重大损失的即属于二级负荷。二级负荷的供电方式应有两回路供电,当采用两回路供电有困难时,允许由一回路专用线供电。

(3)三级负荷是指不属于一、二级负荷的电力负荷。例如,只供生活用水的村镇小型水厂总功率小于 100 kW,属三级负荷。三级负荷对供电方式无特殊要求,可以一路供电。

对于不得间断供水的泵房,应设两个外部独立电源。如不能满足,应设备用动力设备,其能力要满足发生事故时的用水要求。

5.9.1.2 **电压选择**

泵站电压的选择与泵站规模(负荷容量)和供电距离有关。对于小型水厂(总功率小于100 kW),供电电压一般为380 V;大多数中小型水厂供电电压多为10 kV;大型水厂供电电压多为35 kV。

一般380 V电压供电的小型水厂,可以有一个电源,因此不能确保不间断供水。由10 kV供电的中型水厂,应视其重要程度可由两个独立电源同时供电,或由一个常用电源和一个备用电源供电。大型水厂一般属一级负荷,需两路供电,供电电压为35 kV。

5.9.2 泵站供配电系统

泵站常用的供配电系统有单台配电变压器单母线供电、两台配电变压器单母线分段供电。它适用于村镇水厂、小型水厂的三级电力负荷,如图5-49所示。图5-49(a)适用于10 kV,320 kV以下系统的接线。图5-49(b)、(c)适用于10 kV,大于320 kV系统的接线。

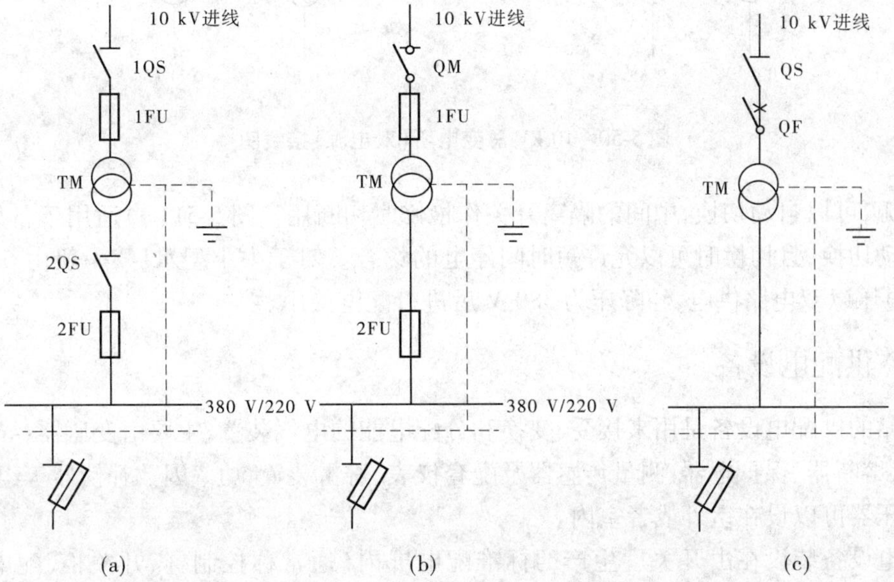

QS—高压隔离开关;QM—高压负荷开关;QF—断路器;FU—熔断器;TM—电力变压器

图5-49 10 kV变电所一次接线图

10 kV总变电所(双电源)接线图如图5-50所示。总变电所设两台主变压器,两台厂变压器。主变压器将10 kV电压降为6 kV后进行配电。厂变压器将10 kV降为380 V后进行配电。变压器容量均按6 kV(或380 V)全负荷的75%~100%考虑。图中每个油开关前后均设置隔离开关。隔离开关主要是在油开关需要检修时起切断电路的作用。在高压电路中,隔离开关只能在断路情况下动作。泵站中如果配用10 kV的高压电动机,则可以直接连接。

6~10 kV变电所常用接线图如图5-51所示。图5-51(a)适用于一个常用电源,一个

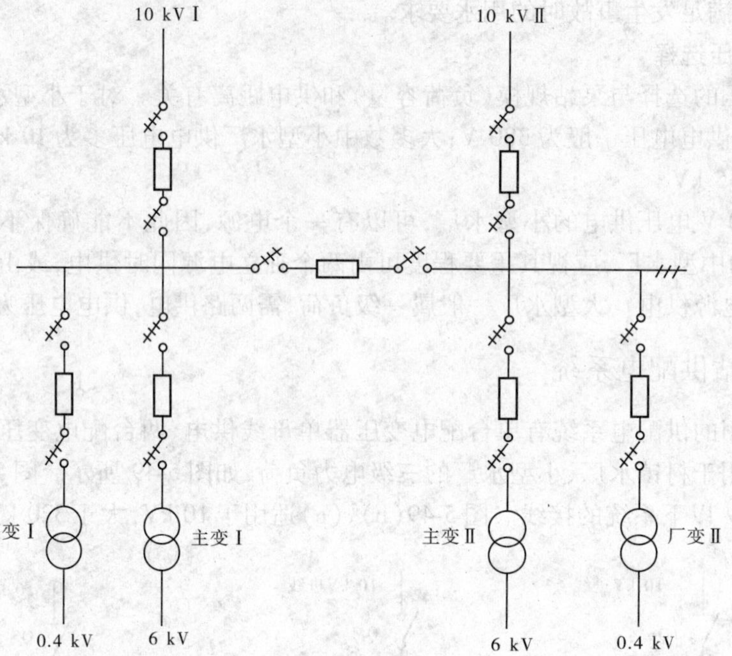

图 5-50　10 kV 总变电所(双电源)接线图

备用电源,可以自动切换,中间的隔离开关作检修时切断用。图 5-51(b)适用于备用电源允许手动切换,且切换时可以允许短时间停电的场合。对于中小型水厂,一般由 6 kV 或 10 kV 电压以双电路供电,经降压为 380 V 后进行配电使用。

5.9.3　供配电设备

泵站的供配电设备是用来接受、变换和分配电能的电气装置,主要由变压器、导线、开关装置、熔断器、保护电器、测量传感器及配套仪表、避雷装置、功率因数补偿器等组成。

变压器可以设在室外或者室内。

配电设备装设在由开关厂生产的标准配电屏内(通常称控制屏、开关柜、配电盘)。配电屏是根据用户的要求,将线路、配电设备进行组合使之具有不同功能的薄钢板柜。按功能选定的配电屏分别安装在高压配电室、低压配电室、控制室内。在符合电气安装要求的前提下,高、低压配电屏也可以安置在同一配电室内。

5.9.4　变电站布置

变电所是泵站重要的组成部分。它由高压配电室、变压器室、低压配电室组成。

变电所分以下几种类型:

(1)独立变电所。设置于距泵房 15 ~ 20 m 的单独场地或建筑物内。其优点是离开人流较多的地方,比较安全;便于处理变电所与泵房建筑上的关系。其缺点是线路长,消耗电能,且维护不便。

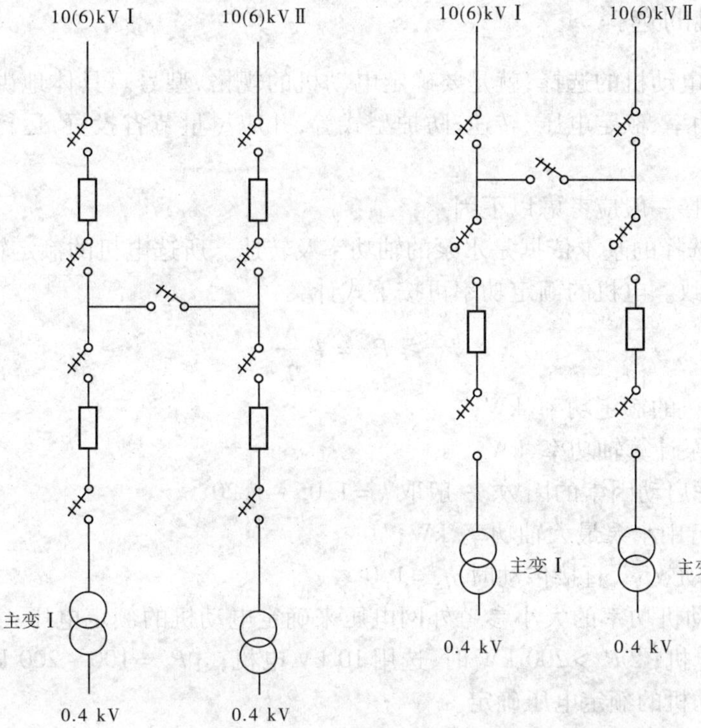

(a)双电源自动切换　　(b)双电源手动切换

图 5-51　6～10 kV 变电所常用接线图

(2)附设变电所。置于泵房外,但有一面或两面墙壁与泵房相连。其优点是使变压器靠近了用电设备,节省能耗。

(3)室内变电所。变电所全部或部分设置在泵房内部或泵房的一侧。变电所应有单独通向室外的大门。这种类型的优点是维护管理方便,因而较多采用。

图 5-52 为变电所和水泵房几种结合布置方案,可供参考。

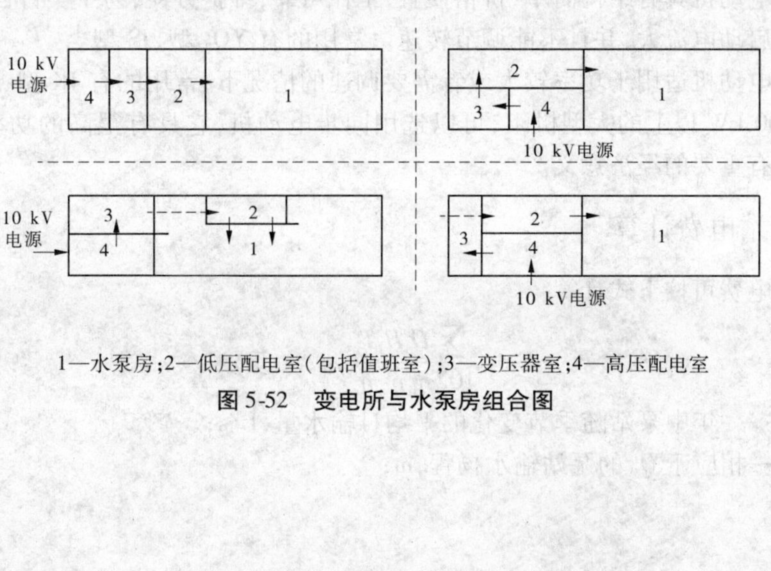

1—水泵房;2—低压配电室(包括值班室);3—变压器室;4—高压配电室

图 5-52　变电所与水泵房组合图

5.9.5　电动机的选择

与水泵配套电动机的选择，就是要确定电动机的规格、型号。具体地讲，是确定电动机的类型、额定功率、额定电压、转速、防护型式等，并应尽量节省投资，运行安全经济，管理维护方便等。

电动机的选择一般应考虑以下因素：

(1)电动机选择的基本依据是水泵的轴功率及转速。所选电机的额定转速 n_e 应与水泵设计转速相一致。电机的额定功率可按下式计算：

$$P_e \geqslant P_j = k\frac{N}{\eta_c}$$

式中　P_e——电机的额定功率，kW；

P_j——水泵计算轴功率，kW；

k——考虑启动因素的因数，一般取 $k = 1.05 \sim 1.20$；

N——运行中水泵最大轴功率，kW；

η_c——传动效率，直接传动时 $\eta_c = 1.0$。

(2)根据电动机功率的大小参考外网电压来确定电动机的额定电压：①$P_e < 100$ kW 时，选用 380 V 电机；②$P_e > 200$ kW 时，选用 10 kV 电机；③$P_e = 100 \sim 200$ kW 时，可视情况，根据多数电动机的额定电压确定。

当外网电压为 10 kV 高压，而电动机功率又较大时，应尽量选用高压电动机。因为这种电机一般为水冷式，具有体积小、质量轻、效率高、噪声低等优点。

(3)根据水泵的工作环境和安装方式，选择电机的防护型式、安装方式及构造型式。例如，无潮湿、无粉尘、无有害气体的地面式泵站，可选用一般防护式电动机，如 JS_2、JSI_2、JSG 等系列；在潮湿、有灰尘的场合(如地下式取水泵站)选用封闭扇冷式电动机。卧式水泵配卧式电动机，立式水泵配立式电动机。

(4)根据投资少、效率高、运行简便等原则，选择电动机的类型。在给水排水泵站中广泛使用三相交流异步电动机，有鼠笼式和绕线式。

鼠笼式电动机具有结构简单，价格便宜，工作可靠，维护方便，易于实行自动控制等优点。缺点是启动电流大，并且不能调节转速。常用的有 YO_2 型、JS 型。

绕线式电动机适用于功率较大或者需要调速的情况下，常用的有 JK 型、JKG 型。

对于 300 kW 以上的大型机组，可以选用同步电动机，它具有很高的功率因数，对于节省电耗具有重要的经济意义。

5.9.6　泵站电费计算

全年的电费可按下式计算：

$$E = \frac{\sum Q_i H_i T_i}{102\eta_p\eta_m\eta_n}\gamma a \quad (元)$$

式中　Q_i——一年中泵站随季节变化的平均日输水量，L/s；

H_i——相应于 Q_i 的泵站输水扬程，m；

T_i———一年中平均泵站工作小时数，h；

γ——水的容重，取 $\gamma = 1$ kg/L；

η_p——水泵效率（%）；

η_m——电机效率（%）；

η_n——电网的效率（%）；

α——每 1 kW·h 电的价格，元/（kW·h）；

102——功率换算系数。

5.10 泵站噪声及防治

噪声是各种不同频率和不同声强的声音无规律的杂乱组合。它是一种令人烦恼、讨厌，产生干扰、刺激，使人心神不安，妨碍和分散注意力及对人体有危害的声音。

5.10.1 噪声的危害

噪声可以造成职业性听力损失。长期工作在强噪声的环境中，就会在强噪声的刺激下，形成永久性听力疲劳，使听觉器官发生病变，即形成职业病（噪声性耳聋）。一般来讲，经常在 90 dB（A）以上的噪声环境下长期工作，就有可能发生噪声性耳聋。

在噪声的影响下，可以诱发多种疾病，例如头疼、脑胀、昏晕、耳鸣、多梦、失眠、心慌和全身疲乏无力等。

噪声还会对人体的消化系统和心血管系统造成损害，可以使人心跳加快，心律不齐，血压升高，血管痉挛，甚至冠心病等。

噪声能对人们的正常生活产生严重的干扰，例如妨碍睡眠、干扰谈话等。

在嘈杂的环境里，人的心情易于烦躁，易于疲劳，分散注意力。因此，噪声会使劳动效率降低，会引发工伤事故。

5.10.2 泵站的噪声源

工业噪声源主要来自三个方面，即空气动力性噪声、机械性噪声、电磁性噪声。

空气动力性噪声是由于气体振动产生的，例如通风机、鼓风机、空压机等产生的噪声。

机械性噪声是由于固体振动而产生的，例如阀件、水泵轴承等产生的噪声。

电磁性噪声是由于电机的定子及转子空隙中交变力作用产生的交流嗡嗡声，如电机、变压器、交流控制与保护电气产生的噪声。

由此可见，泵站中产生的噪声是以上三种噪声的集合，对生产和人身健康具有一定的危害作用。

5.10.3 泵站噪声的防治措施

为了改进操作人员的工作环境和满足周围环境对防噪的要求，泵房应采取相应的防噪措施，其标准应符合现行的国家标准《声环境质量标准》（GB 3096—2008）和《工业企业噪声控制设计规范》（GB J 87—85）的规定。泵站防噪一般采取如下措施。

5.10.3.1 选用低噪声的机电设备

选用低转速的设备（例如水泵机组），噪声要低一些。设备结构的改进也会降低噪声。

5.10.3.2 吸声

泵房进行吸声处理，主要是利用多孔性吸声材料（如玻璃棉、矿渣棉、毛毡、甘蔗纤维板、水泥木丝板、棉絮等）和泡沫、颗粒类吸声材料（如聚氨酯泡沫塑料、泡沫玻璃、泡沫水泥、膨胀珍珠岩等）来吸收声能。吸声处理是在结构上利用吸声材料作成表面装饰或悬挂于空间的吸声体。在工程上吸声材料通常布置在顶棚，如果在四周墙上布置吸声装置，则宜布置在墙裙以上（一般裙高 1.5 m）。当车间较大而声源较小时，在声源附近悬挂吸声体较为经济有效。

5.10.3.3 隔声

在噪声传播途径中采用隔声方法，是较好的一项控制措施。隔声就是将声源置于隔声罩内，与值班人员隔开；或者将值班人员置于隔声良好的隔声室内，与噪声源隔开，从而使值班人员免受噪声危害。与吸声材料相反，隔声结构通常都是密实、沉重的材料，如砖墙、混凝土、钢板、木板等。

5.10.3.4 隔振

水泵机组高速旋转产生的振动以波动的形式传给基础、地板、墙体等，以弹性波的形式传到泵房内，以噪声的形式出现。隔振、减振是消除机械噪声的基本方法。例如，在机组与基础之间安装橡胶隔振垫或弹簧减振器；在水泵吸压水管道上设置可挠性接头；在机组周围设置隔振沟，立管穿越楼板时作成防振立管；管道支、吊架上垫以防振材料或设防振吊架等措施都是很有效的。

减振的设计与安装可参考有关设计手册或《给水排水标准图集》中“水泵隔振基础及其安装”部分。

5.11 给水泵站设计实例

5.11.1 常见泵站布置实例

5.11.1.1 立式水泵地下式取水泵站实例

某电厂采用立式水泵的地下式取水泵站，如图 5-53 所示。该泵站从某一河流取水，泵站由格栅间、机器间和栈桥等部分组成。在竖向上分为操作间、电机间、水泵间（机器间）三层。

泵房内安装四台沅江 36 - 23 型水泵，出水流量为 7 m^3/s，设有起重量为 10 t 的桥式吊车一台。泵房内采用机械通风。

水泵进出水管各设阀门一个，压水管上的止回阀设在泵房外的专用阀门井中。

5.11.1.2 卧式水泵半地下式二级泵站实例

卧式水泵半地下式二级泵站，如图 5-54 所示。水泵从吸水井吸水，每台水泵设单独的吸水管，出水管上设闸阀和止回阀。水泵机组采用横向排列的布置型式。进出水管道

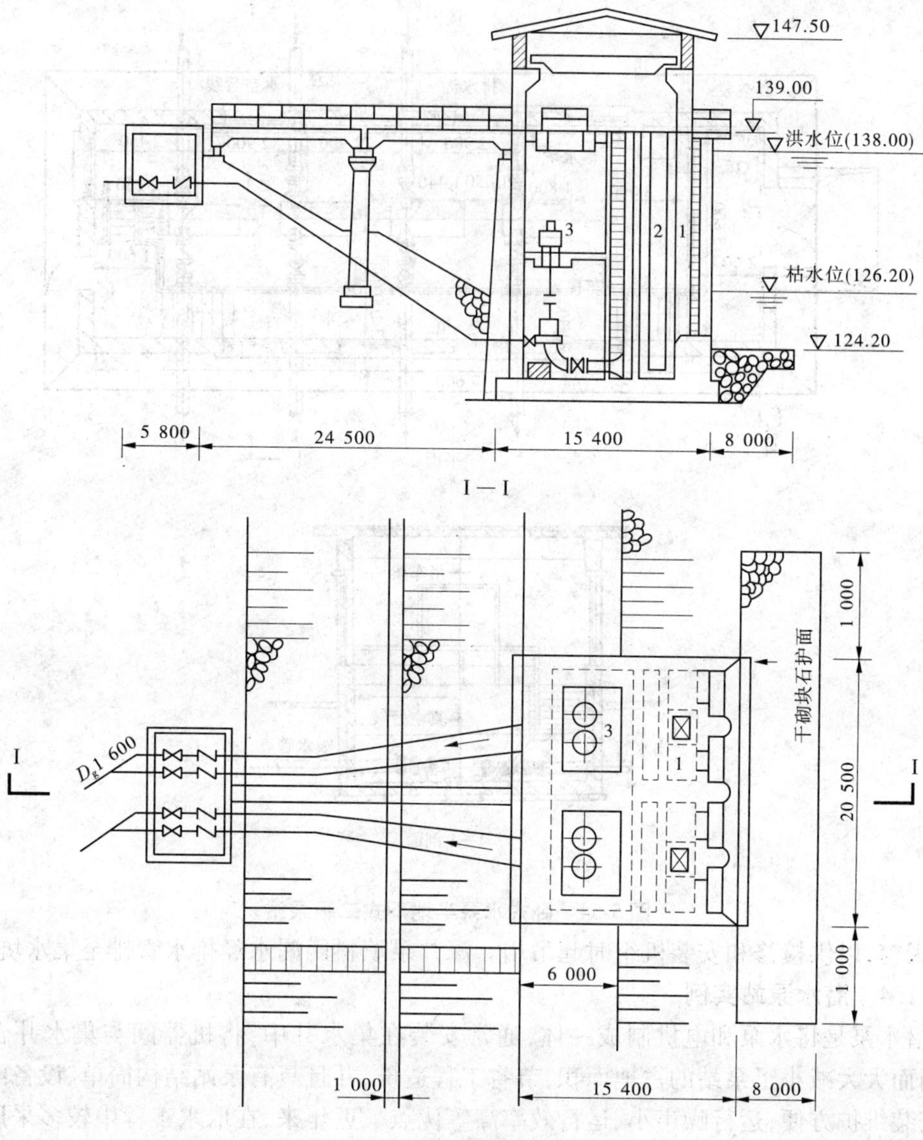

图 5-53　立式水泵地下室取水泵站

均敷设在地沟中。地面集水沿地面坡度流向集水沟汇集至集水坑，然后由排水泵排除。设有 SZB－8Q 型真空泵两台（一用一备）。泵房左侧设一个大门，右侧设置一个小门与值班室和配电室相通。

5.11.1.3　深井泵房实例

地面式深井泵房实例，如图 5-55 所示。泵房安装有 JD 型深井泵一台。在水泵出水管上设有闸阀、止回阀。为了便于拆卸和安装管路，安装一柔性接口，在闸阀前接出一根水管与深井泵的预润孔相接，供橡胶轴承润滑。在出水管路上接一支管，作为排砂管，当出水不合格时可作为放水口。泵房进口左侧平台设消毒间，右侧一角放置配电盘。屋顶

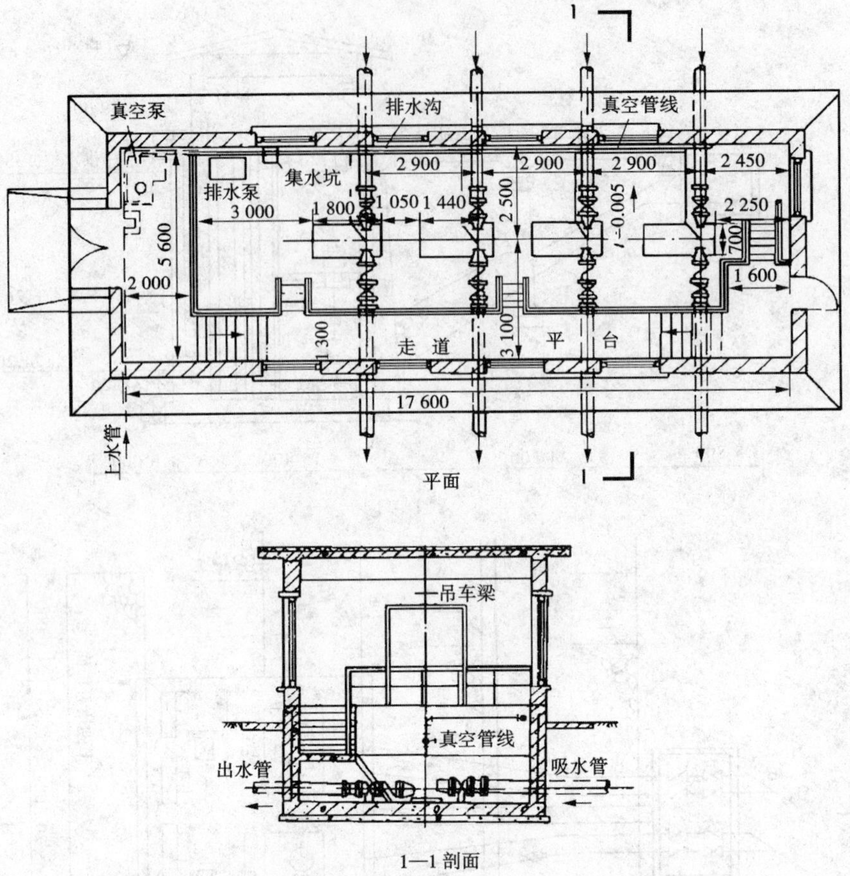

图 5-54　卧式水泵半地下式二级泵站

设有天窗,以供检修和安装机组时起吊用。深井泵填料函漏水经排水管排至集水坑。

5.11.1.4　潜水泵站实例

潜水泵是将水泵和电机制成一体,通常安装在集水井中,将机器间与集水井合为一体,因而大大减小了泵站的占地面积,节省工程造价,并且具有泵站结构简单、设备配置简化,安装维护方便,运行噪声小、运行效率高等优点。近年来,在取水工程中较多采用。潜水泵站的实例如图 5-56 所示。该泵站为钢筋混凝土地下建筑。由吸水井、潜水泵吸室和钢竖井组成。潜水泵室安装有四台潜水泵,每台潜水泵的出水管布置在管廊中,在出水管上设止回阀和蝶阀。变配电室设在泵站地面一层。

5.11.2　给水泵站工艺设计实例

5.11.2.1　设计依据

(1)某水厂新建二级(送水)泵站一座,设计供水量为 50 000 m^3/d。

(2)给水系统工艺设计中拟定泵站分二级工作:

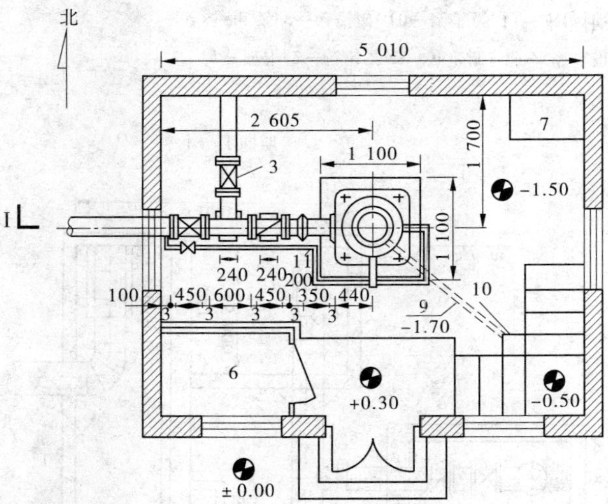

地面式深井泵房平面图1:100

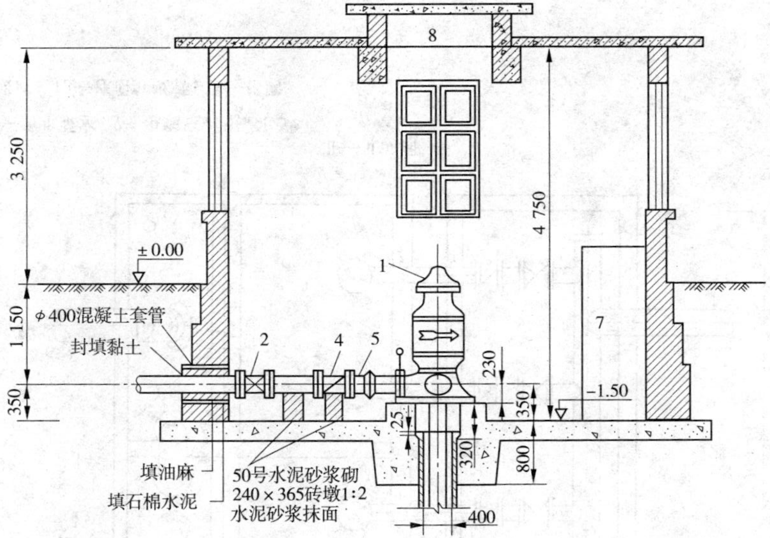

Ⅰ—Ⅰ剖面图1:100

1—深井泵;2—阀门;3—超越阀门;4—止回阀;5—曲挠接头;6—值班室;

7—配电柜;8—天窗;9—排水沟;10—集水坑;11—出水管

图5-55　地面式深井泵房

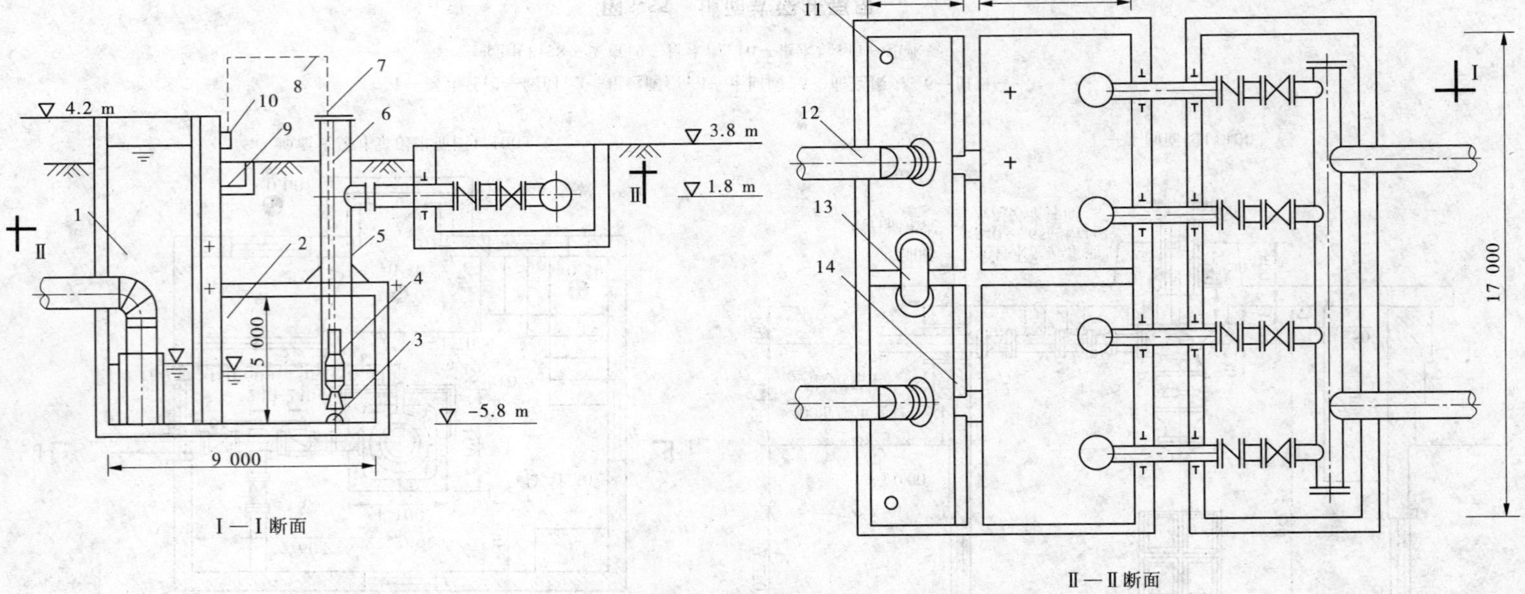

1—深井；2—吸水室；3—分水锥；4—水泵机组；5—井筒；6—潜水泵室；7—电缆密封压盖；

8—电缆；9—电缆沟；10—接线盒；11—水位计；12—进水虹吸管；13—连通虹吸管；14—格网

图5-56　潜水泵房布置

①一级供水每小时供水量为设计日供水量的5.0%，此时输配水管网水头损失值为20.0 m。

②二级供水每小时供水量为设计日供水量的2.9%。

(3)消防时水量 $Q_x=144\ m^3/h$，此时输配水管网总压力损失 $\sum h_x=32.5\ m$。

(4)泵站室外地面标高为109.20 m；吸水井最高水位标高为109.200 m，最低水位为105.20 m，吸水井距泵站为5.0 m。

(5)给水管网中最不利供水点地面标高为111.20 m，自由水压为28 m。

5.11.2.2 确定泵站设计参数

泵站一级供水时设计流量 Q_{I}：

$$Q_{\mathrm{I}}=50\ 000\times5.0\%=2\ 500(m^3/h)=694\ L/s$$

泵站二级供水时设计流量 Q_{II}：

$$Q_{\mathrm{II}}=50\ 000\times2.9\%=1\ 450(m^3/h)=403\ L/s$$

泵站一级供水时设计扬程 H_{I}：

$$\begin{aligned}H_{\mathrm{I}}&=Z_c+H_0+\sum h_{\mathrm{I}}+\sum h_b+H_{安}\\&=(111.20-105.20)+28+20.0+2.0+2.0\\&=58(mH_2O)\end{aligned}$$

式中 Z_c——地形高差(水泵静扬程)，m；

$\sum h_b$——泵站内管道水头损失，暂时按2.0 m估算；

$H_{安}$——安全工作水头，按2.0 m计。

泵站二级供水时的设计扬程 H_{II}：

$$H_{\mathrm{II}}=Z_c+H_0+\sum h_{\mathrm{II}}+\sum h_b+h_{安}$$

式中，$\sum h_{\mathrm{II}}$ 为二级供水时，输配水管网的压力损失据水力学计算公式，可用下式求得：

$$\sum h_{\mathrm{II}}=\sum h_{\mathrm{I}}\frac{Q_{\mathrm{II}}^2}{Q_{\mathrm{I}}^2}$$

因此

$$\begin{aligned}H_{\mathrm{II}}&=6+28+20.0\times\frac{403^2}{694^2}+2.0+2.0\\&=44.7(mH_2O)\end{aligned}$$

5.11.2.3 水泵机组的选择

1. 水泵的选择

该泵站用于抽升清水，并且流量较大，依据选泵的原则，初步选定Sh型卧式离心清水泵。查水泵型谱图及水泵样本，绘制出水泵并联工作特性曲线及管路特性曲线，用图解法确定出水泵工况点，以确切得到水泵实际工作参数。图5-57为选定水泵工况点曲线。在曲线上可以查得：2台14Sh－9A型水泵并联工作时，其工况点在 M 点，对应的流量和扬程分别为700 L/s和58 m，恰好满足泵站一级工作时的要求。

1台14Sh－9A型水泵单独工作时，其工况点在 N 点，N 点对应的流量和扬程分别为406 L/s和43.4 m，能满足泵站二级工作时的要求。

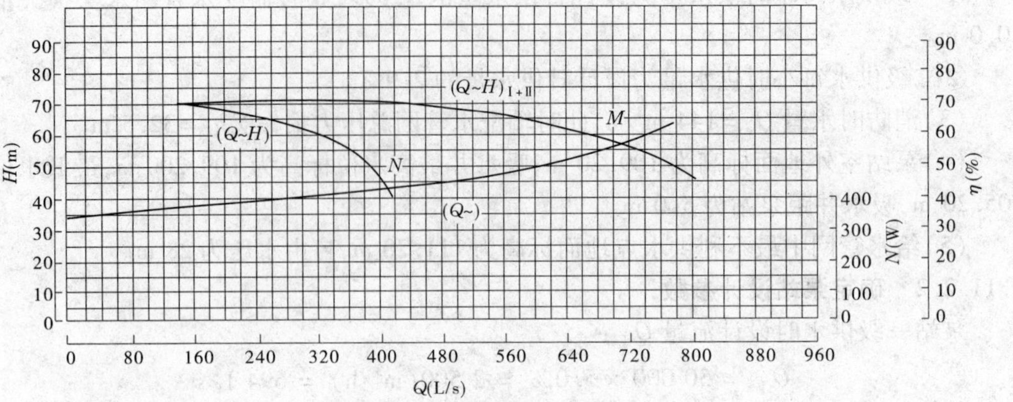

图 5-57　水泵工况点选择

所选水泵的具体参数见表 5-4。

表 5-4　选择水泵方案表

设计参数	选用泵型	实际工作参数	设计参数	选用泵型	实际工作参数
一级供水时 $Q = 694$ L/s $H = 58$ m	两台 14Sh－9A	$H = 58$ m $Q = 350 \times 2 = 700$ L/s $N = 257 \times 2$ kW $\eta = 80\%$	二级供水时 $Q = 403$ L/s $H = 43.4$ m	一台 14Sh－9A	$H = 43.4$ m $Q = 406$ L/s $N = 260$ kW $\eta = 76\%$

为保证供水的安全可靠性，共选择四台 14Sh－9A 型水泵(其中 2 台备用)。

2. 电机的选择

根据水泵样本提供的配套可选电机，选定 JS136－4 鼠笼式三相交流异步电机(JS136－4型号意义为：JS—鼠笼式；1—机座号；36—铁心长度；4—级数)，其参数如下：额定电压 $V = 6\ 000$ V、$N = 300$ kW、$n = 1\ 475$ r/min、$W = 2\ 000$ kg。

5.11.2.4　机组基础设计

水泵机组基础采用混凝土块状基础。14Sh－9A 型水泵不带底座，其基础尺寸计算如下：

$$
\begin{aligned}
\text{基础长度 } L &= \text{地脚螺栓间距} + (400 \sim 500) \\
&= L_4 + L_6 + L_8 + (400 \sim 500) \\
&= 440 + 1\ 053 + 760 + 447 \\
&= 2\ 700(\text{mm})
\end{aligned}
$$

$$
\begin{aligned}
\text{基础宽度 } B &= \text{地脚螺栓间距(宽度方向)} + (400 \sim 500) \\
&= b + (400 \sim 500) \\
&= 790 + 410 = 1\ 200(\text{mm})
\end{aligned}
$$

$$
\begin{aligned}
\text{基础高度 } H &= \text{地脚螺栓长度} + (150 \sim 200) \\
&= 24d + 200 \\
&= 24 \times 34 + 200 \\
&= 1\ 016(\text{mm}) \\
&= 1.016\ \text{m}
\end{aligned}
$$

按机组重量校核基础高度：

$$H' = \frac{(2.5 \sim 4.0)(W_P + W_J)}{P_H LB} = \frac{3 \times (1\ 200 + 2\ 000)}{2\ 400 \times 2.70 \times 1.2} = 1.23(m)$$

经比较取基础高度 H 为 1.04 m。

5.11.2.5　**水泵吸、压水管路计算**

当泵站为一级供水时，泵站出流量为694 L/s，单台水泵的出水量 Q = 347 L/s；二级供水时泵站出流量为403 L/s，单台水泵出水量 Q = 403 L/s。所以，单台水泵吸、压水管路应按 Q = 403 L/s 设计。

管材均采用钢管。

(1)吸水管管径。

14Sh－9A 型水泵，当 Q = 403 L/s，由“钢管水力计算表”查得管径 d = 600 mm 时，流速 v = 1.40 m/s，i = 3.91‰。

(2)压水管管径。

14Sh－9A 型水泵，当 Q = 403 L/s，管径 d = 500 mm 时，流速 v = 1.99 m/s，i = 10.2‰。

以上计算吸、压水管道流速均在允许流速范围内，符合要求。

5.11.2.6　**机组和管路布置**

根据吸水井最低水位和水泵的吸水性能，确定泵房为矩形平面布置，半地下式。泵房左端设一进出设备的大门。配电室、控制室、值班室设在泵房右侧地上一层。

四台水泵机组采用横向排列布置。相邻机组基础之间间距为 2 200 mm。依据工艺要求，泵房总长度为 33 180 mm，宽度为 12 000 mm。

吸水管路和压水管路采用直进直出的方式敷设在室内地面上。

每台水泵设单独吸水管，并设有手动阀门，阀门型号为 D371J，直径 DN = 600，长度 L = 154 mm，质量 W = 380 kg。

压水管道上设型号为 DK941X－10 电动蝶阀，直径 DN = 500，长度 L = 350 mm，质量 W = 600 kg，并设有液压缓闭式止回蝶阀，型号为 HD741X－10，DN = 500，L = 350 mm，W = 1 358 kg。采用 DN = 600 联络管与每台水泵出水管相接。在联络管上设有型号为 D37LJ－10的电动蝶阀 2 个。在联络管上接出两条 DN = 600 的输水管，将水输送至城市管网。

5.11.2.7　**吸水井设计**

吸水井尺寸按满足安装水泵吸水管进口喇叭口的要求设计。

喇叭口直径(大口) $D = (1.3 \sim 1.5)d$ = 800 mm，喇叭口高度为 $35(D - d)$ = 700 mm。

喇叭口距吸水井井壁距离为 800 mm，喇叭口之间的净距为 1 600 mm；喇叭口距井底距离为 800 mm；喇叭口淹没水深为 1.20 m。

按以上要求，吸水井长度为 7 200 mm，但是考虑水泵机组的间距，将吸水井长度确定为 18 000 mm，吸水井宽取 3 000 mm，吸水井高度取 6 500 mm(其中超高 300 mm)。

经计算吸水井有效容积为 372 m^3，大于泵站一台泵 5 min 的抽水量，故满足要求。

5.11.2.8　**确定水泵轴线标高及其他主要标高**

1. 水泵轴线标高

14Sh－9A 型水泵允许吸上真空高度$[H_0]$可在水泵性能曲线上查得：当 $Q=403$ L/s 时，$[H_s]=3.5$ m。水泵允许安装高度为

$$H_{ss}=[H_s]-\frac{v^2}{2g}-\sum h_s$$

吸水管长度暂时按 10 m 估算，其沿程压力损失

$$iL=\frac{3.91}{1\ 000}\times 10=0.04(\text{m})$$

吸水管局部压力损失为

$$\begin{aligned}\sum\xi\frac{v^2}{2g}&=(\xi_1+\xi_2+\xi_3)\frac{v^2}{2g}+\xi_4\frac{v_1^2}{2g}\\&=(0.1+0.6+0.1)\times\frac{1.40^2}{2\times 9.81}+0.18\times\frac{1.60^2}{2\times 9.81}\\&=0.1(\text{m})\end{aligned}$$

式中　ξ_1——吸水管进口喇叭口阻力系数，取 0.1；

ξ_2——90°弯头局部阻力系数，取 0.6；

ξ_3——阀门阻力系数，取 0.1；

ξ_4——偏心渐缩管局部阻力系数，取 0.18；

v——吸水管中流速，$v=1.40$ m/s；

v_1——水泵进口处流速，$v_1=1.60$ m/s。

由以上计算可得到吸水管路总压力损失为

$$\sum h_s=iL+\sum\xi\frac{v^2}{2g}=0.14(\text{m})$$

为安全起见以及长期运行后泵性能有可能下降，取$\sum h_s=1.0$ m。

因此

$$H_{ss}=3.5-\frac{1.40^2}{2\times 9.81}-1.0=2.40(\text{m})$$

由此可以计算，水泵泵轴标高＝吸水井最低水位标高＋H_{ss}＝105.20＋2.4＝107.60(m)。

$\sum h=\sum h_s+\sum h_d=1.0+0.44=1.44$(m)（压水管压力损失为 0.44 m，计算过程从略），可见 1.44 m 小于估算值 2.0 m，故初选水泵机组符合要求。

2. 其他各主要标高

基础顶面标高＝泵轴标高－泵轴距基础顶面高度(H_1)＝107.60－0.56＝107.04(m)。

泵房地面标高＝基础顶面标高－0.20＝107.04－0.20＝106.84(m)。

同理，据泵轴标高，查水泵机组外形尺寸图，即可推算出水泵进、出口中心标高等，其计算结果见图 5-58。

5.11.2.9　**消防时校核**

消防时泵站供水量 $Q_{火}$ 为

$$Q_{火}=Q_1+Q_x=694+144=838(\text{L/s})$$

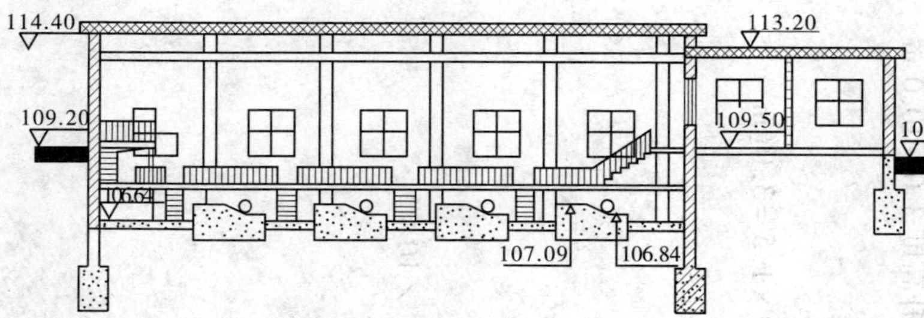

Ⅰ—Ⅰ剖面(1:100)

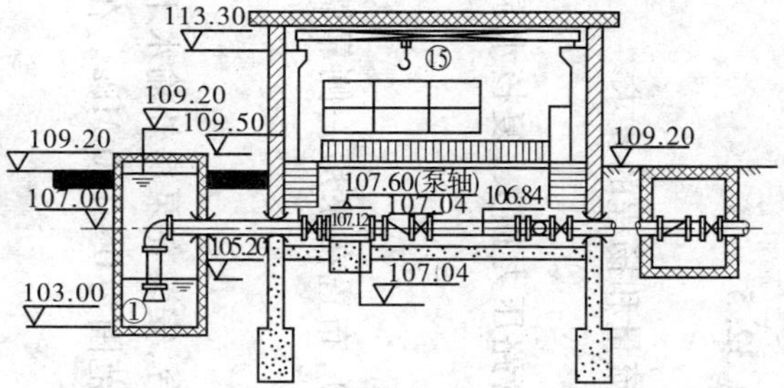

Ⅱ—Ⅱ剖面(1:100)

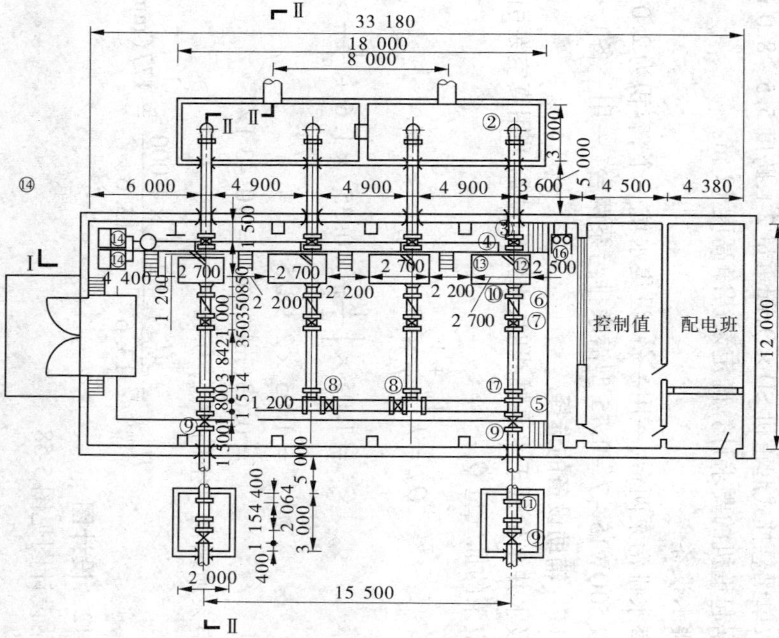

平面图

设备材料一览表

编号	名称	规格	单位	数量	备注
1	喇叭口	DN800 600	个	4	
2	90°弯头	DN600	个	4	
3	蝶阀	DN600 L=154	个	4	D371J-10
4	偏心渐缩管	DN600 350	个	4	
5	三通	DN600 600	个	6	
6	止回阀	DN500 L=350	个	4	HD741X-10
7	电动闸阀	DN600 L=350	个	4	D941X-10
8	蝶阀	DN500 L=154	个	2	D371J-10
9	蝶阀	DN500 L=154	个	4	D371J-10
10	同心渐扩管	DN350 500	个	4	
11	超声波流量计	DN700	台	2	SP-1
12	水泵	14Sh-9A	台	4	一台备用
13	电机	JS136-4	台	4	
14	真空泵	SZB-8	台	2	一台备用
15	起重机	SD×Q	台	1	
16	排水泵	50QW15-7-0.75	台	2	一台备用
17	同心渐扩管	DN500 600	个	4	
18					
19					

说明：

1.本图尺寸标高以m计，其余以mm计；

2.管道防腐，刷一遍红丹漆，两遍防锈漆；

3.本图外墙标注尺寸为墙内净尺寸。

图5-58　给水泵站工艺图

消防时泵站扬程 $H_火$ 为

$$\begin{aligned} H_火 &= Z_c + H_0 + \sum h_火 \\ &= (111.20 - 105.20) + 10 + 32.5 \\ &= 48.5(\text{mH}_2\text{O}) \end{aligned}$$

在消防时，开启三台 14Sh－9A 型水泵，完全能满足火灾时对流量和扬程的要求。

5.11.2.10　**水泵扬程的校核**

根据水泵机组及管路布置平面图，重新计算泵站内吸、压水管路压力损失，复核水泵扬程。

泵房内吸、压水管路总的压力损失计算如下：

根据 Q_v、H_{vmax}，选取 SZB－8 型水环式真空泵两台（一用一备），布置在泵房一侧靠墙边处。

1. 计量设备

在压水管上设超声波流量计，选取 SP－1 型超声波流量计两台，安装在泵房外输水干管上，距离泵房 7 m。在压水管上设压力表，型号为 Y－60Z，测量范围为 0～1.0 MPa。在吸水管上设真空表，型号为 Z－60Z，测量范围为 760～0 mmHg。

2. 起重设备

选取单梁悬挂式起重机 SD×Q，起重量 2 t，跨度 5.5～8.0 m，起升高度 3.0～10.0 m。

根据起重机的要求计算确定泵房净高度 12 m。

3. 排水设备

设潜水排污泵两台，一用一备，设集水坑一个，容积为 $2.0 \times 1.0 \times 1.5 = 3.0(\text{m}^3)$。

选取 50QW15－7－0.75 型潜水排污泵两台（一用一备）。

5.11.2.11　**辅助设备的选择**

当吸水井水位低于水泵轴线时，水泵启动需采用真空泵引水。

真空泵的抽气量 Q_v：

$$\begin{aligned} Q_v &= k\frac{V_p + V_s}{T} \\ &= 1.05 \times \left[\frac{1}{4}\pi \times 0.35^2 \times 1.6 + \frac{1}{4}\pi \times 0.6^2 \times 10\right]/5 \\ &= 1.05 \times 2.98/5 \\ &= 0.63(\text{m}^3/\text{min}) = 10.43\ \text{L/s} \end{aligned}$$

真空泵所需的真空值 H_{vmax} 为

$$H_{vmax} = \frac{H_{ss}}{13.6} = \frac{2.4 \times 1\,000}{13.6} = 177(\text{mmHg})$$

5.11.2.12　**设计图**

泵站设计图见图 5-58。

思考题

1. 给水泵站分哪几类？泵站主要是由哪些部分组成的？各部分作用是什么？

2. 选择水泵时应考虑哪些因素?
3. 水泵机组布置型式有哪几种? 各适用于什么条件? 其主要特点是什么?
4. 水泵吸、压水管路布置有哪些要求?
5. 停泵水锤的危害有哪些? 有哪些防护措施?
6. 给水泵站的主要辅助设备(施)有哪些? 如何选择?
7. 给水泵站设计步骤有哪些?
8. 试述给水泵站的构造特点。
9. 学会识读给水泵站工艺图。

模块6　排水泵站

6.1　排水泵站的类型与组成

6.1.1　排水泵站的分类

提升污废水、污泥的泵站统称为排水泵站。

排水泵站的类型取决于进水管渠的埋设深度、提升流量、水泵机组的型号与台数、水文地质条件以及施工方法等因素。选择排水泵站的类型应从造价、布置、施工、运行条件等方面综合考虑。排水泵站通常按以下方法进行分类：

(1)按在排水系统中设置的位置和作用，可分为中途泵站、终点泵站和局部泵站。

(2)按废水的性质，可分为污水泵站、雨水泵站、合流泵站、立交排水泵站和污泥泵站。

(3)按水泵启动方式，可分为自灌式泵站和非自灌式泵站。

(4)按泵房平面形状，可分为圆形泵站、矩形泵站和组合形泵站。

(5)按集水池和水泵间的组合情况，可分为合建式泵站和分建式泵站。

(6)按泵站和地面的相对位置，可分为地下式泵站、半地下式泵站和全地下式泵站。

(7)按水泵的操控方式，可分为人工操控泵站、自动控制泵站和遥控泵站。

(8)按水泵的泵型，可分为离心泵站、轴流泵站、混流泵站、潜水泵站、立式泵站、卧式泵站等。

(9)按使用情况，可分为永久性泵站、半永久性泵站和临时泵站。

(10)按规模大小，可分为大型泵站(35 kV)、中型泵站(10 kV)、小型泵站(0.4 kV)。

6.1.2　排水泵房的基本型式

排水泵房的型式应根据进出水管渠的深度和方向、选用泵的型号和台数、建设规模、施工方法、管理水平、水文地质条件等因素，从泵站的造价、施工、管理等方面综合考虑，通过方案比较后确定。本节介绍常见排水泵房的基本型式。

6.1.2.1　干式泵房和湿式泵房

1. 干式泵房

干式泵房就是集水池和机器间用隔墙分开的，只有水泵的吸水管和叶轮淹没在水中。这样机器间可经常保持干燥，如图6-1(a)所示。其特点是有利于对水泵的检修和保养，可以避免污水对轴承、管件、仪表的腐蚀和养护，管理条件好。

2. 湿式泵房

湿式泵房是电动机设在电动机间，水泵的叶轮、轴承、引水管等淹没在集水池中，水泵间与集水池合建在一起,如图 6-1(b)所示。其特点是结构比干式泵房简单,集水池有效容积的范围大;但对水泵部件的腐蚀严重,管理人员工作条件差,往往要带水维修。

工程上,立式轴流泵的泵房既可以布置成干式泵房,也可以布置成湿式泵房。潜水泵的泵房常用湿式泵房。

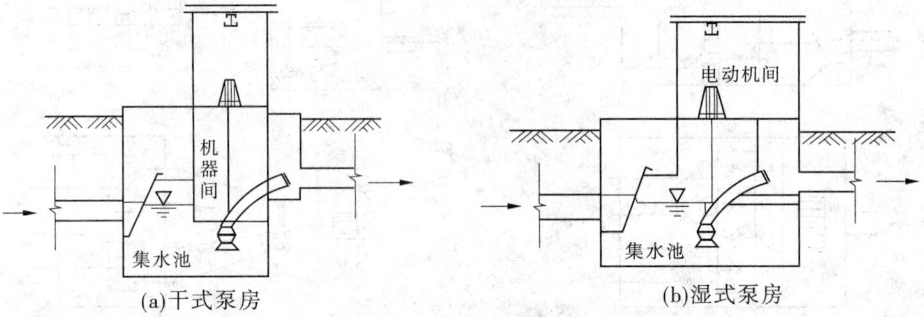

图 6-1 干式泵房和湿式泵房

6.1.2.2 合建式泵房和分建式泵房

合建式泵房和分建式泵房主要指集水池和机器间是合建在一起还是分成两个独立的构筑物,一般应根据水文地质条件、地形、水泵型号、管理要求等情况来定。

1. 合建式泵房

合建式泵房是机器间与集水池合建在一起为一个构筑物,机器间和集水池可以上、下布置或前、后布置。合建式泵房还可以将超越井、格栅井、集水池、机器间、出水井等部分全部合建在一个建筑物内,如图 6-2(a)所示。

合建式泵房适于中小型排水量,水泵不超过 4 台。其优点为:圆形结构受力条件好,便于沉井法施工,降低工程造价,水泵启动方便,易于根据吸水井中水位实现自动操作。缺点为:机器内机组与附属设备布置较困难,当泵房很深时,工人上下不便,且电动机容易受潮。由于电动机深入地下,需考虑通风设施,以降低机器间的温度。若将此种类型泵站中的卧式泵改为立式离心泵(也可用轴流泵),就可避免上述缺点。但是,立式离心泵安装技术要求较高,特别是泵房较深,传动轴较长时,须设中间轴承及固定支架,以免泵运行时传动轴发生振荡。由于这种类型能减小泵房面积,降低工程造价,并使电气设备运行条件和工人操作条件得到改善,故在我国仍广泛采用。

2. 分建式泵房

分建式泵房就是机器间和集水池分别建成两个独立的构筑物,如图 6-2(b)所示。

分建式泵房适于大型泵站,其优点为:在机组、管道和附属设备的布置方面较为方便,启动操作简单,机器间没有被污水渗透的危险,易于实现自动化。电气设备置于上层,不易受潮,工人操作管理条件良好。其缺点为:建造费用高,不利施工。

6.1.2.3 圆形泵房和矩形泵房

泵房的形状根据工艺要求、水量大小以及水泵机组台数、施工条件等因素来确定,有圆形、方形、矩形和组合形。

1. 圆形及下圆上方组合形泵房

当泵站规模较小、水泵不超过 5 台时,下部结构宜采用圆形,具有受力条件好、便于施

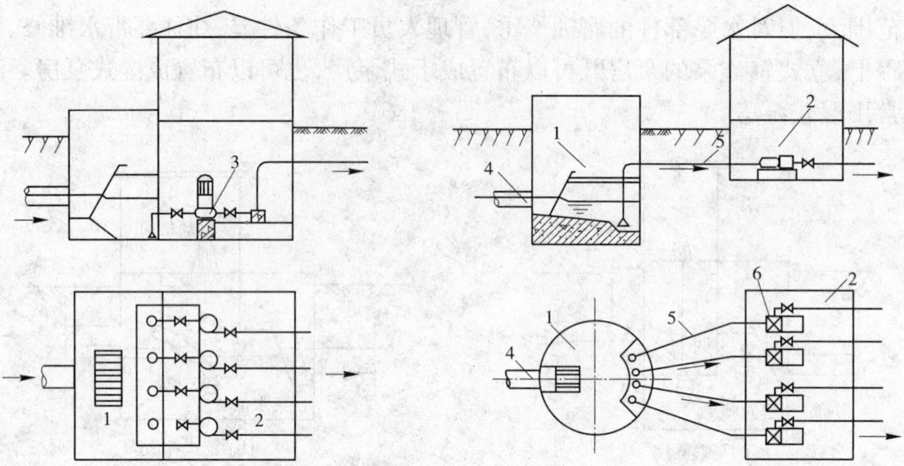

(a)合建自灌式泵房　　　　(b)分建非自灌式泵房

1—集水池;2—机器间;3—立式水泵;4—集水池进水管;5—吸水管;6—机组

图 6-2　合建式泵房和分建式泵房

工的优点。上部建筑可建成圆形或方形。上部建筑为方形时平面利用率高,方便机组和附属设备的布置。圆形泵房可采用沉井法施工,如图 6-3(a)、(c)所示。

2. 矩形及组合形泵房

当泵房规模较大、水泵超过 4 台时,地下部分多采用矩形或梯形,上部为矩形。组合形更具有水力条件好的优点。矩形及组合形泵房多为开槽施工,如图 6-3(b)所示。

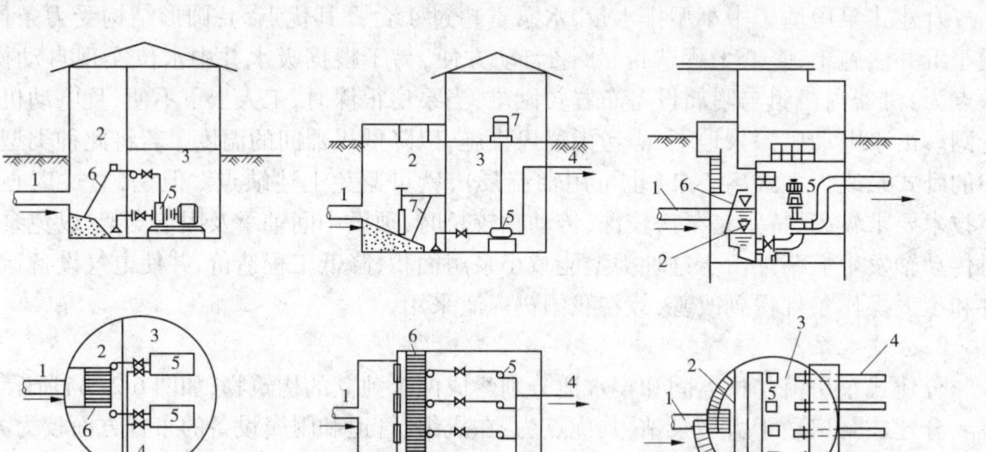

(a)合建自灌式圆形泵房　　(b)合建自灌式矩形泵房　　(c)合建自灌式上圆下方形泵房

1—集水池进水管;2—集水池;3—机器间;4—水泵出水管;5—水泵机组;6—格栅;7—电动机

图 6-3　圆形泵房和矩形泵房

6.1.2.4 半地下式泵房和全地下式泵房

1. 半地下式泵房

泵房的机器间包括地上和地下两部分，称为半地下式泵房。机器间的高程取决于非自灌式水泵吸水管的最大吸程和水泵自灌式启动的要求。地上建筑物空间要满足采光、照明、通风、吊装、运输、维修及操作的要求，并设置工作人员的值班室和配电室，排水泵站一般采用半地下式泵房。泵房均为半地下式泵房，如图 6-3 所示。

2. 全地下式泵房

在某些特定情况下，泵房的全部构筑物都要求设置在地面以下，地面上只留有供出入泵房的门（人孔）、通气孔、吊装孔，这种泵房型式称为全地下式泵房，全地下式泵房几乎没有占地问题，当地面上不允许有建筑物时可设成全地下式泵房，全地下式泵房可以减少噪声和气味对周围环境的影响。全地下式泵房的所有进出口的高程均应比室外地面高出 0.2 m 以上，并高出防洪设计的洪水位 0.5 m。全地下自灌式泵房如图 6-4 所示。

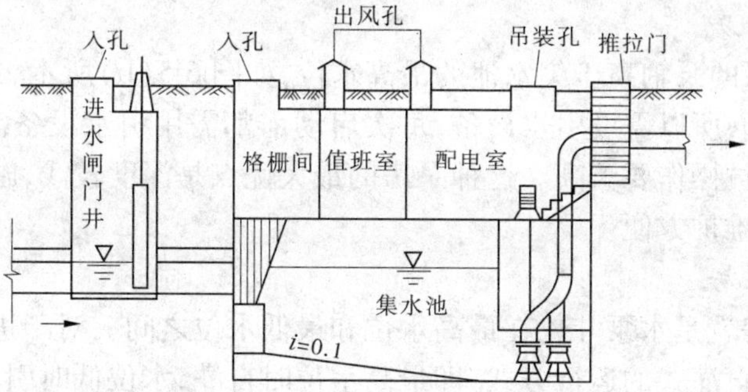

1—1剖面

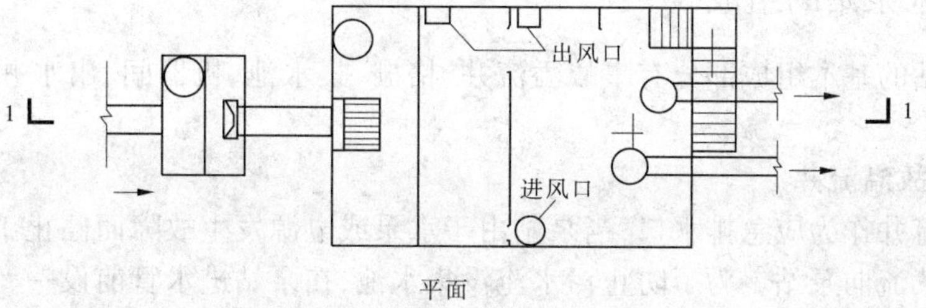

平面

图 6-4 全地下自灌式泵房

6.1.2.5 自灌式泵房和非灌式泵房

根据水泵及吸水管的充水情况、水泵的启动，泵房可分为自灌式泵房、非自灌式泵房和半自灌式泵房 3 种。

1. 自灌式泵房

采用自灌式时水泵叶轮（或泵轴）应低于集水池的最低水位，在最高、最低和中间水位三种情况下水泵都可以直接启动。这种启动方式不需要设置引水的辅助设备，操作简单，启动及时，便于自控。缺点是泵房埋深大，工程造价高，管理、维修不便。

电动机容易受潮，需加强室内通风和烘干空气的设施。自灌式泵房在排水泵站中应用很广，特别是要求开启及时的立交泵站、自动化程度要求高的污水泵站、较重要地区的雨水泵站、开启频繁的污水泵站应尽量采用自灌式泵房，如图6-5(a)所示。

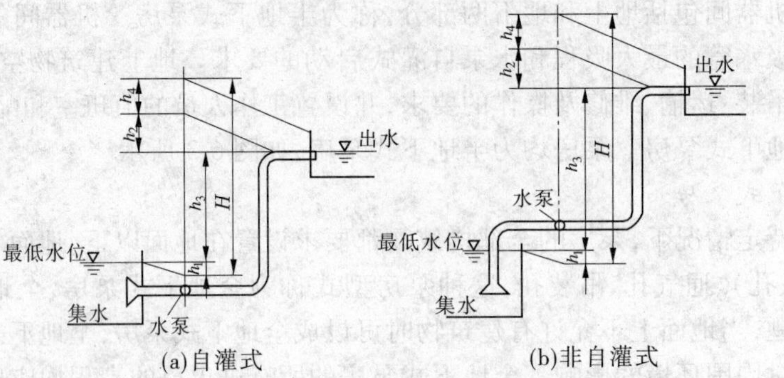

图6-5　水泵扬程计算

2. 非自灌式泵房

非自灌式水泵的泵轴高于集水池的最高水位，如图6-5(b)所示，不能直接启动，由于吸水管不能设底阀，所以需设引水设备，每次启动前都需用引水设备灌水启动，故操作较为烦琐，对管理人员操作要求高。这种泵房的最大优点是深度较浅，施工简单，室内通风、卫生条件好，管理维护方便。

3. 半自灌式泵房

半自灌式泵房就是水泵叶轮在最高水位和最低水位之间。对于进水水位变化较大的泵房，可以采用半自灌式的运行方式，即最高水位时自灌，水位低时引水启泵。

非自灌式泵房和半自灌式泵房的引水设备同给水泵房。

6.1.3　排水泵站的组成

排水泵站的基本组成部分有事故溢流井、格栅、集水池、机器间、出水井、辅助间和专用变电所等。

6.1.3.1　事故溢流井

事故溢流井作为应急排水口，当泵站由于水泵或电源发生故障而停止工作时，排水管网中的水继续流向泵站。为了防止污水淹没集水池，在泵站进水管前设一专用闸门井，当发生事故时关闭闸门，将污水从溢流排水管排入自然水体或洼地。溢流管上可根据需要设置阀门，通常应关闭。事故排水应取得当地卫生监督部门同意。

6.1.3.2　格栅

格栅用来拦截雨水、生活污水和工业废水中大块的悬浮物或漂浮物，用以保护水泵叶轮和管道配件，避免堵塞和磨损，保证水泵正常运行。

格栅由一组平行的栅条组成，一般倾斜放置在泵站前的集水池内，安装在集水池前端，倾角角度为60°~70°。有条件时，宜单独设置格栅间，以利于管理和维修。小型格栅拦截的污物少，可采用人工清除。大型格栅多采用机械清除。

6.1.3.3　集水池

集水池的功能是在一定程度上调节来水量的不均匀，以保证水泵在较均匀的流量下高效率工作。集水池的尺寸应满足水泵吸水装置和格栅的安装要求。

6.1.3.4　**水泵间(机器间)**

水泵间用来安装水泵机组和有关辅助设备。

6.1.3.5　**辅助间**

为满足泵站运行和管理的需要所设的一些辅助性房间称为辅助间,主要有修理间、贮藏间、休息间、卫生间等。

6.1.3.6　**出水井**

出水井是一座把水泵压水管和排水明渠相衔接的构筑物,主要起消能稳流的作用,同时防止停泵时水倒流至集水池。压水管路的出口设在出水井中,这样可以省去阀门,降低造价及运行管理费用。

6.1.3.7　**专用变电所**

专用变电所的设置应根据泵站电源的具体情况确定,用来装设变电设备。

6.1.4　排水泵站的一般规定

6.1.4.1　**规模**

排水泵站的规模应按排水工程总体规划所划分的远、近期规模设计,应满足流量发展的需要。排水泵站的建筑物宜按远期规模设计,水泵机组可按近期水量配置,根据当地的发展,随时增装水泵机组。

6.1.4.2　**占地面积**

泵站的占地面积与泵站性质、规模以及所处的位置有关。表6-1为国内各大城市一些泵站的资料汇总,可供参考。

表6-1　各种泵站不同流量的占地面积

设计流量(m^3/s)	泵站性质	占地面积(m^2)	
		城、近郊区	远郊区
<1	雨水	400~600	500~700
	污水	900~1 200	1 000~1 500
	合流	700~1 000	800~1 200
	立交	500~700	600~800
	中途加压	300~500	400~600
1~3	雨水	600~1 000	700~1 200
	污水	1 200~1 800	1 500~2 000
	合流	1 000~1 300	1 200~1 500
	中途加压	500~700	600~800
3~5	雨水	1 000~1 500	1 200~1 800
	污水	1 800~2 500	2 000~2 700
	合流	1 300~2 000	1 500~2 200

续表 6-1

设计流量(m^3/s)	泵站性质	占地面积(m^2)	
		城、近郊区	远郊区
5 ~ 30	雨水 合流	1 500 ~ 8 000 2 000 ~ 8 000	1 800 ~ 10 000 2 200 ~ 10 000

注:1. 表中占地面积主要是指泵站围墙以内的面积。从进水到出水,包括整个流程中的构筑物和附属构筑物以及生活用地、内部道路及庭院绿化等面积。

2. 表面占地面积是指有集水池的情况,对于中途加压泵站,若吸水管直接与上游出水压力管连接,则占地面积尚可相应减小。

3. 污水处理厂内的泵房占地面积由污水处理厂平面布置决定。

6.1.4.3 排水泵站单独建设的规定

城市排水泵站一般规模较大,对周围环境影响较大,因此宜采用单独的建筑物。工业企业及居住小区的排水泵站是否与其他建筑物合建,可视污水性质及泵站规模等因素确定。抽送易燃、易爆和有毒、有害气体的污水泵站,必须设计为单独的建筑物,并应采取相应的防护措施。

6.1.4.4 排水泵站的位置

排水泵站的位置应视排水系统上的需要而定,通常建在需要提升的管(渠)段,并设在距排放水体较近的地方,并应尽量避免拆迁,要少占耕地。由于排水泵站一般埋深较大,且多建在低洼处,因此泵站位置要考虑地质条件和水文地质条件,要保证不被洪水淹没,要便于设置事故排放口和减少对周围环境的影响,同时要考虑交通、通信、电源等条件。

单独设立的泵站与居住房屋和公共建筑的距离应满足规划、消防和环保部门的要求。泵站地面建筑物的造型应与周围环境协调,做到适用、经济、美观,泵站内应有绿化。

6.2 污水泵站

6.2.1 水泵的设计流量、扬程及选择

6.2.1.1 泵站设计流量的确定

城市的用水量是不均匀的,因而排入管道的污水流量也是不均匀的。排水泵站的设计流量一般均按最高日最高时污水流量决定。一般小型排水泵站(最高日污水量在5 000 m^3 以下),设 1 ~ 2 套机组;大型排水泵站(最高日污水量超过 15 000 m^3),设 3 ~ 4 套机组。

6.2.1.2 泵站扬程的确定

泵站扬程可按下式计算

$$H = H_{ss} + H_{sd} + \sum h_s + \sum h_d \quad (m)$$

式中　H_{ss}——吸水地形高度,m,即集水池内最低水位与水泵轴线的高差;

H_{sd}——压水地形高度,m,即水泵轴线与输水最高点(压水管出口处)的高差;

$\sum h_s$、$\sum h_d$——污水通过吸水管路和压水管路中的水头损失(包括沿程损失和局部损失)。

由于污水泵站一般扬程较低,局部损失占总损失比重较大,所以不可忽略不计。考虑到污水泵在使用过程中因效率下降和管道中因阻力增加而增加的能量损失,在确定水泵扬程时,可增大 1 ~2 m 安全扬程。

6.2.1.3　水泵的选择

因为水泵在运行过程中,集水池中水位是变化的,因此所选水泵在这个变化范围内应处于高效段,如图 6-6 所示。当泵站内的水泵超过两台时,在选择水泵时,水泵无论是在并联运行时,还是单泵运行时都应在高效段内,如图 6-7 所示。

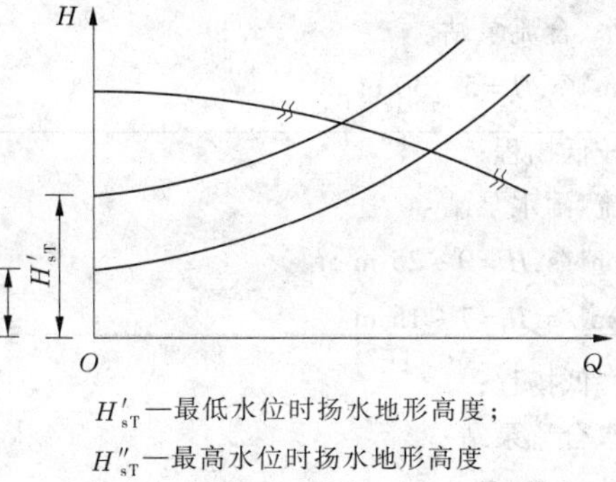

图 6-6　集水池水位变化时水泵工况

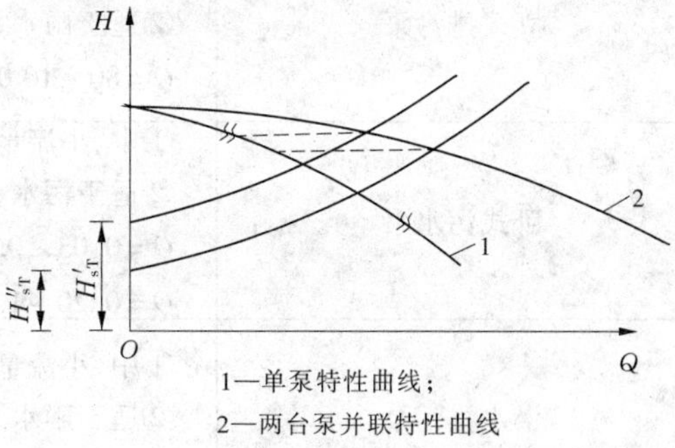

图 6-7　水泵并联运行、单泵运行工况

工作泵可以选用,总的要求是在满足最大排水量的条件下,减少投资,节约电耗,运行安全可靠,维护管理方便。在可能的条件下,每台水泵的流量最好相当于 1/2 ~1/3 的设计流量,并且以采用同型号水泵为好。这样对设备的购置,设备与配件的备用,安装施工,维护检修都有利。但从适应流量的变化和节约电能考虑,采用大小搭配较为合适。如选用不同型号的两台水泵,则小泵的出水量应不小于大泵出水量的 1/2;如设一大两小共三台水泵,则小泵的出水量不小于大泵出水量的 1/3。污水泵站中,一般选择立式离心污水泵,当流量大时,可选择轴流泵。当泵房不太深时,也可选用卧式离心泵。

对于排除含有酸性或其他腐蚀性工业废水的泵站,应选择耐腐蚀的水泵。排除污泥,应尽可能选用污泥泵。为了保证泵站的正常工作,需要有备用机组和配件。如果泵站经常工作的水泵不多于四台,且为同一型号,则可只设一套备用机组;如超过四台,除安设一套备用机组外,在仓库中还应存放一套。

污水泵站的流量随着排水系统的分期建设而逐渐增大,在设计时必须考虑这一因素。

污水泵站常见水泵及适用条件见表 6-2。

表 6-2　污水泵站常见水泵及适用条件

泵的种类	适用条件
立式轴流泵	①中流量和大流量、低扬程； ②适于雨水、合流、排灌泵站 $Q=2.0\sim15.0\ m^3/s, H=3\sim8\ m$
潜水轴流泵	①大流量、低扬程； ②适于雨水、污水、合流泵站 $Q=0.125\sim3.40\ m^3/s, H=1.5\sim9\ m$
立式和卧式混流泵	①中流量、扬程较低； ②适于雨水、合流泵站 $Q=0.25\sim1.0\ m^3/s, H=5\sim9\ m$ $Q=2.0\sim3.0\ m^3/s, H=7\sim15\ m$
立式排污泵	①大、中、小流量，低扬程； ②适于雨水、污水、合流泵站 $Q=80\sim10\ 000\ m^3/s, H=5\sim30\ m$
卧式污水泵	①中、小流量和较低扬程； ②适于污水、合流、雨水泵站 $Q=0.03\sim0.18\ m^3/s, H=9\sim25\ m$ $Q=0.20\sim1.50\ m^3/s, H=7\sim15\ m$
潜水排污泵	①中、小流量，中、低扬程； ②适于雨水、污水合流泵站 $Q=15\sim3\ 750\ m^3/s, H=7\sim40\ m$
耐腐蚀立式离心泵	①小流量，较高扬程； ②适于低浓度带腐蚀性污水 $Q=0.001\sim0.10\ m^3/s, H=16\sim33\ m$
螺旋泵	①中、小流量，低扬程； ②适于污水、污泥 $Q=0.10\sim1.00\ m^3/s, H=3\sim7\ m$

6.2.2　集水池设计

6.2.2.1　集水池形式

污水泵站集水池的形式有圆形、半圆形和矩形等多种形式，上口宜采用敞开式，周围加栏杆或短墙，上加顶棚，设梁勾或滑车，以满足吊泥或栅渣的要求。

6.2.2.2　集水池布置原则

集水池的布置，应考虑改善水泵吸水的水力条件，减少滞流和涡流，以保证水泵正常运行。布置时应注意以下几点：

(1)泵的吸水管或叶轮应有足够的淹水深度，防止空气吸入或形成涡流时吸入空气。

(2)水泵的吸入喇叭口应与池底保持所要求的距离。

(3)水流应均匀顺畅无旋涡地流进水泵吸水管口。每台水泵进水水流条件基本相同,水流不要突然扩大或改变方向。

(4)集水池进口流速和水泵吸入口处的流速尽可能缓慢。

污水泵房的集水池前应设置闸门或闸槽,以在集水池清洗或水泵检修时使用。

6.2.2.3 集水池容积

集水池的容积与进入泵站的流量变化情况、水泵的型号、工作台数及其工作制度、泵站操作性质、启动时间等有关。在满足安装格栅和吸水管的要求,保证水泵工作时的水力条件及能够及时将流入的污水抽走的前提下,集水池应尽量小些。集水池容积的确定方法见表6-3。

表6-3 集水池容积的确定方法

泵站的型式	集水池容积
全昼夜运行的大型污水泵站	不小于泵站中最大一台水泵5 min的出水量
小型污水泵站	能够满足储存夜间流入量的要求
工厂的污水泵站	应根据短时间内淋浴排水量来复核
污泥泵站	根据从沉淀池、消化池一次排出的污泥量或回流污泥和剩余污泥量来确定
自动控制污水泵站	泵站为一级工作: $W = Q_0/(4n)$ 泵站分两级工作: $W = (Q_2 - Q_1)/(4n)$ 式中, W 为集水池容积, m^3; Q_0 为泵站一级工作时的出水量, m^3/h; Q_1, Q_2 为泵站二级工作时,一级与二级工作水泵的出水量, m^3/h; n 为水泵每小时的启动次数,一般取 $n=6$

6.2.2.4 集水池的内部标高的确定

泵站内部标高主要根据进水管渠底标高或管中水位确定。自灌式泵站集水池底板与机组间底板标高基本一致,水泵轴线标高可由喇叭口标高及吸水管上配件尺寸推算来确定。非自灌式(吸入式)泵站,由于利用了水泵的真空吸上高度,机组间底板标高较集水池底板高,水泵轴线标高可根据水泵允许吸上真空高度和当地条件确定;水泵基础标高则由水泵轴线标高推算,进而可以确定机器间地板标高;机器间上层平台标高通常应比室外地坪高出0.5 m,集水池示意如图6-8所示。

(1)对于小型泵站,集水池中最高水位取进水管渠渠底标高。

(2)对于大中型泵站,最高水位取进水管渠计算水位标高。

(3)集水池的有效水深,从最高水位到最低水位,一般取1.5~2.0 m,池底坡度为 $i=0.1\sim0.2$,倾向集水坑。

(4)集水坑的大小应保证水泵有良好的吸水条件,吸水管的喇叭口放在集水坑内,一般朝下安设,其下缘在集水池中最低水位以下0.4 m,离坑底的距离不小于喇叭口进口直径的80%,吸水管喇叭口边缘距离池壁不小于喇叭口进口直径的75%~100%,在同一吸水坑中安装几根喇叭口时,吸水喇叭口之间的距离不小于喇叭口进口直径的1.5~2.0倍。

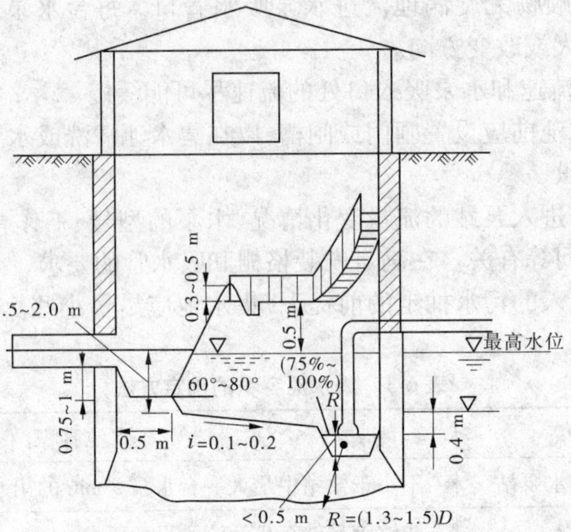

图6-8　集水池

6.2.3　泵房(机器间)的布置

6.2.3.1　机组布置

污水泵站中机组台数一般不超过3~4台。为了满足安全防护和便于机组检修,泵站内主要机组的布置和通道宽度应符合下列要求:

(1)相邻两机组间的净距:当电动机容量不大于55 kW时,不得小于0.8 m;电动机容量大于55 kW时,不得小于1.2 m。

(2)无吊车起重设备的泵房,一般在每个机组的一侧应有比机组宽度大0.5 m的通道,但不得小于(1)的规定。

(3)相邻两机组突出基础部分的间距和机组突出部分与墙壁的间距,以及泵房主要通道的宽度与给水泵房要求相同。

(4)在有桥式起重设备的泵房内,应有吊运设备的通道。

(5)当需要在泵房内就地检修时,应留有检修设备的位置,其面积应根据最大设备(部件)的外形尺寸确定,并在周围设置宽度不小于0.7 m的通道。

常见的布置型式如图6-9所示。图6-9(a)适用于污水泵,图6-9(b)、(c)适用于立式污水泵。

6.2.3.2　管道布置

1. 吸水管路布置

每台水泵应设置一条单独的吸水管。这样不但可以改善水泵的吸水条件,而且可以减小管道堵塞的可能性。

吸水管的流速一般采用1.0~1.5 m/s,不得低于0.7 m/s。当吸水管较短时,流速适当提高。

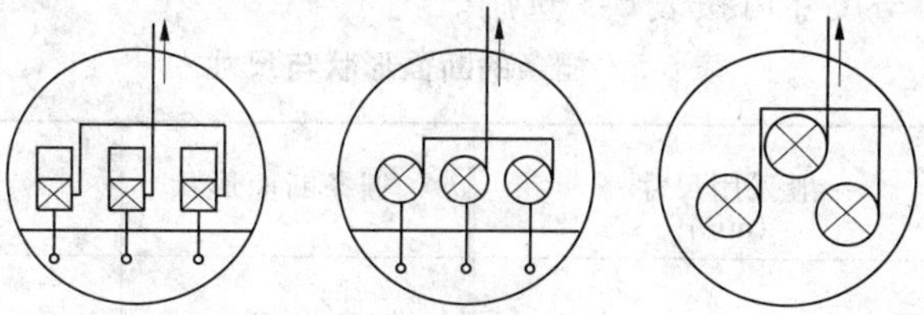

图 6-9 污水泵站机组布置

吸水管进口端应装设喇叭口,其直径为吸水管直径的 1.3~1.5 倍。吸水管路在集水池中的位置和各部分之间的距离要求,可参照给水泵站中有关规定。

当排水泵房设计成自灌式时,在吸水管上应设有闸阀(轴流泵除外),以方便检修。非自灌式工作的水泵,采用真空泵引水,不允许在吸水管口上装设底阀。因底阀极易被堵塞,影响水泵启动,而且增加吸水管阻力。

2. 压水管路布置

压水管流速一般为 1.0~2.5 m/s。当两台或两台以上水泵合用一条压水管时,如果仅一台水泵工作,其流速也不得小于 0.7 m/s,以免管内产生沉积。单台水泵的出水管接入压水干管时,不得自干管底部接入,以免停泵时,杂质在此处沉积。

当两台及两台以上水泵合用一条出水管时,每台水泵的出水管上应设置闸阀,并且在闸阀与水泵之间设止回阀;当采用单独出水管口,并且为自由出流时,一般可不设止回阀和闸阀。

6.2.3.3 管道敷设

泵站内管道一般采用明装。吸水管一般置于地面上。压水管多采用架空安装,沿墙设在托架上。管道不允许在电气设备的上面通过,不得妨碍站内交通、设备吊装和检修,通行处的地面距管底不宜小于 2.0 m,管道应稳固。泵房内地面敷设管道时,应根据需要设置跨越设施。

6.2.4 污水泵站中的辅助设备

6.2.4.1 格栅

格栅是污水泵站中最主要的辅助设备,能自动清除截留在格栅上的垃圾,将垃圾倾倒在翻斗车或其他集污设备内。格栅一般由一组平行的栅条组成,斜置于泵站集水池的进口处。其倾斜角度为 60°~80°。

栅条间隙见表 6-4。

表 6-4 栅条间隙

水泵型号		栅条间隙(mm)	水泵型号		栅条间隙(mm)
离心泵	$2\frac{1}{2}$PWA	≤20	轴流泵	202LB-70	≤60
	4PWA	≤40		282LB-70	≤90
	6PWA	≤70			
	8PWA	≤90			

栅条的断面形状与尺寸可按表 6-5 选用。

表 6-5　栅条的断面形状与尺寸

栅条断面形状	一般采用尺寸(mm)	栅条断面形状	一般采用尺寸(mm)
正方形	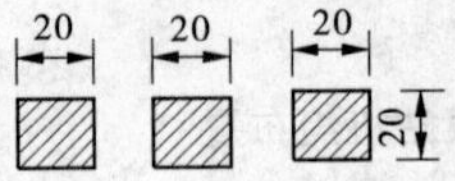	矩形	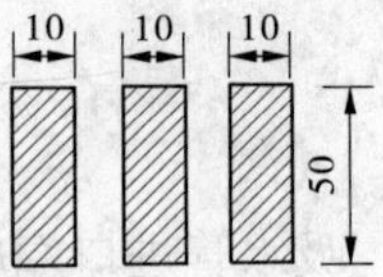
圆形	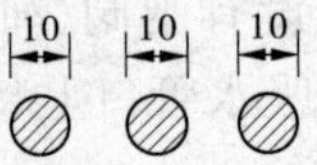	带半圆的矩形	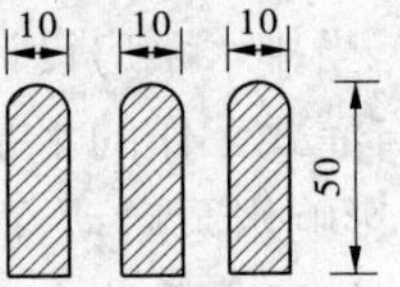

6. 2. 4. 2　**水位控制器**

为适应污水泵站水泵开停频繁的特点,往往采用自动控制机组运行。其启动停车的信号通常是由水位继电器发出的。浮子水位继电器如图 6-10 所示。

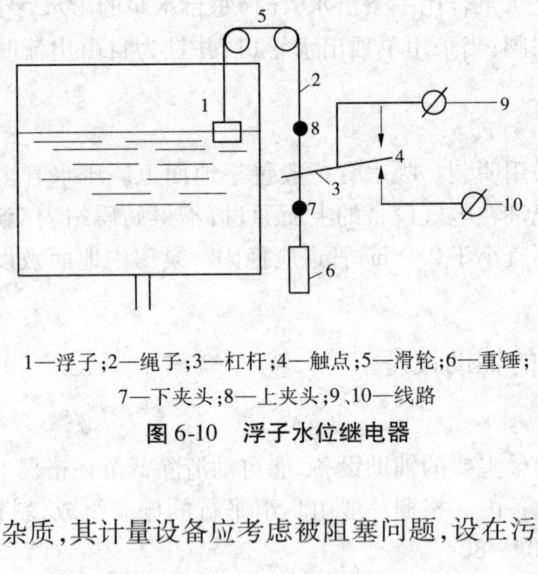

1—浮子;2—绳子;3—杠杆;4—触点;5—滑轮;6—重锤;

7—下夹头;8—上夹头;9、10—线路

图 6-10　浮子水位继电器

6. 2. 4. 3　**计量设备**

由于污水中含有杂质,其计量设备应考虑被阻塞问题,设在污水处理厂的泵站,可不考虑计量问题。

6. 2. 4. 4　**引水装置**

污水泵站一般设计成自灌式,无须引水装置。当水泵为非自灌工作时,可采用真空泵或水射器引水。大中型泵站可采用真空泵、真空罐引水,中小型泵站可采用水射器、密闭水箱等引水。当采用真空泵引水时,在真空泵与自吸排污泵之间应设置气水分离箱,以免污水和杂质进入真空泵内。

6. 2. 4. 5　**反冲洗设备**

长时间工作后,污水中所含杂质往往部分沉积在集水坑内,容易腐化发臭,甚至堵塞集水坑，影响水泵的正常吸水。为了松动集水坑内的沉渣，应在坑内设置压力冲洗管。一般从水泵压水管上接出一根直径为 50 ~ 100 mm 的支管伸入集水坑中，定期将沉渣冲起，由水泵抽走；也可在集水池设一自来水龙头作为冲洗水源，及时冲走坑内沉渣。

6.2.4.6 排水设备

干式泵房内由于水泵填料盒滴水、闸阀和管道接口的漏水、拆修设备时放出的存水等，常需排水设备，保证泵房环境整洁和设备的安全运行。干式水泵间室内地面做成 0.01 ~ 0.015 的坡度，坡向泵房一侧的排水沟或集水坑，集水坑直径 500 ~ 600 mm，深 600 ~ 800 mm，排水沟断面 100 mm × 100 mm，坡度为 0.01。当水泵为非自灌式时，机器间高于集水池。机器间的污水能自流泄入集水池，若机器间的污水不能自行流入集水池，则应设置排水泵或手摇泵将坑中的污水抽到集水池中。

6.2.4.7 溢流井

事故溢流井的作用在本章第一节中已阐述。在小型泵站中可以采用单道闸门溢流井，在大中型泵站中宜采用双道闸门溢流井，如图 6-11 所示。

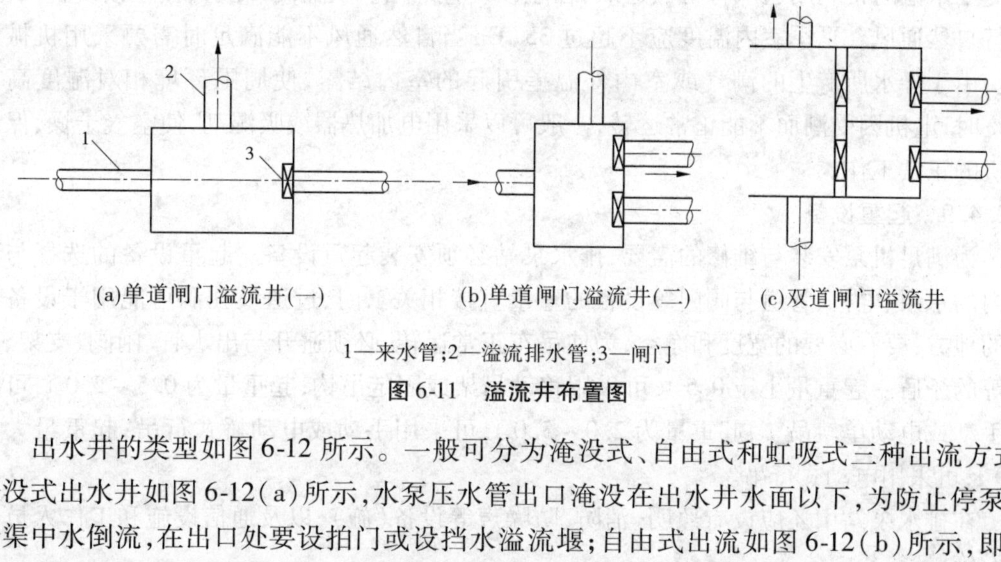

(a)单道闸门溢流井(一)　(b)单道闸门溢流井(二)　(c)双道闸门溢流井

1—来水管；2—溢流排水管；3—闸门

图 6-11　溢流井布置图

出水井的类型如图 6-12 所示。一般可分为淹没式、自由式和虹吸式三种出流方式。淹没式出水井如图 6-12(a)所示，水泵压水管出口淹没在出水井水面以下，为防止停泵时干渠中水倒流，在出口处要设拍门或设挡水溢流堰；自由式出流如图 6-12(b)所示，即压水管出口位于出水井水面之上，这种型式虽然浪费了部分能量，但可以防止停泵时出水井中水倒流，省去管道出口拍门或溢流堰；虹吸式出流如图 6-12(c)所示，它具有以上两种出流型式的优点，即充分利用了水头，又能防止倒流，但需要在虹吸管顶部设真空破坏装置，以便在停泵时破坏真空，截断水流。水泵出水压力井的盖板必须密封，所受压力由计算确定。水泵出水压力井必须设透气筒，筒高和断面根据计算确定。

雨水泵的出水管末端宜设防倒流装置，其上方宜考虑设置起吊设施。合流污水泵站宜设试车水回流管，出水井通向河道一侧应安装出水闸门或考虑封堵措施。

6.2.4.8 采暖、通风及防潮设备

集水池一般不设采暖设备，因为集水池较深，热量不容易散失，且污水温度通常不低

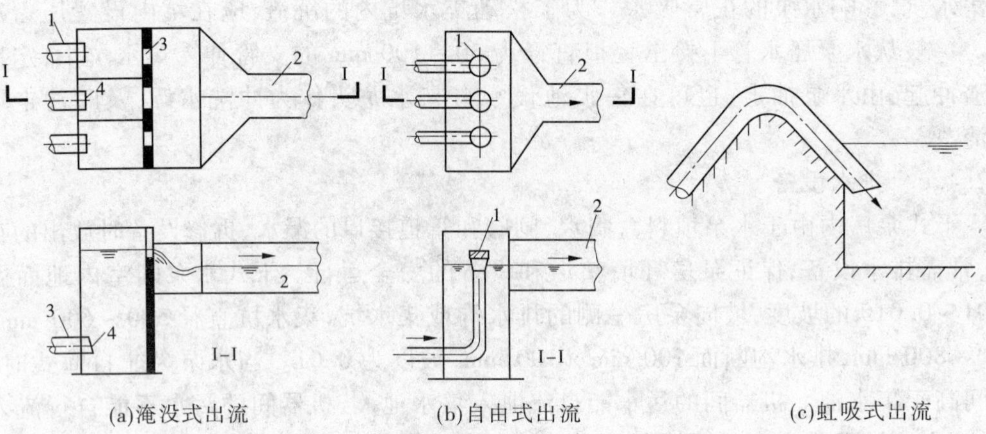

1—水泵压水管出口;2—出水管渠;3—溢流堰;4—拍门

图 6-12　出水井

于 10 ~20 ℃。若必须采暖,工作间可安装暖气、火炉等,机器间可采用电加热器。排水泵站的集水池通常利用通风管自然通风,在屋顶设置风帽。机器间一般只在屋顶设置风帽,进行自然通风。夏季室内温度应不超过 35 ℃,当自然通风不能满足时需要采用机械通风。由于降水所产生的潮气或室内外温差引起的室内结露,使周围环境相对湿度高于 75% 时,电机因受潮而不能正常运转,一般可以采用电加热器或吸湿剂,使空气干燥,保证电机的正常工作。

6. 2. 4. 9　起重设备

为满足机泵安装与维修的需要,排水泵站必须安装起重设备。起重设备的选择与泵房内的水泵、电机、管道与阀门等设备的重量直接相关。门、过道及孔洞可能用于设备出入的地方,要有必要的宽度和净空,为使吊车正常运转,必须避开与出水管、闸阀、支架、走廊等的矛盾。起重量小于 0. 5 t,可采用移动吊架或固定吊钩;起重量为 0. 5 ~2. 0 t,可采用手动或电动单轨吊车;起重量为 2. 0 ~5. 0 t,可采用手动或电动桥式行吊;起重量大于 5. 0 t,可采用电动式行吊。

在排水泵站中还应设有照明、消防、防噪声等设备(施),以及通信设施和工作人员生活设施等。

6. 2. 5　泵站的自动控制

一般控制方式有以下几种:

(1)就地控制:用配电盘操作,一般不大于 50 m。

(2)集中控制:将机组控制按钮、转换开关测量仪表与指示信号等,均引至控制台,集中进行操作。

(3)远距离控制:由控制站对各分散的泵站集中控制。

泵站一般设备控制的项目见表 6-6。

表 6-6　泵站一般设备控制的项目

设备名称	选用控制程度
水泵开停	自灌式,一般采用自动控制 非自灌式,多采用半自动控制
总进、出水闸	一般采用电动加手动控制
水泵吸水管及出水压力管闸	$D\leq400$ mm 时,采用手动控制 $D>400$ mm 时,采用电动加手动控制
格栅除渣	采用机械格栅时,采用电动加手动控制

6.2.6　污水泵站的构造特点及实例

6.2.6.1　污水泵站的主要构造特点

污水泵宜采用自灌式工作,因而泵站常建成地下式或半地下式,又因为泵站多建于地势低洼处,所以泵站地下部分常位于地下水位以下,在结构上应考虑防渗、防漏、抗浮、抗裂等。污水泵站地下部分一般采用钢筋混凝土结构,泵房地面以上部分一般为砖混结构。

为了改善吸水条件,应尽量缩短吸水管长度,因而常采用集水池与水泵间合建,只有当合建不经济或施工困难时才考虑分建。当采用合建时,可将集水池与水泵间用无门窗的不透水隔墙分开,以防集水池中臭气进入水泵间。集水池与水泵间应单独设门。

在地下式泵站中,扶梯通常沿泵房周边布置,如果地下部分超过 3 m,扶梯中间应设平台,其尺寸可采用 1 m×1 m。扶梯宽度一般为 0.8 m,坡度可采用 1∶0.75,最陡不得超过 1∶1。

泵站室外地坪标高应按城镇防洪标准确定,并应符合规划部门要求;泵房室内地坪应比室外地坪高 0.2～0.3 m;当泵站有被洪水淹没的可能时,其入口处设计地面标高应比设计洪水水位高 0.5 m 以上;当不能满足上述要求时,可在入口处设置闸槽等临时防洪设施。

位于居住区和重要地段的污水、合流污水泵站,应设置除臭装置。自然通风条件差的地下式水泵间应设机械送排风综合系统。

泵站宜设两个出入口,其中一个能满足最大设备或部件进出。

排水泵站供电应按二级负荷设计,特别重要地区的泵站,应按一级负荷设计。当不能满足上述要求时,应设置备用动力设施。

6.2.6.2　污水泵站实例

圆形合建式污水泵站工艺设计图如图 6-13 所示。该泵房地下部分采用沉井施工,钢筋混凝土结构,上部为砖砌筑。集水池与水泵间中间用不透水的钢筋混凝土隔墙分开。井筒内径为 9 m。

泵站设计流量为 200 L/s,扬程为 23.0 m。采用三台 6PWA 型卧式污水泵(其中两台工作,一台备用)。每台水泵设计流量为 100 L/s,扬程 23.0 m。每台水泵设有单独的吸水管,管径为 350 mm,因采用自灌式工作,所以每台水泵吸水管上均设有闸门;每台水泵

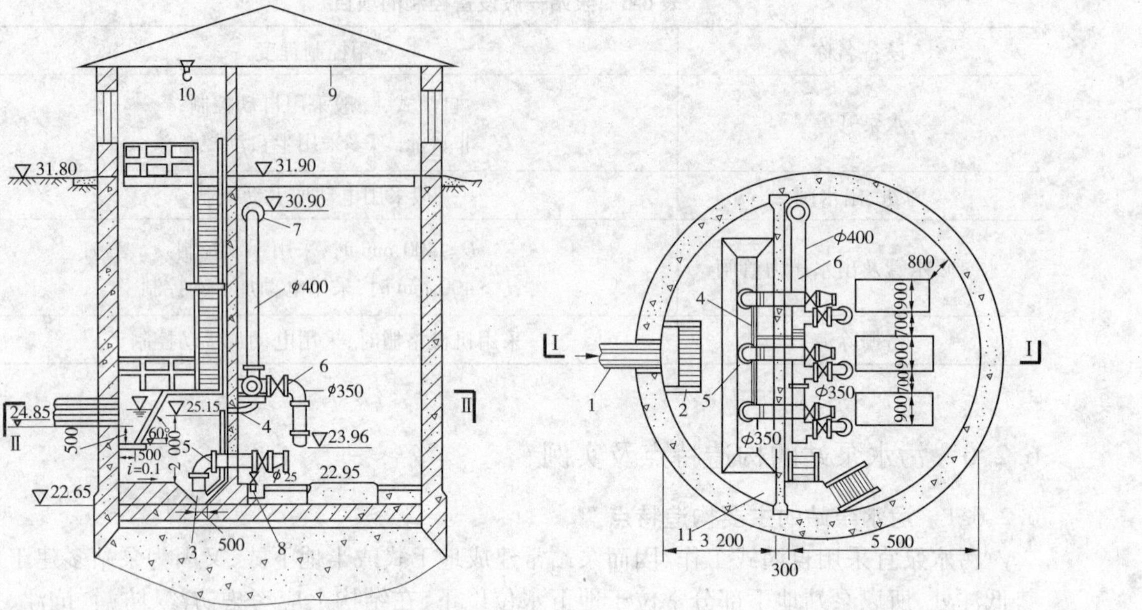

(a) Ⅰ—Ⅰ剖面　　(b) Ⅱ—Ⅱ剖面

1—来水干管；2—格栅；3—吸水坑；4—冲洗水管；5—水泵吸水管；6—压水管；
7—弯头水表；8—Φ25 吸水管；9—单梁吊车；10—吊钩；11—水位计

图 6-13　圆形合建式污水泵站

采用 *DN*350 的压水管，管上装有闸门，三台水泵共用一条压水干管，管径为 400 mm。

集水池容积按一台泵 5 min 出水量计算，其平面面积为 16.5 m。有效水深为 2 m，容积为 33 mm。集水间内设人工格栅一个，宽为 1.5 m，长为 1.8 m，倾角为 60°。采用人工清除污物。工作平台高出最高水位 0.5 m。

在压水干管的弯头部位安装有弯头流量计。水泵间内采用集水坑集水，在水泵吸水管上接出一根 *DN*32 的支管伸入集水坑中，进行积水排除。在水泵出水干管上接出 *DN*50 冲洗水管，通入集水池的吸水坑中，进行反冲洗。

水泵间起重设备采用单轨吊车。在集水间设固定吊钩。

图 6-14 为设三台立式水泵的圆形合建式泵站示意图。机器间设有三台 PWL 型污水泵，每台水泵设有单独的吸、压水管，并且在吸、压水管上均设有阀门，水泵的压水干管设在泵房外。起重设备采用单梁手动吊车。

图 6-15 中(a)～(e)为设有四台潜水排污泵的地下式污水泵站工艺图。泵站设计流量为 7 200 m^3/d。泵房建筑共三层，地面部分一层，地下部分二层，采用矩形平面布置。

图 6-15(a)为泵房地上一层平面布置图，在该层设有柴油发电机间、配电及控制设备间(控制室)、值班室等。图 6-15(b)为泵房地下一层平面布置图，该层布置有水泵出水管及排水干管，在水泵出水管上设有闸阀和止回阀，干管上设有检修闸阀，在该层设有手动单轨吊车，本层主要用于操作和维修。潜水泵上方的吊装孔盖板采取密封措施。图 6-15(c)为泵房地下二层平面布置图，该层为机器间(集水池)，安装有四台 CP3152KT530 型

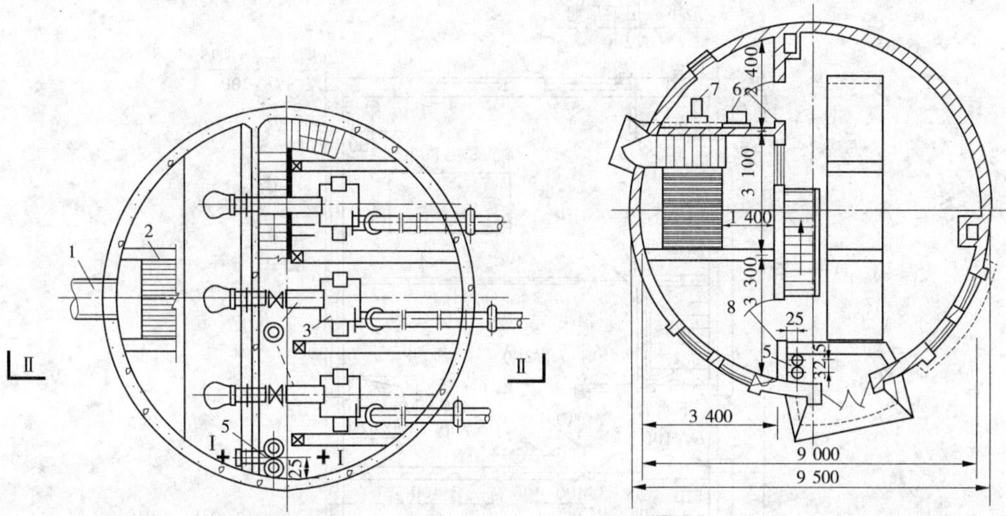

(a) Ⅰ—Ⅰ剖面　　　　(b) Ⅱ—Ⅱ剖面

1—来水干管;2—格栅;3—水泵;4—电动机;5—浮筒开关装置;
6—洗面盆;7—坐便器;8—休息室

图 6-14　立式泵圆形污水泵站

自动耦合潜水排污泵,集水池容积为 160 m^3。图 6-15(d)、(e)为泵房剖面图。表 6-7 为泵站主要设备一览表。

表 6-7　泵站主要设备一览表

序号	名称	型号	规格	单位	数量	备注
1	排污泵	CP315EJ430	*DN*200	台	4	德国产
2	柴油发电机组	EJ708C	7W	台	1	
3	闸阀	GZ41T－10	*DN*100	个	4	
4	旋启式止回阀	M71H－16C	*DN*200	个	4	
5	闸阀	Z44T－10	*DN*450	个	1	
6	闸门	Z4(4)	*DN*1 000	个	1	
	启闸机	Q37		个	1	闸门配套
7	防水套管		*DN*450	个	1	
8	防水套管		*DN*200	个	4	
9	防水套管		*DN*1 000	个	1	
10	套管		*DN*200	个	15	
11	进水阀门井		2 000 ×2 000	座	1	
12	手动单轨吊车	96－1	超重量 1 t	台	1	
13	工字铜	25a		m	7	
14	铜管		*DN*450	m	10	
15	铜管		*DN*200	m	30	

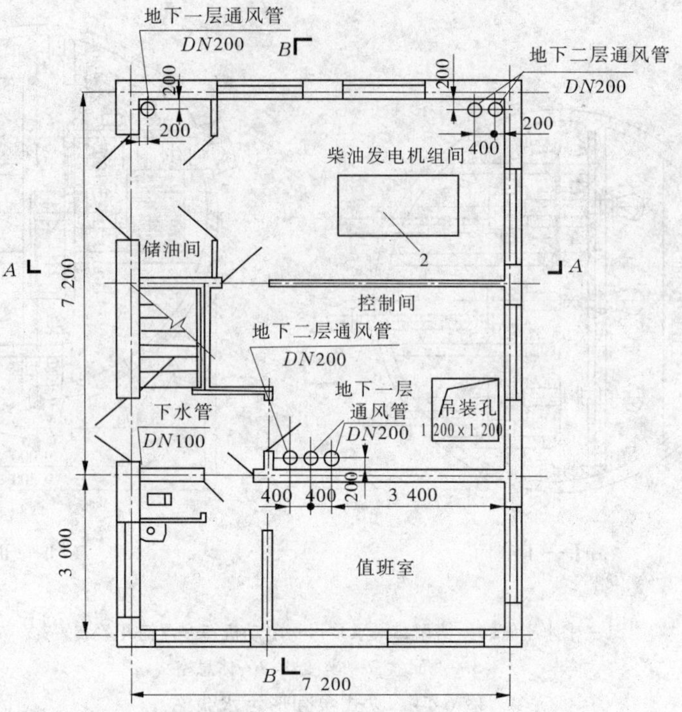

(a)泵房地上一层平面布置图1∶50

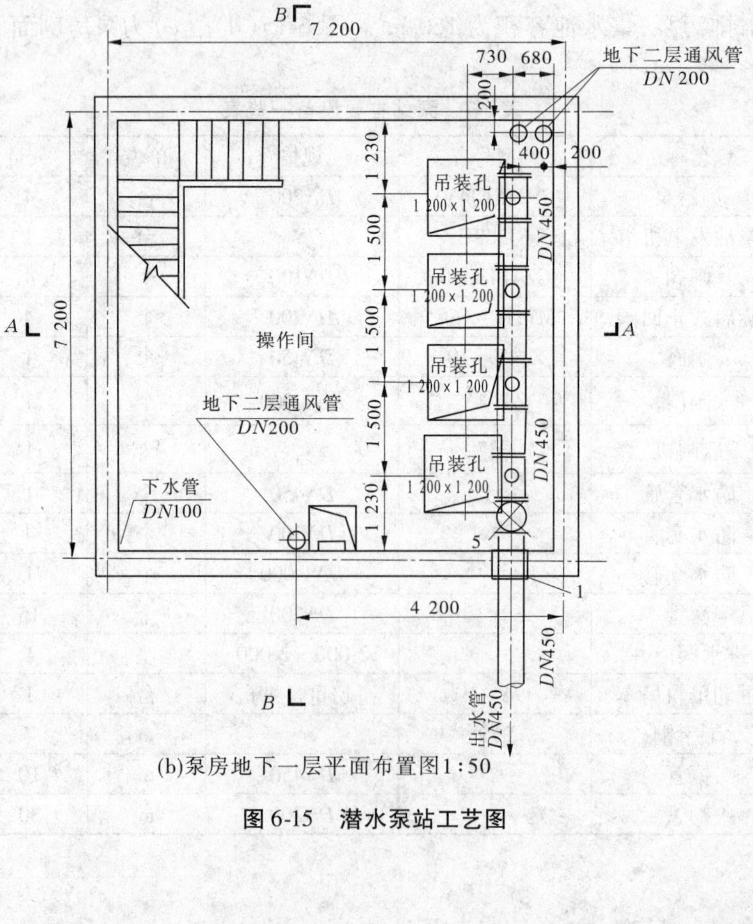

(b)泵房地下一层平面布置图1∶50

图 6-15　潜水泵站工艺图

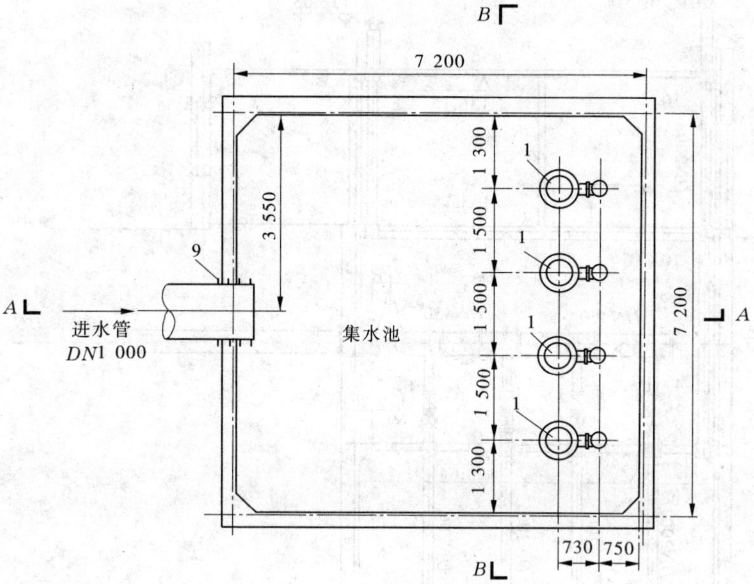

(c)泵房地下二层平面布置图1∶50

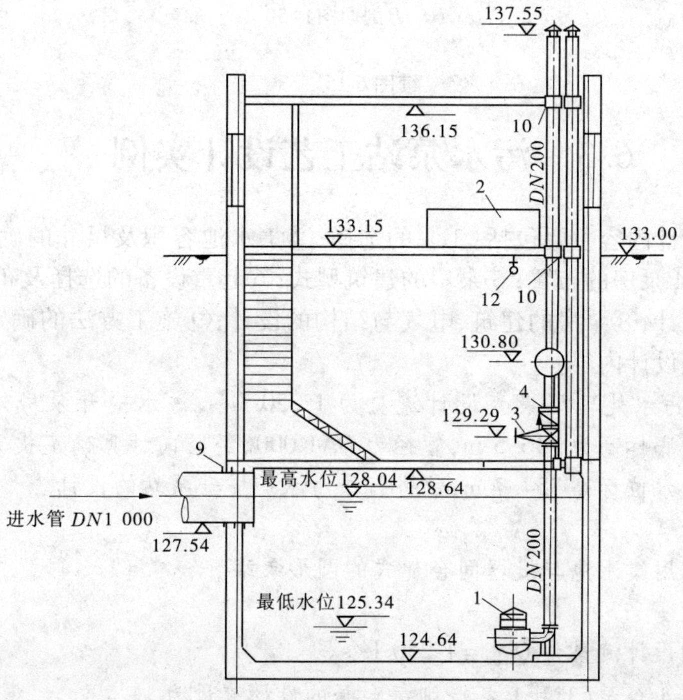

(d)A—A剖面图1∶50

续图 6-15

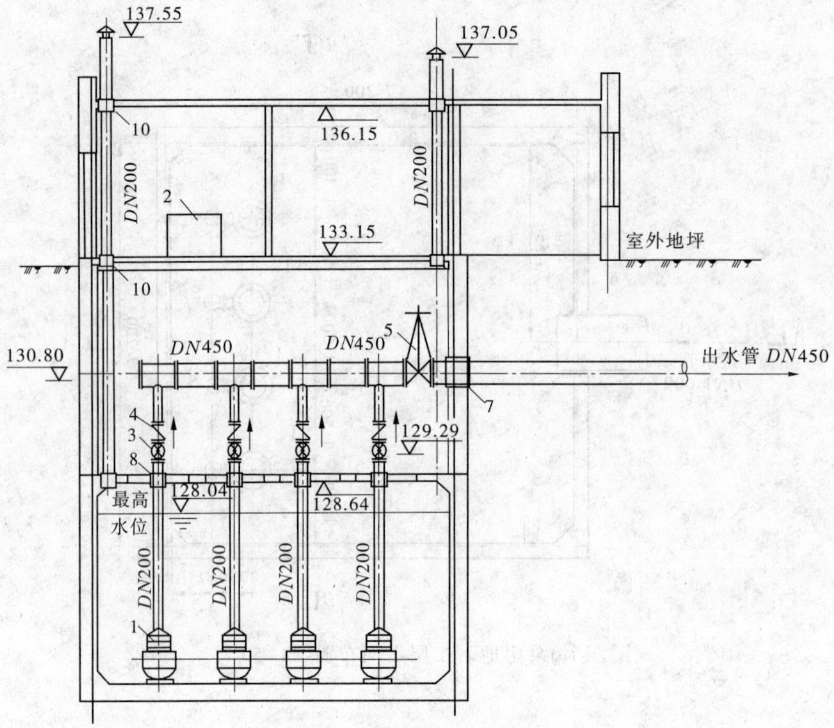

(e) B—B剖面图1∶50

续图 6-15

6.3 污水泵站工艺设计实例

污水泵站的设计内容主要包括：①泵的选择；②集水池容积及尺寸的确定；③吸水管和出水管的计算；④泵房的布置；⑤泵房的建筑型式；⑥起重设备的选择及布置；⑦电气设备和自控设备的设计；⑧泵房的建筑、电气与结构的设计；⑨施工方法的确定。下面将讨论泵站的主要工艺设计内容。

【例 6-1】 某污水处理厂最大设计流量为 1 250 L/s，污水提升泵房处地面标高为 750.2 m，进水管管底标高为 746.5 m，管径为 DN1 000，经竖向计算确定提升泵房后第一个构筑物沉砂池的水位标高 754.7 m，试进行该污水厂提升泵站的设计。

1. 水泵的选择

该污水泵站选用集水池与机器间合建式的圆形泵站。

1）流量的确定

该泵站提升的设计流量为 Q_{max} = 1 250 L/s。

设计拟定选用 4 台泵（3 用 1 备），则每台泵的设计流量为

$$Q = Q_{max}/3 = 1\ 250/3 = 416.67(\text{L/s})$$

2）选泵前扬程的估算

水泵提升的静扬程为沉砂池水位（754.7 m）与水泵集水池的最低水位 H_2 之差，集水

池有效水深取2.0 m，通过格栅总的水头损失取0.3 m，在集水池最低水位 $H_2 = H_1 - 2.0$ m。集水池最高水位 H_1 取进水管水位，进水管充满度为0.8，则 $H_1 = 746.5 + 0.8 - 0.3 = 747.0$(m)，$H_2 = 747.0 - 2.0 = 745.0$(m)。

静扬程 $H_{静} = 754.7 - 745.0 = 9.7$(m)。

水泵吸水管和压水管水头损失估算为3.0 m，自由水头取1.0 m，则水泵扬程为

$$H = H_{静} + 3.0 + 1.0 = 9.7 + 3.0 + 1.0 = 13.7(\text{m})$$

3）选泵

由 $Q = 416.67$ L/s，$H = 13.7$ m 可知，选用 350WL1714－15.3 型水泵4台，3用1备，其各项性能参数如表6-8所示。

表6-8　350WL1714－15.3 型水泵性能参数

型号	流量 $Q(\text{m}^3/\text{h})$	扬程 H(m)	转速 n(r/min)	轴功率 W(kW)	效率(%)
350WL1714－15.3	1 714	15.3	590	91.6	78

注：该泵生产厂为扬州市亚太特种水泵厂。

2. 吸、压水管路实际水头损失的计算及水泵扬程的核算

1）管径及流速的确定

$Q = 416.67$ L/s，吸水管选用 $DN600$ 的铸铁管，压水管为 $DN500$ 的铸铁管，则压水管内流速为

$v_{压} = \dfrac{4Q}{\pi D^2} = \dfrac{4 \times 0.416\,67}{3.14 \times 0.50^2} = 2.12$(m/s)，查《给水排水设计手册》第1册知：$1\,000i = 11.8$；

吸水管内流速为

$v_{吸} = \dfrac{4Q}{\pi D^2} = \dfrac{4 \times 0.416\,67}{3.14 \times 0.60^2} = 1.47$(m/s)，查《给水排水设计手册》第1册知：$1\,000i = 4.48$；

水泵进出口直径分别为400 mm、350 mm，则水泵进出口流速为 $v_{进口} = 3.32$ m/s，$v_{出口} = 4.33$ m/s。

2）吸水管路水头损失计算

吸水管上附件有：

一个喇叭口 $D = 1.5 \times 600 = 900$ mm，$\xi_1 = 0.1$；

$DN600$ 的90°弯头一个，$\xi_2 = 0.6$；

$DN600$ 的闸阀一个，$\xi_3 = 0.07$；

$DN600 \times 400$ 的偏心渐缩管一个，$\xi_4 = 0.20$。

吸水管局部水头损失为

$$h_{局部} = \frac{\sum \xi v_i^2}{2g} = \frac{(0.6 + 0.07 + 0.1) \times 1.47^2 + 0.20 \times 3.32^2}{2 \times 9.8} = 0.20(\text{m})$$

设吸水管直线段管长3 m，则吸水管沿程损失为

$$h_{沿程} = il = \frac{4.48}{1\,000} \times 3 = 0.013(\text{m})$$

吸水管总损失 $h_1=0.20+0.013\approx0.21(\mathrm{m})$

3)压水管路损失

压水管上附件有:

$DN350\times500$ 的渐缩管一个,$\xi_1=0.21$;

$DN500$ 的截止阀一个,$\xi_2=3.0$;

$DN500$ 的闸阀一个,$\xi_3=0.07$;

$DN500$ 的 90°弯头两个,$\xi_4=0.59$。

则压水管路局部水头损失为

$$h_{局部}=\frac{\sum\xi v_i^2}{2g}=\frac{(3.0+0.21+0.07+0.59\times2)\times2.12^2}{2\times9.8}=1.023(\mathrm{m})$$

设压水管管长 30 m,则 $h_{沿程}=il=0.0118\times30=0.354(\mathrm{m})$,则压水管总水头损失 $h_2=1.023+0.354\approx1.38(\mathrm{m})$。

泵站内总水头损失 $\sum h=h_1+h_2=0.21+1.38=1.59(\mathrm{m})$。

4)水泵扬程校核

$$H=H_{静}+\sum h+1.0=9.70+1.59+1.0=12.29(\mathrm{m})<15\ \mathrm{m}$$

能够满足需求,故选泵合适。

3.集水池

1)集水池形式

本设计的集水池与泵房共建,属封闭式。所以,须在集水池内设通气管,通向地外,并将管口做成弯头或加罩,以防止雨水及杂质入内。集水池设有污泥斗,池底做成不小于0.01 的坡度,坡向污泥井。从平台到池底应设向下的扶梯,台上应有吊泥用的梁钩滑车。

2)集水池容积计算

集水池容积按最大一台泵 5 min 的出水量计算,有效水深取 2.0 m。

$$V=5\times60\times416.671=125\,001(\mathrm{L})=125.001\ \mathrm{m}^3,取\ V=125\ \mathrm{m}^3$$

则集水池面积 F 为

$$F=V/h=125/2=62.5(\mathrm{m}^2)$$

3)集水池的排砂

污水杂质往往沉积在集水池内,时间长了腐化变臭,甚至堵塞集水坑,影响水泵正常吸水,因此在压水管路上设 $DN150$ mm 的压力冲洗管伸入集水坑,定期将沉渣冲起。由水泵抽走,集水池可设成连通的两格,以便检修。

4.水泵机组基础的确定和污水泵站的布置

1)水泵机组基础的确定

机组安装在共同基础上,基础的作用是支撑并固定机组,使之运行稳定,不致发生剧烈振动,更不允许发生沉降。对基础的要求如下:

(1)坚实牢固,除能承受机组静荷载外,还能承受机械振动荷载。

(2)要浇制在较坚实的地基上,以免发生不均匀沉降或基础下沉。

查手册,算得水泵机组基础尺寸为:1 190 mm×1 190 mm,机组总质量为(780+890)

kg = 1 670 kg，基础深度 H 为

$$H=\frac{3.0W}{LB\gamma}=\frac{3.0\times 1\ 670}{1.19\times 1.19\times 2\ 400}=1.47(\mathrm{m})$$

为安全计，取 $H=2.0$ m。

2）污水泵站的布置

因为所选用的台数仅4台，所以泵房采用圆形，内水泵采用横向排列，这样虽增加了泵房长度，但由于立式泵占地面积小，跨度减小；水力条件好，节省电耗。

基础尺寸为1 190 mm×1 190 mm，基础间净距为1.0 m，泵房尺寸为 $R=12\ 000$ mm。

泵房与中格栅合建，污水泵房平面布置，如图6-16所示。

5.泵房高度的确定

1）地下部分

集水池最高水位为进水管水面标高，即

$$H_1=746.5+0.8-0.3=747.0(\mathrm{m})$$

集水池最低水位为745.0 m。

设水泵吸水管中心标高在最低水位以下0.6 m，则吸水管中心线标高为(745.0－0.6)m＝744.40 m。

泵轴标高为(744.40＋0.42＋0.2)＝745.02(m)。

机组基础部分埋于地下，露出地面0.20 m，则基础顶标高为(745.02－0.42)m＝744.60 m。

基础地面标高为(744.60－0.20)m＝744.40 m，则泵房地下埋深 $H_{下}=(750.20-744.40)\mathrm{m}=5.80\ \mathrm{m}$。

2）地上部分

地上部分高度 H_2 为

$$H_2=n+a_2+c_2+d+e+h$$
$$=(0.1+0.7+1.06+0.72+2.50+0.2)\mathrm{m}=5.28\ \mathrm{m}$$

其中，n 取0.1 m；行车梁高度 a 取0.7 m；行车梁底至起吊钩中心距离 c 取1.06 m；起重绳的垂直长度 d 为 $0.85X=0.85\times0.85$ m＝0.72 m；最大一台水泵或电动机的高度取2.50 m；吊起物底部与泵房进口处室内地坪的距离 h 取0.2 m。

则泵房高度 $H=H_{下}+H_{上}=(5.80+5.28)\mathrm{m}=11.08\ \mathrm{m}$。

水泵的开启方式为自灌式。

6.泵房附属设施及尺寸的确定

1）水位控制

污水泵房水泵采用自动控制机组运行，根据水位变化，应用可编程序控制系统PLC实现水泵开停的自动控制。启动停车自动控制的信号由水位继电器发出。

2）计量设备

由于污水中含有机械杂质，其计量设备考虑被堵塞的问题，可采用电磁流量计作为计量设备。

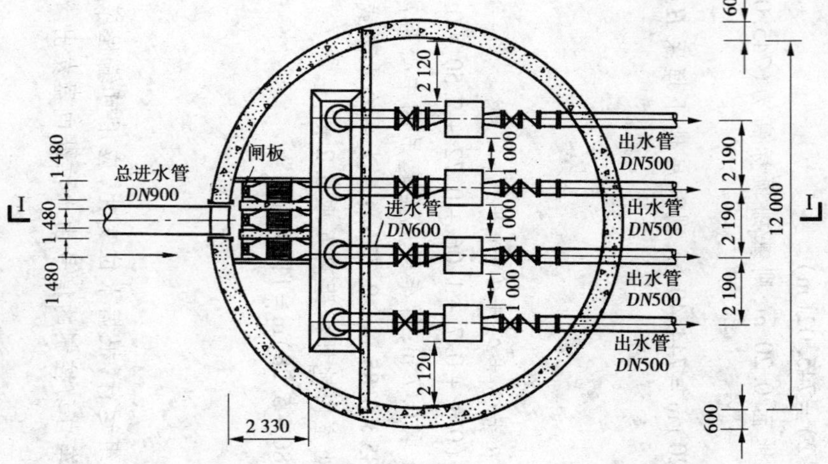

污水泵房平面布置图 1∶100

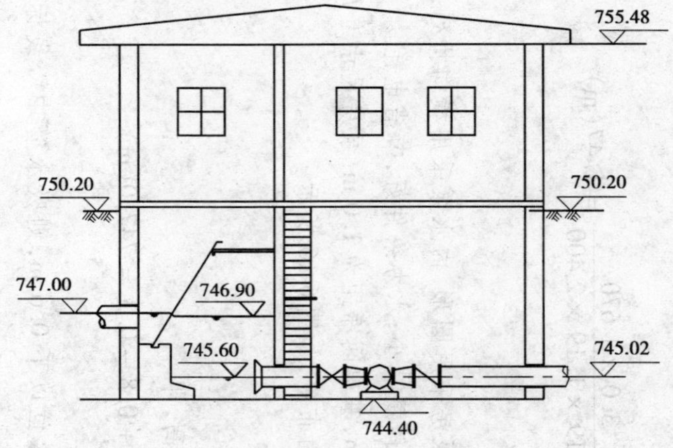

I—I 剖面图 1∶100

图 6-16 污水泵房布置图

3）排水

在机器间的地板上应设有排水沟和集水坑。排水沟沿墙设置，坡度 $i=0.01$，集水坑平面尺寸为 0.8 m×0.8 m，深为 0.5 m，在吸水管上接出 *DN*100 的小管伸到集水坑内。当水泵工作时把坑内积水抽走。

7. 采光、采暖与通风

(1)集水坑一般不需要采暖设备，因为集水坑较深，热量不易散失，且污水温度通常不低于 10～20 ℃，机器间采暖采用暖气设施。

(2)泵房在上层工作间设置窗户，保证有充足的自然采光，检修操作点采用集中照明。

(3)泵房通风主要解决高温散热和空气污染问题，污水泵站的机械间机组台数较多，功率较大，除四周设置窗户进行自然通风外，还设置机械通风和通气管。

8. 起吊设备

泵房起重设备根据起吊最大一台设备的重量进行选择，水泵机组总重 $W=(780+890)$ kg = 1 670 kg，可选用 DL－2 型电动单梁桥式起重机，其性能如表 6-9 所示。

表 6-9　DL－2 型电动单梁桥式起重机性能参数

型号	起重量（t）	起升高度（m）	起升速度（m/min）	运行速度（m/min）	工字梁轨道型号	最大轮压（kg）	质量（kg）
DL－2	2	12	75	60	$20^{a}-45^{c}$	835	296
主起升电动机		慢速起升电动机		运行电动机		钢丝网	
功率（kW）	转速（r/min）	功率（kW）	转速（r/min）	功率（kW）	转速（r/min）	直径(mm)	结构
3	1 380	0.4	1 380	0.4	1 380	11	3×37＋1－11－180－I－b

9. 泵房值班室、控制室及配电间

值班室设在机器间一侧，有门相通，并设置观察窗，根据运行控制要求设置控制台和配电柜，其面积为 12～18 m^2，能满足 1～2 个人值班，因长年运行，所以安装电话。本设计泵房值班室及控制室合建，面积取为 3 m×9 m，配电间尺寸为 3 m×9 m。

10. 门窗及走廊、楼梯

(1)门：机器间至少应有满足设备的最大部件搬迁出入的门，宽不小于 4 m。取宽 4.5 m、高 4.0 m，泵房靠近值班室一侧设小门，取门高 2.0 m、宽 1.0 m，泵房与配电间之间设小门，尺寸与值班室小门相同，配电间通往室外的门也与其相同。

(2)窗：为了便于通风采光，开窗面积不小于泵房的 1/5，设八扇窗，其尺寸为 2 500 mm×2 000 mm。

(3)走道：在泵房四周设走道。走道栏杆高 1.0 m，在机器间的一侧设有楼梯，楼梯坡度倾角为 1/0.75、宽 0.8 m、扶手 1.0 m。

(4)卫生设备:为了管理人员使用方便,应就近设洗手池,接 $DN25$ 的给水管,并备有供冲洗的橡胶管。

6.4 雨水泵站与合流泵站

雨水泵站的基本特点是流量大、扬程小,因此多采用轴流式水泵,有时采用混流泵。

合流泵站中集水池一般污、雨水合用,水泵可以分设,也可以共用。

6.4.1 雨水泵站

当雨水管道出口处水体水位较高,雨水不能自流排泄,或者水体最高水位高出排水地面时,都应在雨水管道出口前设置雨水泵站。雨水泵站是指设置于雨水管道系统中或城市低洼地带,用以排除城区雨水的泵站,不仅可以防积水,还可供水。

6.4.1.1 基本类型

雨水泵站的基本类型有干室式与湿室式。

1. 干室式

干室式泵站如图6-17所示,共分三层。上层是电动机间,安装立式电动机和其他电气设备;中层为机器间,安装水泵的轴和压水管;下层是集水池。

城市雨水泵站一般应布置为干室式泵站,使用轴流泵的封闭式底座,以利于管理维护。机器间与集水池用不透水的隔墙分开,集水池的雨水不允许进入机器间,故水泵间应设地面集水、排水设施,包括排水泵、排水沟、集水坑等,以及时排除地面积水。

2. 湿室式

湿室式泵站如图6-18所示。电动机层下面是集水池,水泵浸于集水池内。湿室式泵站结构虽比干室式泵站简单,造价较低,但离心泵的检修不如干室式方便,泵站内比较潮湿,且有臭味,不利于电气设备的维护和管理人员的健康。

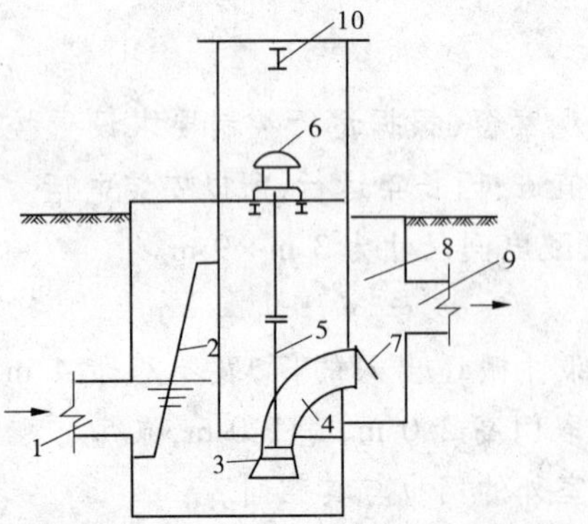

1—来水管渠;2—格栅;3—水泵;4—压水管;
5—传动轴;6—立式电机;7—拍门;8—出水井;
9—出水管;10—单梁吊车

图6-17 干室式泵站

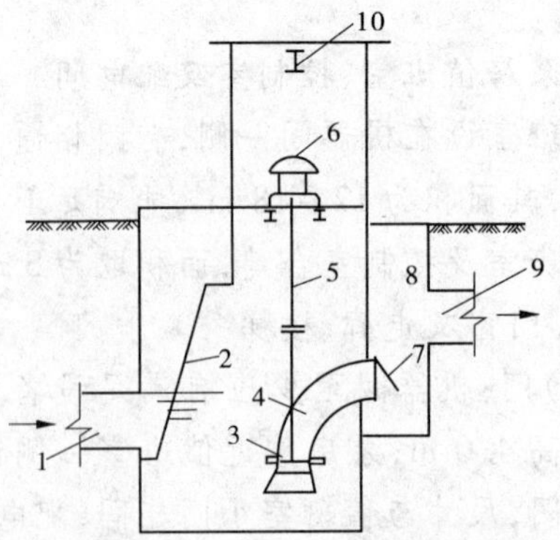

1—来水管渠;2—格栅;3—水泵;4—压水管;
5—传动轴;6—立式电机;7—拍门;8—出水井;
9—出水管;10—单梁吊车

图6-18 湿室式泵站

6.4.1.2　**水泵的选择**

雨水泵站的设计流量应按进水管渠的设计流量计算。

合流泵站内雨水及污水的流量,要分别按照各自的标准进行计算。当泵站内雨、污水分成两部分时,应分别满足各自的工艺要求;当污、雨水合用一套装置时,应既要满足污水,也要满足合流来水的要求,同时要考虑流量的变化。合流泵站的设计流量,按下列公式进行计算:

(1)泵站后设污水截流装置时:

$$Q = Q_d + Q_m + Q_s = Q_{dr} + Q_s$$

式中 Q——合流管渠的设计流量,L/s;

Q_d——设计综合生活污水量,L/s;

Q_m——设计工业废水量,L/s;

Q_s——雨水设计流量,L/s;

Q_{dr}——截流井以前的旱流污水量,L/s。

(2)泵站前设污水截流装置时,雨水部分和污水部分分别按以下公式计算:

雨水部分

$$Q_p = Q_s - n_0 Q_{dr}$$

污水部分

$$Q_p = (n_0 + 1) Q_{dr}$$

式中 Q_p——泵站设计流量,L/s;

Q_s——雨水设计流量,L/s;

Q_{dr}——旱流污水设计流量,L/s;

n_0——截流倍数。

雨水泵站设计扬程,应根据设计流量时的集水池水位与受纳水体的平均水位差和管路系统的水头损失确定。

合流泵站设计扬程应根据设计流量时的集水池水位与出水管渠的水位差和水泵管路系统的水头损失以及安全水头确定,可按公式计算。

6.4.1.3　**集水池**

1.容积的确定

雨水泵站的集水池一般不考虑调节作用。因为雨水管道的设计流量一般都比较大,若完全用集水池调节水量往往需要非常大的容积。另外,由于接入雨水泵站的雨水管渠断面较大,敷设的坡度一般比较小,也能够在一定程度上起到调节水量的作用,所以集水池的容积只要求保证水泵正常工作的吸水条件和合理布置吸水口等所必需的容积。集水池的容积以最大一台水泵流量为计算标准,一般采用不小于5 min的出水量。对于进水管渠容积大、IS、IR卧式单级单吸清水离心泵组合流量范围宽,能适应来水量变化的泵站,集水池容积可以小一些。变速拖动水泵比定速水泵的集水池容积可以小一些,自动控制比人工操作泵站的集水池容积也可以小一些,但均不得低于最小值(30 s)的流量。

2.深度的确定

集水池容积的计算深度,是指集水池中最高水位和最低水位之间的有效水深,雨水泵站的最高水位可以采用进水管渠的管顶高程,最低水位可以采用相当于最小一台水泵流量的进水管水位高程。集水池容积的计算范围,除集水池本身外,可以向上游推算到格栅的部位。

3. 污泥清除

集水池的布置要考虑清池挖泥的工作条件。雨水泵站是在非雨季挖泥,除采用污泥泵排泥外,还要为人工挖泥提供方便。

4. 设计注意事项

(1)使进入池中的水流均匀地流向各台水泵,见表 6-10 中Ⅰ、Ⅲ、Ⅳ、Ⅸ。

(2)水泵布置、吸入口位置和集水池形状的设计,不致引起涡流,见表 6-10 中Ⅲ、Ⅳ、Ⅴ。

(3)集水池进口流速应尽可能地缓慢,一般不超过 0.7 m/s,水泵吸入口的行近流速以小于 0.3 m/s 为宜。

(4)流线不要突然扩大和改变方向,防止形成涡流,见表 6-10 中Ⅱ。

(5)在 ISWD 低转速卧式管道离心泵与集水池壁之间,不应留过多的空隙,以防形成涡流。

(6)在一台水泵的上游应避免设置其他的水泵,见表 6-10 中Ⅳ。

(7)应取足够的淹没水深,防止空气吸入形成涡流,见表 6-10 中Ⅵ。

(8)进水管管口要做成淹没出流,使水流平稳地没入集水池中,见表 6-10 中Ⅵ。

(9)在封闭的集水池中应设透气装置,及时排除集存的空气,避免集气,见表 6-10 中Ⅶ、Ⅸ。

(10)进水明渠的设计应注意防止水跃的发生,见表 6-10 中Ⅷ。为了防止形成涡流,在必要时应设置适当的涡流防止壁与隔壁。如表 6-11 所示是几种型式的涡流防止壁及其特征和用途。

6.4.1.4 出流设施

雨水泵站的出流设施一般包括出流井、出流管、超越管(溢流管)、排水口四部分,如图 6-19 所示。

出流井中设有各泵出口的拍门,出流井可以多台泵共用一个,也可以每台泵各设一个。以合建的结构比较简单,采用较多。

溢流管的作用是当水体水位不高,同时排水量不大时,或在水泵发生故障或突然停电时,用以排泄雨水。因此,在连接溢流管的检查井中应装设闸板,平时该闸板关闭。

排水口的设置应考虑对河道的冲刷和航运的影响,所以应控制出口水流的速度和方向,一般出口流速应控制在 0.6~1.0 m/s,流速较大时,可以在出口前采用八字墙放大水流断面。出流管的方向最好向河道下游倾斜,避免与河道垂直。

6.4.1.5 内部布置、构造特点

雨水泵站中水泵一般都是单行排列,每台水泵各自从集水池中抽水,并独立地排入出流井中。出流井一般放在室外,当可能产生溢流时,应予以密封,并在井盖上设置透气管或在出流井内设置溢流管,将倒流水引回集水池去。

吸水口和池壁之间的距离应不小于 $D/2$(D 为吸水口直径),如果集水池能保证均匀

表 6-10　进水条件好、坏实例

序号	坏例	注意事项	好例
Ⅰ	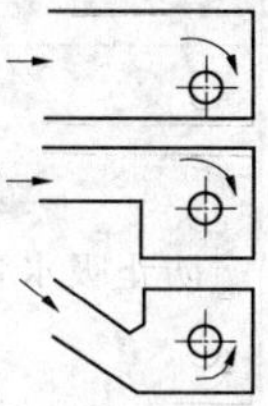	1 1 1	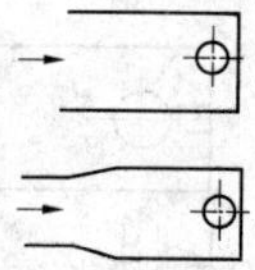
Ⅱ	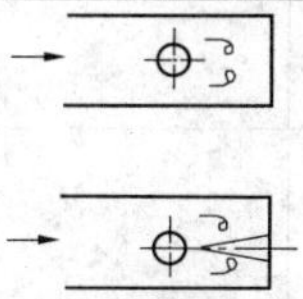	4 4,10	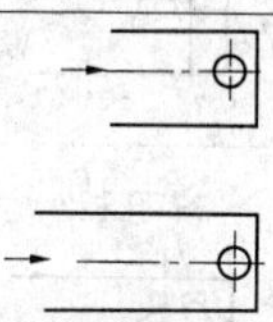
Ⅲ	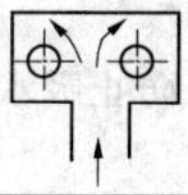	1,2 10	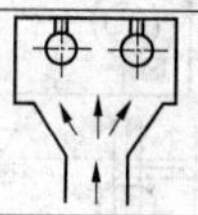
Ⅳ	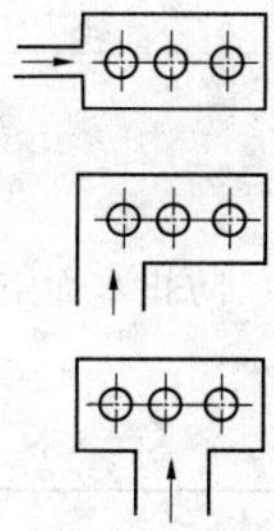	1,5 1,2 1,2	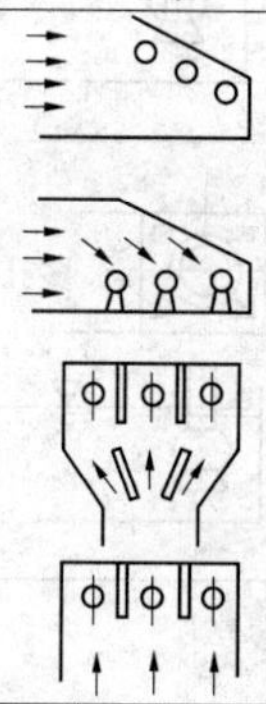
Ⅴ	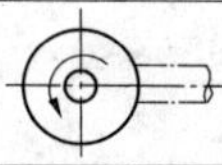	2,10	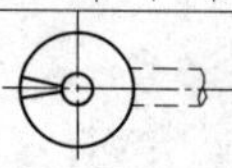
Ⅵ	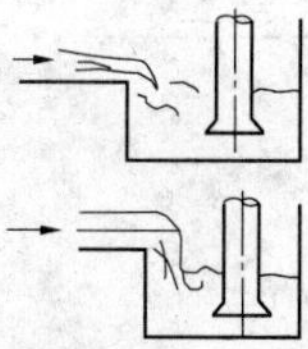	7 7	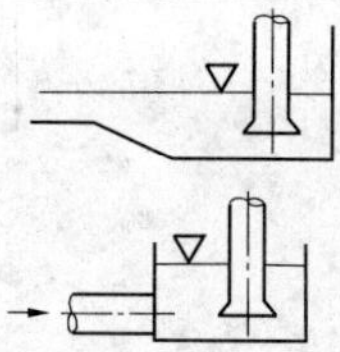
Ⅶ	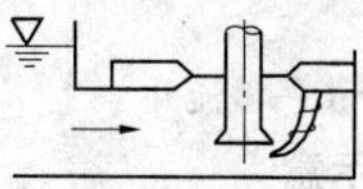	8	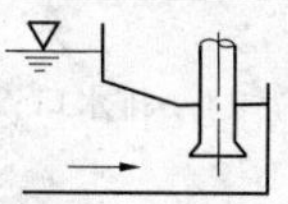
Ⅷ	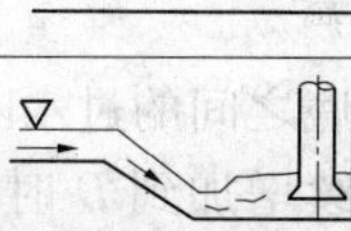	9	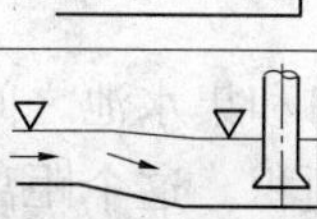
Ⅸ	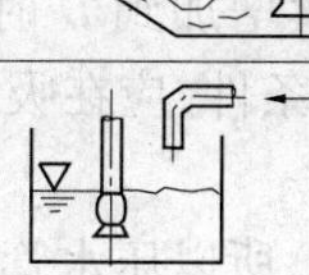	8	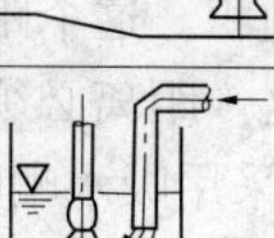

分布水流,则各泵吸水喇叭口之间距离应等于 $2D$。

表 6-11　几种型式的涡流防止壁及其特征和用途

序号	型式	特征	用途
1	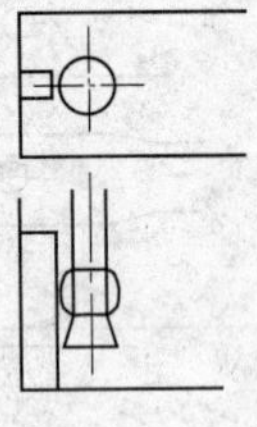	吸水管与侧壁之间的空隙大时,可防止吸水管下水流的旋流,并防止随旋流而发生的涡流。但是,如设计涡流防止壁中的侧壁距离过大,则会产生空气吸入涡	防止吸水管下水流的旋流与涡流
2	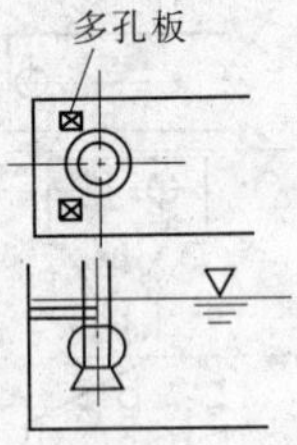	防止因旋流淹没水深不足,所产生的吸水管下的空气吸入涡,但是不能防止旋流	防止吸水管下产生空气吸水涡
3	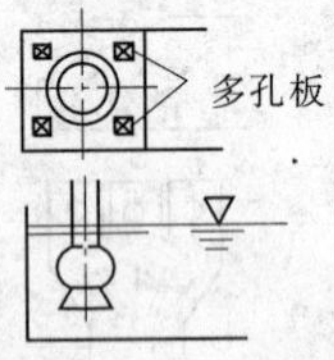	预计到因各种条件在水面有涡流产生时,用多孔板防止涡流	防止水面空气吸入涡流

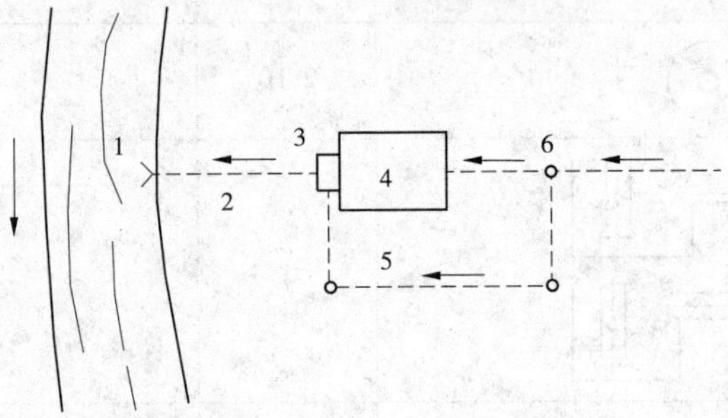

1—排水口;2—出流管;3—出流井;4—泵站;5—溢流管;6—溢流井

图 6-19　雨水泵站出流设施示意

吸水口和集水池之间的距离应保证吸水口和集水池底之间的过水断面面积等于吸水喇叭口的面积。这个距离一般在 $D/2$ 时最好,当距离继续增加到 D 时,水泵效率反而下降。如果这一距离必须大于 D,为了保证达到较好的水力条件,应在吸水口下面设一涡流防止壁,并采用吸水喇叭口。

因为轴流泵的扬程一般很低,应尽可能减少水头损失,所以压水管要尽量短。压水管直径的选择应保证水在其中的流速水头小于水泵扬程的 4% ~5%,压水管出口不设闸阀,只设拍门。

集水池中最高水位标高,一般为来水干管的管顶标高,最低水位一般略低于来水干管的管底。对于流量较大的泵站,为了避免泵房太深,增加施工困难,也可以略高于来水干管的管底,使最低水位与来水干管中的水面标高齐平。水泵的淹没深度按水泵样本的规定采用。

水泵传动轴长度大于1.8 m时,必须设置中间轴承。

水泵间内应设集水坑及小型水泵以排除水泵的渗水,该泵应设在不被水淹之处。

在设立式轴流泵的泵站中,电动机间一般设在水泵间之上。电动机间应设置起重设备,在房屋跨度不大时,可采用单梁吊车;在跨度较大或起重量较大时,应采用桥式吊车。电动机间的地板上应有吊装孔,该孔在平时用盖板盖好。采用单梁吊车时,为方便起吊工作,工字梁应放在机组的上方。如果梁正好在大门中心,则可使工字梁伸出大门1 m以上,设备起吊后可直接装上汽车,但应注意考虑大门上面过梁的负荷问题。另外,也有的将大门加宽,使汽车进到泵站内,以便吊起的设备直接装车。

电动机间的净空高度,当电动机功率在55 kW以下时,应不小于3.5 m;在100 kW以上时,应不小于5.0 m。为了便于检修,集水池最好分隔成进水格间,每台泵有各自单独的进水格间,在各进水格间的隔墙上设砖墩,墩上有槽或槽钢滑道,以便插入闸板。闸板设两道,平时闸板升高,检修时将闸板放下,中间用蒙古土填实,以防渗水。在集水池前应设格栅,格栅可单独设置或附设在泵站内,单独设置的格栅井通常建成露天式,四周加以栏杆,也可以在井上设置盖板。附设在泵站内时,必须与机器间、变压器间和其他房间完全隔开。为便于清理,格栅要设格栅平台,平台应高于集水池设计最高水位0.5 m,平台宽度应不小于1.2 m,平台上应做渗水孔,并装上自来水龙头以便冲洗。格栅宽度不得小于进水管渠宽度的2倍。格栅栅条间隙可采用50~100 mm。格栅前进水管渠内的流速不应小于1 m/s,过栅流速不超过0.5 m/s。

在各进水格间的隔墙上设砖墩,墩上有槽或槽钢滑道,以便插入闸板。闸板设两道,平时闸板开启,检修时将闸板放下,中间用黏土填实,以防渗水,如图6-20所示。

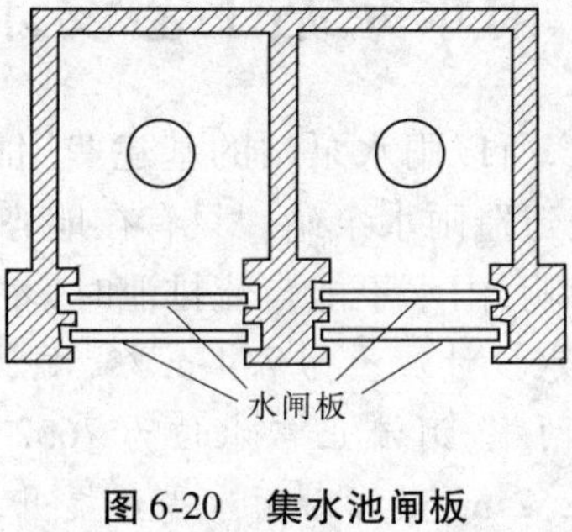

图6-20 集水池闸板

6.4.2 合流泵站

在合流制或截流式合流污水系统中,设置的用以提升或排除服务区域内的污水和雨水的泵站为合流泵站。合流泵站的工艺设计、布置、构造等兼有污水泵站和雨水泵站两者的特点。合流泵站在不下雨时,抽送的是污水,流量较小。当下雨时,合流管道系统流量增加，合流泵站不仅抽送污水，同时要抽送雨水，且流量较大。因此，在合流泵站设计选泵时，不仅要装设流量较大的用以抽送雨天合流污水的泵，还要装设小流量的泵，用于不下雨时抽送经常连续流来的少量污水。这个问题应该引起重视，解决不好会造成泵站工作的困难和电能浪费。如果按大流量来选泵，没有安装小流量的污水泵，那么在旱天小流量时，会造成由于所选泵的流量太大，而不适合抽送经常连续流来的少量污水，会造成泵的开停次数过于频繁。一台大泵一启动，很快将集水池的污水吸完，泵立即停车。泵一停，集水池中水位又逐渐上升，水位到一定高度，又开大泵抽一下，但很快又要停下。如此连续频繁开停泵，给工作带来很多不便，因此合流泵站设计时，应根据合流泵站抽送合流雨污水及其流量的特点，合理选泵及布置泵站设备。

合流制泵站的工艺设计还应该考虑以下几个问题：

(1)对于合流制泵站，集水池一般合用，水泵根据所提升扬程的要求可以分设，也可以共用。

(2)合流泵站内雨水和污水的流量，要分别按照各自的标准计算，污水流量按旱流流量和截留倍数计算，雨水按总雨水量和截留量来计算。当站内分成两部分设计时，应分别满足各自的工艺要求。如共用一套装置，既要满足污水工艺的要求，又要满足雨水工艺的要求。

(3)合流泵站的污水提升泵同污水泵站一样考虑备用，雨水不考虑备用。

(4)合流泵站集水池容积应根据雨水、污水使用的水泵，分别按照雨水污水泵站集水池容积的计算标准确定；当集水池共用时，要能同时满足收集雨水、污水的容积要求。

(5)合流泵站的其他特点和布置要求兼有污水泵站和雨水泵站的特点和要求。

(6)大型合流污水输送泵站集水池的面积，应按管网系统中调压塔原理复核。合流污水泵站集水池的设计最高水位，应与进水管管顶相平；设计最低水位应采用一台水泵流量相应的进水管水位；当设计进水管渠为压力管时，集水池的设计最高水位可高于进水管管顶，但不得使管道上游地面冒水。

6.5 雨水泵站工艺设计实例

由于雨水地面径流量很大，所以雨水泵站的基建费用很高，而其使用率又很低，因此在雨水管道设计中应尽量避免建造雨水泵站。只有在地势平坦，管线很长，雨水管道出口较排放水体水位高或受海潮影响，雨水不能自流排泄时，才设置雨水泵站。

【例6-2】 某雨水泵站雨水设计流量为7.4 m^3/s，雨水干管末端管底高程为79.6 m，埋深为5.6 m，管径 *DN*1 600 两根，河流正常水位为76.2 m，历年平均洪峰水位为80.0 m，100年一遇的洪峰水位为82.2 m，洪峰时雨水需经提升后排入河流。试进行雨水泵站的设计。

工艺设计：河流正常水位为76.2 m，低于雨水干管末端管底高程为79.6 m，因此在雨量不大时，雨水通过溢流管排入河流，当河流水位高于雨水末端管底时，开起水泵，雨水经提升后排入水体。此雨水泵房采用干室式泵站，共分三层。上层为电动机间，主要安装立式电动机和其他电气设备；中层为机器间，安装泵轴和压水管；下层为集水池，集水池满足水泵安装和吸水的要求。

解：

1. 选泵

1) 水量计算

最高日雨水量 $Q_{max}=7.4\times3\,600=26\,640(m^3/d)$，拟选定4台水泵，则每台泵的设计流量为 $Q=Q_{max}/4=7.4/4=1.85(m^3/s)=1\,850$ L/s。

2) 扬程的估算

雨水泵站的位置距离河流约100 m，为了减少水泵出水管的水头损失，雨水经提升后先排到出水井，然后经明渠流至河流，设明渠的流速为1 m/s，坡度为0.002，则明渠的坡降 $=0.002\times100$ m $=0.2$ m，出水井水位 $=82.2+0.2=82.4$(m)。

集水池前设置格栅三道，过栅流速为0.9 m/s，通过整个格栅的水头损失为0.3 m，栅后渠底水位 $=79.6-0.3=79.3$(m)。为使水流平稳进入集水池，集水池最低水位取进水渠渠底标高，即79.3 m，则水泵静扬程为 $H_{静}=82.4-79.3=3.1$ (m)，水泵扬程 $H=H_{静}+2.0=3.1+2.0=5.1$ m(式中2.0为泵站内总的水头损失)。

3) 选泵

由 $Q=1\,850$ L/s，$H=5.1$ m，拟选用800ZLB－70型轴流泵，该泵叶片装角为 $-6°\sim-4°$，流量为1 870 L/s，扬程为6.36 m，转速为580 r/min，轴功率为136.3 kW，效率为85.5%，叶轮直径为700 mm，满足要求。

2. 管路实际水头损失

1) 局部水头损失

所选轴流泵出口直径为1 m，则选 *DN*1 000压水管，则得管中水流速为2.36 m/s，$1\,000i=7.95$。压水管以60°角上升接60°弯头垂直穿过墙至出水井，出水管出口设拍门一个，*DN*1 000、60°弯头阻力系数 $\zeta_1=0.6$。

$$h_{局部}=\frac{\sum\xi v_i^2}{2g}=\frac{0.6\times2.36^2}{2\times9.8}=0.17(\mathrm{m})$$

所以，局部水头损失为0.17 m。

2) 沿程损失

水泵提升后经压水管到出水井，出水井后接明渠排入水体，设压水管长为10 m，则出水管沿程水头损失 $h_{沿程}=\sum il=7.95/1\,000\times10=0.08$(m)。

3) 水泵扬程校核

$H=H_{静}+\sum h=(4.1+0.17+0.08)$ m $=4.35$ m，富余2 m多的水头，足以顶开拍门出水，符合要求。

3. 集水池

集水池容积按一台水泵30 s的出水流量计算，则有 $V=30\times1.85=55.5(m^3)$，取出水流量为60.0 m^3，泵前集水池面积 $F=V/H=60.0/1.6=37.5(m^2)$。进水干管管底标高为79.6 m，管径1 600 mm，则集水池最高水位 $=79.6+1.6-0.3=80.9$(m)，集水池最低水位标高为79.3 m，根据水泵的安装要求，最低水位距池底为2.05 m，则池底标高 $=79.3-2.05=77.25$(m)，集水池内最大水深 $=80.9-77.25=3.65$(m)。

为了便于排除集水池中沉砂和放空清洗集水池,设有污水泵一台。

4. 泵站的布置

泵房布置为矩形,四台机组并列排放。水泵基础尺寸为 1 800 mm × 1 450 mm。

根据所选水泵安装要求得知,水泵中心距墙的距离大于 1.8 m,取 2 m,为了减小泵房的长度,并且使每一台水泵在吸水池内更好的工作,便于检修,将集水池设计成每台水泵各自有单独的进水隔间,在各进水隔墙上设闸板,以便单独控制。由此可得泵房长 = 2 × 8 = 16(m)。设宽为 7 m。为方便上下,水泵间设宽为 1 m 的扶梯至上层,集水池内设踏步。

集水池长为 16 m,则集水池宽 = F/B = 37.5/16 = 2.34(m),取 2.5 m。

5. 泵房高度的确定

1) 地下部分

吸水池底部要求在最低水位 2.05 m,则吸水池底部标高 = 79.3 − 2.05 = 77.25(m)。由该轴流泵外形安装尺寸得知:池底距吸水口的距离为 750 mm,吸水口标高为 78.00 m;吸水口至泵底座的距离为 1 490 mm,泵底座标高为 79.49 m,地面标高 84.70 m。

2) 地上部分

电动机间上部设单梁吊车一部,起重量为 6 t,起吊高度为 8 ~ 10 m。选 SG − 10 型单轨小车,其高度为 0.44 m。

地上部分高度 H_2 为

$$
\begin{aligned}
H_2 &= n + a_2 + c_2 + d + e + h \\
&= 0.1 + 0.44 + 1.5 + 1.0 + 2.0 + 0.2 = 5.24(\text{m})
\end{aligned}
$$

取 5.3 m。

其中,n 取 0.1 m;行车梁高度 a 取 0.44 m;行车梁底至起吊钩中心距离取 1.5 m;起重绳的垂直长度 d 取 1.0 m;最大一台水泵或电动机的高度 e 取 2.0 m;吊起物底部与泵房进口处室内地坪的距离 h 取 0.2 m。

雨水泵房布置图,如图 6-21 所示。

思考题

1. 排水泵站的功能是什么?如何分类?
2. 排水泵站的辅助设备有哪些?
3. 污水泵站进出水管的设计和给水泵站有何不同?
4. 怎样确定集水池的内部标高?
5. 雨水泵的选择应考虑哪些因素?
6. 排水泵站的基本工艺流程是什么?
7. 根据基础结构型式,雨水泵房有哪几种结构型式?
8. 雨水泵站规划的原则是什么?

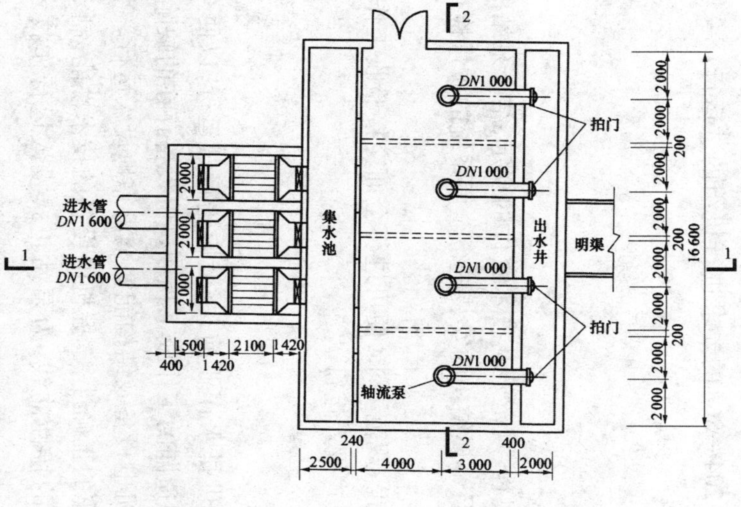

雨水泵站平面图 1∶100

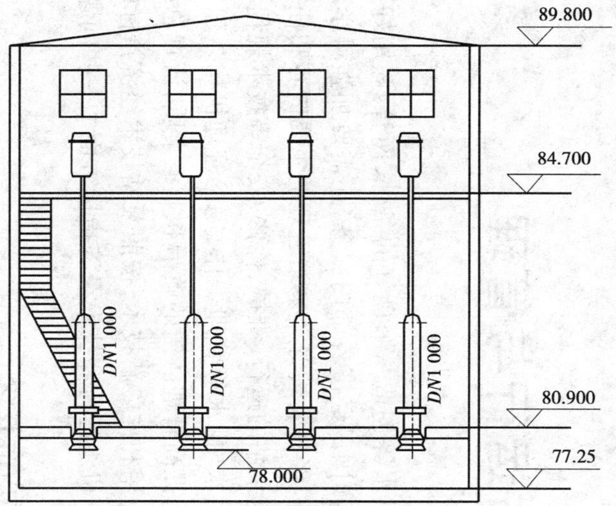

2—2 剖面图 1:100

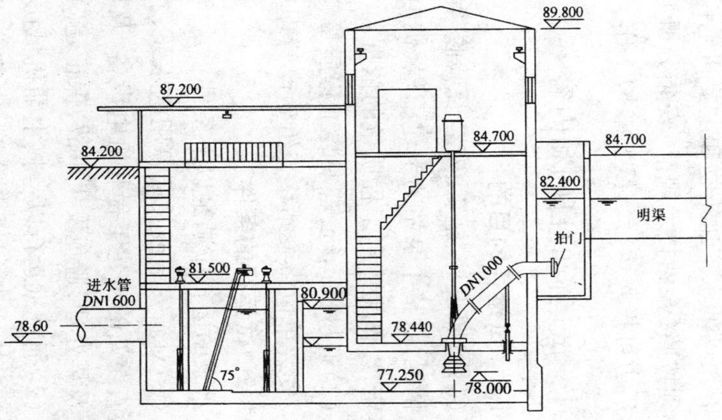

1—1 剖面图 1∶100

图 6-21 雨水泵站布置图

模块7　泵站运行与管理

泵站工程的兴建，是为农田灌排和城乡供水等创造一个良好的条件，而管好、用好泵站工程，充分发挥其经济效益，更好地为农业和国民经济各部门服务，还需要加强科学管理。泵站工程的管理包括组织管理、技术管理、经济管理等。泵站管理的主要内容和任务是根据泵站技术规范和国家的有关规定，制定泵站的运行、维护、检修、安全等技术规程和规章制度，搞好泵站的机电设备、工程设施、供水、排水等管理工作，完善管理机构。建立健全岗位责任制，制定考核、评比和奖惩制度，提高管理队伍的政治和业务素质，认真总结经验，开展技术改造、技术革新和科学试验，应用和推广新技术；按照泵站技术经济指标的要求，考核泵站管理工作等。本模块着重介绍机组运行和技术经济指标方面的一些问题。

7.1　水泵的运行

机组试运行以后，并经工程验收委员会验收合格，交付管理单位。管理单位接管后，应组织管理人员熟悉安装单位移交的文件、图纸、安装记录、技术资料、学习操作规程，然后进行分工，按专业对设备进行全面检查，对电气做模拟试验。

在泵站的水工建筑物和主要机电设备安装、试验、验收完成之后，正式投入运行之前，都必须按照《泵站技术规范（安装分册）》（SD 204—86）的要求进行机组的试运行。一切正常后方可投入运行、管理、维护工作。

7.1.1　试运行的目的和内容

7.1.1.1　试运行的目的

（1）参照设计、施工、安装及验收等有关规程、规范及其技术文件的规定，结合泵站的具体情况，对整个泵站的土建工程、机电设备及金属结构的安装进行全面系统的质量检查和鉴定，以作为评定工程质量的依据。

（2）通过试运行，若安装工程质量符合规程、规范要求，便可进行全面交接验收工作，施工、安装单位将泵站移交给生产管理单位正式投入运行。

7.1.1.2　试运行的条件

水泵的运行应满足以下条件：

（1）对新安装或长期停用的水泵，在投入供排水作业前，一般应进行试运行，以便全面检查泵站的土建工程和机电设备，及早发现遗漏的工作或工程和机电设备存在的缺陷，以便及早处理，避免发生事故，保证建筑物和机电设备及结构能安全可靠地投入运行。

（2）通过试运行以考核主辅机械协联动作的正确性，掌握机电设备的技术性能，制定一些运行中必要的技术数据，得到一些设备的特性曲线，为泵站正式投入运行作技术准备。

(3)在一些大中型泵站或有条件的泵站，还可结合试运行进行一些现场测试，以便对运行进行经济分析，满足机组运行安全、低耗、高效的要求。

(4)通过试运行，确认泵站土建和金属结构的制造、安装或检修质量。

(5)运行中不能有损坏或堵塞叶片的杂物进入水泵内，不允许出现严重的汽蚀和振动。

(6)轴承、轴封的温度正常，润滑用的油质、油位、油温、水质、水压、水温符合要求。水泵填料的压紧程度，以30～60滴/min为宜。

(7)进、出水管道要求严格的密封，不允许有进气和漏水现象。

(8)泵房内外各种监测仪表和阀件处于正常状态。为了保证安全生产，仪表都应定期检验或标定。

(9)水泵运行时，其断流设施的技术状态良好。当发生事故停泵时，其飞逸转速不应超过额定转速的1.2倍，其持续时间不得超过2 min。

(10)多泥沙水源的泵站，在提水作业期间的含沙率一般应小于7%，否则不仅会加速水泵和管道的磨损，且会影响泵站效率和提水流量，还可能引起水泵过流部件的汽蚀和磨蚀。

7.1.1.3 试运行的内容

机组试运行工作范围很广，包括检验、试验和监视运行，它们相互联系密切。由于水泵机组为首次启动，而又以试验为主，对运行性能均不了解，所以必须通过一系列的试验才能掌握。其内容主要有：①机组充水试验；②机组空载试运行；③机组负载试运行；④机组自动开停机试验。

试运行过程中，必须按规定进行全面详细的记录，要整理成技术资料，在试运行结束后，交鉴定、验收、交接组织，进行正确评估并建立档案保存。

7.1.2 试运行的程序

为保证机组试运行的安全、可靠，并得到完善可靠的技术资料，启动调整必须逐步深入，稳步进行。

7.1.2.1 试运行前的准备工作

试运行前要成立试运行小组，拟定试运行程序及注意事项，组织运行操作人员和值班人员学习操作规程、安全知识，然后由试运行人员进行全面认真的检查。

试运行现场必须进行彻底清扫，使运行现场有条不紊，并适当悬挂一些标牌、图表，为机组试运行提供良好的环境条件和协调的气氛。

1. 流道部分的检查

(1)封闭进人孔和密封门。

(2)在静水压力下，检查调整检修闸门的启闭；对快速闸门、工作闸门、阀门的手动、自动做启闭试验，检查其密封性和可靠性。

(3)大型轴流泵应着重流道的密封性检查，其次是流道表面的光滑性。清除流道内模板和钢筋头，必要时可作表面铲刮处理，以求平滑。流道充水，检查进人孔、阀门、混凝土接合面和转轮外壳有无渗漏。

(4)离心泵抽真空检查真空破坏阀、水封等处的密封性。

2. 水泵部分的检查

(1)检查转轮间隙,并做好记录。转轮间隙力求相等,否则易造成机组径向振动和汽蚀。

(2)叶片轴处渗漏检查。

(3)全调节水泵要做叶片角度调节试验。

(4)技术供水充水试验,检查水封渗漏是否符合规定或橡胶轴承通水冷却或润滑情况。

(5)检查轴承转动油盆油位及轴承的密封性。

3. 电动机部分的检查

(1)检查电动机空气间隙,用白布条或薄竹片拉扫,防止杂物掉入气隙内,造成卡阻或电动机短路。

(2)检查电动机线槽有无杂物,特别是金属导电物,防止电动机短路。

(3)检查转动部分螺母是否紧固,以防运行时受振松动,造成事故。

(4)检查制动系统手动、自动的灵活性及可靠性;复归是否符合要求;视不同机组而定顶起转子 0.003 ~ 0.005 m,机组转动部分与固定部分不相接触。

(5)检查转子上、下风扇角度,以保证电动机本身提供最大冷却风量。

(6)检查推力轴承及导轴承润滑油位是否符合规定。

(7)通冷却水,检查冷却器的密封件和示流信号器动作的可靠性。

(8)检查轴承和电动机定子温度是否均为室温,否则应予以调整;同时检查温度信号计整定位是否符合设计要求。

(9)检查核对电气接线,吹扫灰尘,对一次和二次回路作模拟操作,并整定好各项参数。

(10)检查电动机的相序。

(11)检查电动机一次设备的绝缘电阻,作好记录,并记下测量时的环境温度。

(12)同步电机检查碳刷与刷环接触的紧密性、刷环的清洁程度及碳刷在刷盒内动作的灵活性。

4. 辅助设备的检查与单机试运行

(1)检查油压槽、回油箱及贮油槽油位,同时试验液位计动作的正确性。

(2)检查和调整油、气、水系统的信号元件及执行元件动作的可靠性。

(3)检查所有压力表计、真空表计、液位计、温度计等反应的正确性。

(4)逐一对辅助设备进行单机运行操作,再进行联合运行操作,检查全系统的协联关系和各自的运行特点。

7.1.2.2 机组空载试运行

1. 机组的第一次启动

经上述准备和检查合格后,即可进行第一次启动。第一次启动应用手动方式进行。一般都是空载启动,这样既符合试运行程序,也符合安全要求。空载启动是检查转动部件与固定部件是否有碰磨,轴承温度是否稳定,摆度、振动是否合格,各种表计是否正常,油、气、水管路及接头、阀门等处是否渗漏，测定电动机启动特性等有关参数，对运行中发现的问题要及时处理。

2. 机组停机试验

机组运行4~6 h后，上述各项测试工作均已完成，即可停机。机组停机仍采用手动方式，停机时主要记录从停机开始到机组完全停止转动的时间。

3. 机组自动开、停机试验

开机前将机组的自动控制、保护、励磁回路等调试合格，并模拟操作准确，即可在操作盘上发出开机脉冲，机组即自动启动，停机也以自动方式进行。

7.1.2.3 机组负载试运行

机组负载试运行的前提条件是空载试运行合格，油、气、水系统工作正常，叶片角度调节灵活（指全调节水泵），各处温升符合规定。振动、摆度在允许范围内，无异常响声和碰擦声，经试运行小组同意，即可进行带负载运行。

1. 负载试运行前的检查

(1)检查上、下游渠道内及拦污栅前后有无漂浮，并应妥善处理。

(2)打开平衡闸，平衡闸门前后的静水压力。

(3)吊起进出水侧工作闸门。

(4)关闭检修闸阀。

(5)油、气、水系统投入运行。

(6)操作试验真空破坏阀，要求动作准确，密封严密。

(7)将叶片调至开机角度。

(8)人员就位，抄表。

2. 负载启动

上述工作结束即可负载启动。负载启动用手动或自动均可，由试运行小组视具体情况而定。负载启动时的检查、监视工作，仍按空载启动各项内容进行。如无抽水必要，运行6~8 h后，若一切运行正常，可按正常情况停机，停机前抄表一次。

7.1.2.4 机组连续试运行

在条件许可的情况下，经试运行小组同意，可进行机组连续试运行。其要求如下：

(1)单台机组运行一般应在7 d时累计运行72 h或连续运行24 h（均含全站机组联合运行小时数）。

(2)连续试运行期间，开机、停机不少于3次。

(3)全站机组联合运行的时间不少于6 h。

机组试运行以后，并经工程验收委员会验收合格，交付管理单位。管理单位接管后，应组织管理人员熟悉安装单位移交的文件、图纸、安装记录、技术资料，学习操作规程，然后进行分工，按专业对设备进行全面检查，电气做模拟试验。一切正常即可投入运行、管理、维护工作。

7.1.3 运行方式

水泵机组的运行方式是决定水系统管理方式的重要因素，而水系统的总体管理方式又反过来对水泵的运行方式给予一定的制约。在任何情况下,运行操作方式以及操作方法,都必须根据水泵机组的规模、使用目的、使用条件及使用的频繁程度等确定,并使水泵机组安全、可靠而又经济地运行。

一般条件下,水泵运行过程中从开始启动到停机操作完毕,主水泵及辅助设备的操作都是这样进行的,但也有采取各机组单台联动操作或多台联动操作的,必要时由计量测试装置发出相应的指令进行自动开、停机操作。究竟采用何种操作方式,必须从水系总体的管理方式出发,视其重要性、设施的规模、作用、管理体制等而定。运行方式有一般手动操作(单独、联动操作)和自动操作两大类。

7.1.3.1 **开机**

对于离心泵为关阀启动时,启动前,水泵和吸入管路必须充满水并排尽空气。当机组达到额定转速,压力超过额定压力后,打开闸阀,使机组投入正常运行。

对于轴流泵为开阀启动时,启动前,应向填料面上的接管引注清水,润滑橡胶轴承。待动力机转速达到额定值后,停止充水,完成启动任务。

7.1.3.2 **运行**

对于季节性运行的排灌泵站,投入运行时,应做好以下工作:

(1)在机组投入正常的排灌作业前,要进行试运行,并应检查前池的淤积、管路支承、管体的完整以及各仪表和安全保护设施等情况。

(2)开启进水闸门,使前池水位达设计水位,开启吸水管路上的闸阀(负值吸水时),或抽真空进行充水;启动补偿器或其他启动设备启动机组,当机组达到额定转速,压力超过额定压力后(指离心泵机组),逐渐开启出水管路上的闸阀,使机组投入正常运行。

(3)观察机组运行时的响声是否正常。如发现过大的振动或机械撞击声,应立即停机进行检修。

(4)经常观察前池的水位情况,清理拦污栅上堵塞的枯枝、杂草、冰屑等,并观测水流的含沙量与水泵性能参数的关系。

(5)检查水泵轴封装置的水封情况。正常运行的水泵,从轴封装置中渗漏的水量以30~60滴/min为宜。滴水过多说明填料压得过松,起不到水封的作用,空气可能由此进入叶轮(指双吸式离心泵)破坏真空,并影响水泵的流量或效率。相反,滴水过少或不滴水,说明填料压得太紧,润滑冷却条件差,填料易磨损发热变质而损坏,同时泵轴被咬紧,增大水泵的机械损失,使机组运行时的功率增加。

(6)检查轴承的温度情况。经常触摸轴承外壳是否烫手,如手不能触摸,说明轴承温度过高。这样将可能使润滑油质分解,摩擦面油膜被破坏,润滑失效,并使轴承温度更加升高,引起烧瓦或滚珠破裂,造成轴被咬死的事故。轴承的温升,一般不得超过周围环境温度35 ℃,轴承的温度最高不得超过75 ℃。运行中应对冷却水系统的水量、水压、水质经常观察。对润滑油的油量、油质、油管是否堵塞以及油环是否转动灵活,也应经常观察。

(7)注意真空表和压力表的读数是否正常。正常情况下,开机后真空表和压力表的指针偏转一定数值后就不再移动,说明水泵运行已经稳定。如真空表读数下降,一定是吸水管路或泵盖接合面漏气。如指针摆动,很可能是前池水位过低或者吸水管进口堵塞。

压力表指针如摆动很大或显著下降,很可能是转速降低或泵内吸入空气。

(8)机组运行时还应注意各辅助设备的运行情况,遇到问题应及时处理。

7.1.3.3 运行中的维护及故障处理

机组运行中可能会发生故障,但是一种故障的发生和发展往往是多种因素综合作用的结果。因此,在分析和判断一种故障时,不能孤立地、静止地就事论事,而要全面地、综合地分析,找出发生故障的原因,及时而准确地排除故障。水泵运行中,值班人员应定时巡回检查,通过监测设备和仪表,测量水泵的流量、扬程、压力、真空度、温度等技术参数,认真填写运行记录,并定期进行分析,为泵站管理和技术经济指标的考核提供科学依据。

7.1.3.4 停机

停机前先关闭出水闸门,然后关闭进水管路上的闸阀(对离心泵而言)。对卧式轴流泵,停机前应将通气管闸阀打开,再切断电源,并关掉压力表和真空表以及水封管路上的小闸阀,使机组停止运行。轴流泵关闭压力表后,即可停机。北方地区冬季停机后,为了防止管路和机组内的积水结冰冻裂设备,应打开泵体下面的堵头放空积水。同时清扫现场,保持清洁。做好机组和设备的保养工作,使机组处于随时可启动的状态。

7.2 水泵的故障与排除

水泵机组的检修是运行管理中的一个重要环节,是水泵机组安全、可靠运行的关键,必须认真对待。

7.2.1 检修的目的和要求

为更好地为工农业生产和人民生活提供服务,泵站中的所有设备均应具备很高的运行可靠性,保证机组经常处于良好的技术状态。因此,对泵站所有的机电设备,必须进行正常的检查、维护和修理,更新那些难以修复的易损件,修复那些可修复的零件。

7.2.1.1 定期检修

定期检修是机泵管理的重要组成部分,主要是解决运行中已出现并可修复的,或者尚未出现问题,按规定必须检修的零部件。

定期检修是为避免让小缺陷变成大缺陷,小问题变成大问题,为延长机组使用寿命、提高设备完好率、节约能源创造条件,必须认真地、有计划地进行。

定期检修又分局部性检修、机组解体大修和扩大性大修三种。

1. 局部性检修

局部性检修是指运行人员对可进入直接接触的部件、传动部分、自动化元件及机组保护设备等的检修,一般安排在运行间隙或冬季检修期有计划地进行。其主要项目如下:

(1)全调节水泵调节器铜套与油套的检查处理。

(2)水泵导轴承的检查。水泵导轴承有橡胶轴承和油导轴承两种。对橡胶轴承的磨损情况、漏水量、轴颈磨损等要检查、记录、处理。油导轴承大多是巴氏合金轴承、质软易磨损,密封效果不好,停机油盆进水,泥沙沉淀,运行时磨损轴承、轴颈。特别是对未喷镀或镶包不锈钢的碳钢轴颈，为了解其锈蚀、磨损情况，应定期检查处理。

油导轴承密封装置常见的有迷宫环、平板密封、空气围带等。由于橡胶件的制作质量及本身易于老化等，若是季节性泵站，停机时间长，空气围带长期处于充气膨胀状态，因而损坏率高，应定期检查更换。

(3)温度计、仪表、继电保护装置等检查、检验。这些是鉴定机组能否正常运行的依据，要达到灵活、准确。

(4)上、下导轴承油槽油及透平油取样化验，根据化验结果进行处理。

(5)轴瓦间隙及瓦面检查。根据运行时温度计的温度，有目的地检查轴瓦间隙和轴面情况。

(6)制动部分检查处理。

(7)机组各部分紧固件定位销钉是否松动。

(8)油冷却器外观检查并通水试验，看有无渗漏现象。

(9)检查叶轮、叶片及叶轮外壳的汽蚀情况和泥沙磨损情况，并测量记录其程度。

(10)测量叶片与叶轮外壳的间隙。

(11)集水廊道水位自控部分准确度的检查及设备维护。

总之，进行局部性检修的目的是为安全运行创造条件，至于检修的时间间隔，可根据不同内容和运行中发现的问题而定。

2. 机组解体大修

所谓机组解体大修，是机组的大修。机组大修是一项有计划的管理工作，是解决运行中经大修方能消除的设备重大缺陷，以恢复机组的各项技术指标。机组大修包括解体、处理和再安装三个环节。

机组的损坏有两种：一是事故损坏，发生的概率很小；二是正常性损坏，如运行的摩擦磨损、汽蚀损坏、泥沙磨损、各种干扰引起的振动、交变应力的作用和腐蚀、电气绝缘老化等。

在规定的大修周期内，如机组运行并没有出现明显的异常现象，同时可预测在以后一定时期内仍能可靠地运行，则可适当延长大修的时间。如机组能正常运行，而应要按规定的大修周期来拆卸机组的部件或机构，那将恶化机组的技术状况。应根据机组的工作情况及部件的损坏情况来确定检修的规模。

3. 扩大性大修

当泵房由于基础不均匀沉陷等而引起机组轴线偏移、垂直同心度发生变化时，甚至固定部分也因此而受影响，有严重的事故隐患；或者零部件严重磨损、损坏，导致整个机组性能及技术经济指标严重下降而必须进行整机解体，重新修复、更换、调整，并进行部分改造，必要时对水工部分进行修补。

7.2.1.2 大修周期

机组大修的周期要根据机组的运行条件和技术状况来确定。对于常年运行的用于工业和城镇供水的机组，用于排灌又要求调相的机组，可逆式的发电机组等，不但要合理地确定大修周期，还要装置一定数量的备用机组，以保证机组在检修期继续供水等。

《泵站技术规范(技术管理分册)》(SD 204—86)规定大修周期为：主水泵为 3 ~5 年

或运行 2 500 ~ 15 000 h，主电动机为 3 ~ 8 年或运行 3 000 ~ 20 000 h，并可根据情况提前或推迟。

对用于农田排灌的季节性泵站，不需要规定明确的大修周期和严格的检修分类，这类泵站有充足的时间进行检修或大修。

在确定大修周期和工作量时，应注意下列事项：

(1)如没有特殊要求，尽量避免拆卸技术性能良好的部件和机构，因在拆卸和装配过程中可能会造成损坏或不能满足安装精度要求。

(2)应尽量延长抢修周期，要根据零部件的磨损情况、类似设备的运行经验、设备运行中的性能指标等，当有充分把握保证机组正常运行时，就不安排大修。

也不能片面地追求延长大修周期，而不顾某些零部件的磨损情况。大修应有计划地进行，以保证机组正常效益的发挥。

(3)尽量避免全部分解、拆卸机组的所有部件或机构，特别是那些精度、光洁度、配合要求很高的部件、机构。

7.2.2 常见故障及排除方法

水泵运行发生故障时，应查明原因及时排除。水泵故障及其故障原因繁多，处理方法各不相同。机组运行中常见的故障及排除方法列于表 7-1、表 7-2。

表 7-1 离心泵、混流泵的故障原因和处理方法

故障	原因	处理方法
水泵不出水	1. 没有灌满水或空气未抽尽	1. 继续灌水或抽气
	2. 泵站的总扬程太高	2. 更换较高扬程的水泵
	3. 进水管路或填料函漏气严重	3. 堵塞漏气部位，压紧或更换填料
	4. 水泵的旋转方向不对	4. 改变旋转方向
	5. 水泵的转速太低	5. 提高水泵转速
	6. 底阀锈住，进水口或叶轮的横道被堵塞	6. 修理底阀，清除杂物，进水口加做拦污栅
	7. 扬程太高	7. 降低水泵安装高程，或减少进水管道的阀件
	8. 叶轮严重损坏，密封环磨损	8. 更换叶轮、密封环
	9. 叶轮螺母及键脱出	9. 修理紧固
	10. 进水管道安装不正确，管道中存有气囊，影响进水	10. 改装进水管道，消除隆起部分
	11. 叶轮装反	11. 重装叶轮
水泵出水量不足	1. 影响水泵不出水的诸因素不严重	1. 参照水泵不出水的原因，进行检查分析，加以处理
	2. 进水管口淹没深度不够，泵内吸入空气	2. 增加淹没深度，或在水管周围水面处套一块木板
	3. 工作转速偏低	3. 加大配套动力
	4. 闸阀开的太小或逆止阀有杂物堵塞	4. 开大闸阀或清除杂物

续表 7-1

故障	原因	处理方法
动力机超负荷	1. 配套动力机的功率偏小 2. 水泵转速过高 3. 泵轴弯曲,轴承磨损或损坏 4. 填料压得太紧 5. 流量太大 6. 联轴器不同心或两联轴器之间间隙太小 7. 运行操作错误:如关闸长时间运行,产生热膨胀,使密封环摩擦引起	1. 调整配套,更换动力机 2. 降低水泵转速 3. 校正调直,修理或更换轴承 4. 旋转填料密封 5. 减小流量 6. 校正同心度或调整两联轴器之间的间隙 7. 正确执行操作顺序,遇有故障立即停机
运转时有噪声和振动	1. 水泵基础不稳定或地脚螺丝松动 2. 叶轮损坏,局部被堵塞或叶轮本身不平衡 3. 泵轴弯曲,轴承座或损坏 4. 联轴器不同心 5. 进水管口淹没深度不够,空气吸入泵内 6. 产生汽蚀	1. 加固基础,旋转螺丝 2. 修理或更换叶轮,清除杂物或进行静平衡试验,加以调整 3. 校正调直,修理或更换轴承 4. 校正同心度 5. 增加淹没深度 6. 查明原因后再行处理,如降低吸程,减小流量或在水管内注入少量空气等方法
轴承发热	1. 润滑油量不足,漏气太多或加油过多 2. 润滑油质量不好或不清洁 3. 滑动轴承的油环可能折断或卡住不放 4. 皮带太紧,轴承受力不均 5. 轴承装配不正确或间隙不适合 6. 泵轴弯曲或联轴器不同心 7. 叶轮上平衡孔堵塞,轴向推力增大,由摩擦引起发热 8. 轴承损坏	1. 加油、修理或减油 2. 更换合格的润滑油,并用煤油或汽油清洗轴承 3 修理或更换油环 4. 放松皮带 5. 修理或调整 6. 调直或校正同心度 7. 清除平衡孔的堵塞物 8. 修理或更换
填料函发热或漏水过多	1. 填料压得太紧或过松 2. 水封环位置不对 3. 填料磨损过多或轴套磨损 4. 填料质量太差或掺法不对,填料压盖与泵轴的配合公差过小,或因轴承损坏、运转时轴线不正造成泵轴与填料压盖摩擦而发热	1. 调整压盖的松紧度 2. 调整水封环的位置,使其正好对准水封管口 3. 更换或重新填掺填料 4. 车大填料压盖内径,或调换轴承

续表 7-1

故障	原因	处理方法
泵轴转不动	1. 泵轴弯曲,叶轮和密封环之间间隙太大或不均匀 2. 填料与泵轴不摩擦,发热膨胀或填料压盖上得太紧 3. 轴承损坏被金属碎片卡住 4. 安装不符合要求,使转动部件与固定部件失去间隙 5. 转动部件锈死或被堵塞	1. 校正泵轴,更换或修理密封环 2. 泵壳内灌水,待冷却后再行启动运行或调整压螺丝的松紧度 3. 调换轴承并清除碎片 4. 重新装配 5. 除锈或清除杂物

表 7-2 轴流泵的故障原因和处理方法

故障	原因	处理方法
动力机超负荷	1. 扬程过高,出水管路部分堵塞或拍门未全部开启 2. 水泵转速过高 3. 橡胶轴承磨损,泵轴弯曲,叶片外缘与泵壳有摩擦 4. 水泵叶片绕有杂物 5. 叶片安装角度太大 6. 动力机选配不当,泵大机小 7. 水源含沙量太大,增加了水泵的轴功率	1. 增加动力,清理出水管路或拍门后设置平衡锤 2. 降低水泵的转速 3. 调换橡胶轴承,校正泵轴,检查叶片磨损程度,重新调整安装 4. 清除杂物,进水口加做拦污栅 5. 调整叶片安装角度 6. 重新选配动力机 7. 含沙量超过 12%,则不宜抽水
运转时有噪声和振动	1. 叶片外缘与泵壳有摩擦 2. 泵轴弯曲或泵轴与传动轴不同心 3. 水泵或传动装置地脚螺丝松动 4. 部分叶片击碎或脱落 5. 水泵叶片绕有杂物 6. 水泵叶片安装角度不一 7. 水泵层大梁振动很大 8. 进水流态不稳定,产生旋涡 9. 推力轴承损坏或缺油 10. 叶轮拼紧螺母松动或联轴器销钉螺帽松动 11. 泵轴的轴颈或橡胶轴承磨损 12. 产生汽蚀	1. 检查并调整转子部件的垂直度 2. 校正泵轴,调整同心度 3. 加固基础,旋紧螺丝 4. 调换叶片 5. 清除杂物,进水口加做拦污栅 6. 校正叶片安装角使其一致 7. 检查机泵安装位置正确后如仍振动,用顶斜撑加固大梁 8. 降低水泵安装高程,后墙加隔板,各泵之间加隔板 9. 修理轴承或加油 10. 检查并拼紧所有螺帽和销钉 11. 修理轴颈或更换橡胶轴承 12. 查明原因后再处理,如改善进水条件、调节工况点

续表 7-2

故障	原因	处理方法
水泵不出水或出水量减小	1. 叶轮旋转方向不对,叶片装反或水泵转速太低	1. 调整水泵的旋转方向,调正叶片的安装位置或增加水泵转速
	2. 叶片从根部断裂,或叶片固定螺母松动,叶片走动	2. 更换叶片或紧固螺帽
	3. 叶片绕有大量杂物	3. 清除杂物
	4. 叶轮淹没深度不够	4. 降低水泵安装高程或抬高进水池水位
	5. 水泵进口被淤泥堵塞	5. 排水清淤
	6. 出水管道堵塞	6. 清理出水管道
	7. 叶片外缘磨损或叶片部分击碎	7. 修补或更换叶片
	8. 扬程过高	8. 更换水泵
	9. 叶片安装角度太小	9. 调整叶片安装角

7.3 泵站的技术经济指标与管理

7.3.1 泵站的技术经济指标

泵站工程是为农业和国民经济各部门服务的综合性水利工程,为了提高泵站科学管理水平,发挥泵站经济效益,在《泵站技术管理规程》(SL 255—2000)中规定,泵站管理单位必须按照8项技术经济指标进行考核,分述如下。

7.3.1.1 工程与设备的完好率

工程完好率是指泵站管理单位所辖工程中,完好的工程数与工程总数比的百分数。设备完好率是指泵站枢纽的完好台套数与总台套数比的百分数。

7.3.1.2 能源单耗与泵站效率

1. 能源单耗

能源单耗是指泵每提升单位重量单位高度流体所消耗的能量,其计算公式为

$$e = \frac{E}{GH_{sT}} = \frac{E}{\gamma QH_{sT}t} \tag{7-1}$$

式中 e——能源单耗或燃油单耗,kW/(kN · m)或 kg/(kN · m);

E——t 时段泵站消耗的总能量或燃油,kW · h 或 kg;

G——同一时段泵站的总提水量,kN;

H_{sT}——同一时段泵站的平均净扬程,m;

γ——同一时段泵站水源水的容度,kN/m^3;

Q——同一时段泵站的平均提水流量,m^3/s;

t——同一时段泵站的提水总时数,h。

对于电力泵站,要求能源单耗 $e \leqslant 5.0$ kW/(kN · m);对于内燃机泵站,要求能源单耗

$e \leqslant 1.35\ kg/m^3$ 燃油。

2. 泵站效率

泵站效率是指泵站的输出功率与动力机的输入功率之比的百分数,其计算公式为

$$\eta_{sT} = \frac{P_2}{P_1} \times 100\% = \frac{\gamma Q H_{sT}}{P_1} \times 100\% \tag{7-2}$$

式中 P_2——某一时段泵站的输出功率,kW;

P_1——某一时段泵站的输入功率,kW;

其余符号意义同前。

泵站效率是反映泵站运行中水泵、动力机、传动装置、管路、进出水池等的综合效率,所以泵站效率又可写成

$$\eta_{sT} = \eta_{mot}\eta_{rot}\eta\eta_{pt}\eta_{po}$$

对于电力泵站,泵站效率可写成

$$\eta_{sT} = \frac{\gamma Q H_{sT} t}{E} \times 100\% \tag{7-3}$$

可得

$$\eta_{sT} = \frac{2.72}{e} \times 100\% \tag{7-4}$$

若已知泵站的实际能源单耗 e,利用式(7-4)可换算出泵站的效率。为了充分发挥泵站的经济效益,电力泵站要求泵站效率 $\eta_{sT} \geqslant 54.4\%$;内燃机泵站相应的泵站效率为 $\eta_{sT} \geqslant 54.8\%$。如能源单耗超过规定值,就必须从水泵、动力机、管路、传动装置、进出水池等方面提高效率。

经技术改造的泵站,其能源单耗与泵站效率,应按《泵站技术改造通则》规定的指标考核。

7.3.1.3 **单位功率效益**

单位功率效益分为单位功率的供水效益和单位功率的排水效益。

1. 单位功率的供水效益

单级泵站

$$a = \frac{A_{sT}H_{sT}}{\sum P} \tag{7-5}$$

式中 a——单位功率效益,$hm^2 \cdot m/kW$;

$\sum P$——泵站总装机功率,kW。

多级泵站

$$a = \frac{\sum_{i=1}^{z}(A_{sTi}H_{sTi})}{\sum_{i=1}^{z}P_i} \tag{7-6}$$

式中 A_{sTi}——i 级泵站的实际受益面积,hm^2;

H_{sTi}——i 级泵站的平均净扬程,m;

P_i——i 级泵站的总装机功率，kW。

2. 单位功率的排水效益

单位功率的排水效益，按下式计算

$$a = \frac{\gamma W H_{sT}}{\sum P} \tag{7-7}$$

式中 W——泵站某时段的排水总量，m^3。

对泵站单位功率效益的考核，可了解、分析泵站规划布局是否恰当、合理，工程设备配套是否合理，为泵站的调整、配套、改造提供科学的依据。

7.3.1.4 单位面积的供水量与排水量

1. 单位面积供水量

单位面积供水量分毛单位供水量和净单位供水量两种。

1) 毛单位供水量

灌溉工程的毛单位供水量是根据灌区作物的单位面积（hm^2）用水量时间、灌溉面积、灌溉定额、灌溉技术和渠系水的利用率等确定。

$$M = \frac{V}{A_{sT}} \tag{7-8}$$

式中 M——单位面积毛供水量，m^3/hm^2；

V——某时段泵站提水总量，m^3；

A_{sT}——实际灌溉面积，hm^2。

给水工程的毛单位供水量是根据用户类型、用水标准、用水定额、用水时间、用水人数或生产规模、供水方式和水的利用率等确定的。

$$M = \frac{V}{RT} \tag{7-9}$$

式中 M——单位面积毛供水量，$m^3/(人 \cdot hm^2)$；

R——实际用水人数，人；

T——用水时间，年。

2) 净单位供水量

$$M_{sT} = M\eta \tag{7-10}$$

式中 M_{sT}——净单位供水量，m^3/hm^2 或 $m^3/(人 \cdot hm^2)$；

η——水总的利用率(%)。

2. 单位面积排水量

对于排涝范围明确的泵站，可按下式计算

$$M_R = \frac{V}{A_R} \tag{7-11}$$

式中 M_R——单位面积排水量，m^3/hm^2；

V——某时段泵站的提水总量，m^3；

A_R——排涝区的受益面积，hm^2。

单位面积供、排水量的高低，直接影响能源单耗的多少。为节约能源，应做好泵站的供排水管理工作，努力降低泵站的供排水量。

7.3.1.5 **供排水成本**

供排水成本包括能源费、工资、管理费、维修费、固定资产折旧、大修理费等。供排水成本一般有下列几种计算方法：①按单位面积计算；②按单位水量计算；③按单位重量单位高度计算。其计算公式分别为

$$U = \frac{f\sum E + \sum C}{\sum A} \quad (元/(hm^2)) \tag{7-12}$$

$$U = \frac{f\sum E + \sum C}{\sum V} \quad (元/m^3) \tag{7-13}$$

$$U = \frac{f\sum E + \sum C}{\sum QH_{sT}} \quad (元/(kg \cdot m)) \tag{7-14}$$

式中 U——供排水成本；

f——能源单价或燃油单价，元/(kW·h)或元/kg；

$\sum E$——供排水作业消耗的总电度数或燃油数，kW·h或kN；

$\sum C$——除能源费外，其他五项成本的费用总和，元；

$\sum A$——供排水的实际受益面积，hm^2；

$\sum V$——供排水期间的总提水量，m^3；

$\sum QH_{sT}$——供排水期间的平均泵站扬程，m。

从以上三式可看出，$\sum A$、$\sum V$、$\sum QH_{sT}$值越小，$f\sum E + \sum C$值越大，供排水成本就越高。降低供排水成本，主要是做好泵站的机电设备、工程设施、供水、排水、财务等管理工作。

7.3.1.6 **渠道(渠系)水利用率与排水率**

供水流量是用电或油换来的，因此必须加强管理，防止跑水、漏水、渗水、偷水和人情水，以提高渠系水的利用率，节约能源。在规定的排涝水位下，排水率应不大于1；否则就要查明产水原因，加强排水管理，堵塞涵闸、堤坝等建筑物的跑水、渗水和漏水。

1. 渠道水利用率

渠道水利用率是指某时段渠道末端与渠道首端流量之比的百分数，即

$$\eta_C = \frac{Q_{sT}}{Q} \tag{7-15}$$

式中 η_C——渠道水利用率(%)；

Q_{sT}——渠道末端流量，m^3/s；

Q——渠道首端流量，m^3/s。

2. 渠系水利用率

渠系水利用率是指某时段内，灌区末级渠道末端的总流量与渠道首端或泵站出水量之比的百分数，即

$$\eta_{SY} = \frac{\sum q}{Q} = \eta_K \eta_B \eta_L \eta_F \eta_S \tag{7-16}$$

式中 η_{SY}——渠系水利用率(%);

$\sum q$——某时段灌区末级渠道末端总流量之和,m^3/s;

Q——同一时段渠道首端或泵站出口流量,m^3/s;

η_K、η_B、η_L、η_F、η_S——灌区内干渠、支渠、斗渠、农渠、毛渠的渠道水利用率(%)。

3. 排水率

排水率是指泵站排水量与排水区产水量之比的百分数,即

$$K = \frac{\sum V_i h_i}{\sum W_i H_i} \tag{7-17}$$

式中 K——泵站排水率(%);

V——某一时段泵站排水总量,m^3;

W——同一时段排涝区产水总量,m^3;

h——泵站某时段提排水深之和,m;

H——同一时段排水区降水深和来水深之和,m。

在规定的排涝水位下,排水率应不大于1;否则就要查明产水的原因,加强泵站排水管理,堵塞涵闸、堤坝等水工建筑物的渗水、漏水和跑水。

7.3.1.7 自给率

自给率是总收入与总支出比的百分数。自给率分为综合自给率、供排水作业自给率和水费回收率三种。自给率是反映泵站经济自给水平高低的一个综合指标,凡自给率小于百分之百的均属亏损站,超过百分之百的均属盈余站。

1. 综合自给率

综合自给率是供排水作业、综合经营收入与供排水作业支出、综合经营支出之比的百分数,即

$$K = \frac{E_1 + E_2}{E_3 + E_4} \tag{7-18}$$

式中 K——综合自给率(%);

E_1——供排水作业收入,元;

E_2——综合经营收入,元;

E_3——供排水作业支出,元;

E_4——综合经营支出,元。

2. 供排水作业自给率

供排水作业自给率是供排水作业收入与供排水作业成本之比的百分数,即

$$K_g = \frac{E_1}{E_5} \tag{7-19}$$

式中 K_g——供排水作业自给率(%);

E_5——供排水作业成本,元。

3. 水费回收率

水费回收率是指实收水费与应收水费之比的百分数，即

$$K_S = \frac{E_S}{E_y} \tag{7-20}$$

式中 K_S——水费回收率(%)；

E_S——实收水费，元；

E_y——应收水费，元。

7.3.1.8 **安全运行率**

安全运行率是机组安全运行台时数与包括机组停机在内的总台时数比的百分数，它是检查泵站设备和工程安全运行的主要指标，即

$$K_A = \frac{t_a}{t_a + t_s} \tag{7-21}$$

式中 t_a——主机组安全运行台时数，h。

t_s——因设备和工程事故，主机组停机台时数，h。

安全运行率是检查泵站设备和工程安全运行的主要指标。

根据泵站节能、节水的需要，为了测算泵站技术经济指标，研究泵站技术改造措施，制订泵站经济运行方案，提高泵站工程的经济效益，促进科学管理水平的提高，泵站技术改造的顺利发展，必须对泵站运行的技术参数进行测试，监测设备的运行状况，检查和评定设备性能，实现泵站自动化操作等目的。本节着重阐述各项参数的测量设备、测量方法和计算公式等问题。

7.3.2 泵站工程管理

在泵站建设迅速发展的同时，经营管理上也积累了许多经验，取得了一定的成绩。但长期以来受"重建轻管"思想的影响，管理工作中也存在着一定的问题。如何管好、用好、经营好泵站工程，并将其纳入正规化、规范化、科学化管理的轨道，真正按照基础设施、基础产业的要求进行经营管理，是泵站管理的中心任务，也是促进水利可持续发展的重要举措。

7.3.2.1 **组织管理**

组织管理的内容包括：建立健全管理机构，明确职权范围，制定规章制度。搞好组织管理对提高职工的政治思想水平、业务素质和技术水平，调动一切积极因素，保证泵站各项生产任务的完成是非常重要的。

1. 泵站的性质、机构和定员标准

泵站是基层水利工程管理单位，也是基本核算单位。泵站经营管理的主要目的是为社会提供水利服务。为了维持和扩大再生产，泵站应改变单一的经营方式，改变那种不讲经济核算，不讲工程效益，亏损靠国家补贴的状况。在完成提供水利服务任务的前提下，积极开展多种经营，加强经济核算，更好地发挥工程的综合效益。

泵站的管理机构应在工程竣工前筹建。在工程施工期间，即着手培训技术力量，参加工程建设质量的检查和验收，并会同设计、施工及主管部门编制工程和设备的管理办法。

泵站管理单位应根据工种的规模、装机容量和受益范围，参照水利部制定的《水利工程管理单位编制定员试行标准》(SLJ 705—81)设置必要的管理机构和管理人员。泵站要配备素质高、能力强的管理人员。为了有利于管理干部、技术人员和机务人员提高管理水平和技术水平，人员要保持相对稳定，不应轻易抽调、更换。

2. 泵站管理机构的任务

泵站管理机构的主要任务是：运用各种法律、行政、经济、技术等手段充分调动职工的积极性、主动性和创造性；对泵站的经营活动进行有效的指挥、监督和调节；力争以最小的投入取得最好的经济效益。其具体任务如下：

(1)从勘测设计等部门收集有关技术资料；参与工程建设的检查和验收，从施工部门接管工程及有关技术资料，建立健全技术档案，编写大事记等。

(2)制定和执行各项规章制度，参与研究制订泵站发展的近期计划和长远规划。

(3)编制和执行经营管理计划，供排水计划，工程及机电设备的检查、维修、配套和挖潜更新改造计划。

(4)推广先进供排水技术，开展必要的观测及试验研究工作。

(5)按规定提取折旧费和大修费；及时收取供排水费；开展综合经营，保证财务收支平衡，力争自给有余。

(6)经常开展文明生产和安全教育，组织职工学习文化和技术。

3. 技术培训

为提高供排水技术，提高经营管理水平，除依靠专业学校培养人才外，还必须加强在职职工的培训。

各级泵站主管部门和泵站都要有专人抓培训工作，如培训计划的制订、培训经费的落实、培训基地的规划、教学大纲的编制、教材的编写以及教师的聘请等。

培训的形式要根据培训对象和培养目标，可灵活多样，如以师带徒、现场培训班、专题培圳班、专题研究班等。

7.3.2.2 工程管理

工程管理的主要任务是：搞好工程的控制运用、配套更新，以保证工程完好，确保工程安全。延长使用寿命，充分发挥效益。工程管理的主要内容是：枢纽建筑物的管理和运用、渠道(河道)及其建筑物的管理和运用。

建筑物在长期使用过程中，经常受到自然和人为因素的影响，遭受不同程度的损坏。如不及时养护维修，就会直接影响供排水的可靠性，缩短建筑物的使用寿命；工程设施控制运用得合理与否对发挥工程的效益也有很大的影响。

1. 泵站枢纽建筑物的管理和运用

泵站管理人员要熟悉土建施工详图，了解土建施工、机电设备安装、泵房及其他建筑物结构、各种预埋件等，以利于今后的管理工作。

泵站工程竣工时，要严格执行验收交接手续，把所有勘测设计和施工资料接收下来，归档保管。然后根据这些原始资料，水工建筑物的具体情况和现行有关规程、规范，制定工程管理制度和方法。

泵站枢纽建筑物一般由进水建筑物、出水建筑物和泵房三部分组成。

2. 涵闸的管理和运用

泵站枢纽及供排水区涵闸（如进水闸、泄水闸、节制闸及各种分水涵闸等）是供泵站引水及渠道配水使用的。为确保涵闸启闭灵活，正确控制和调配水量，必须设专人管理，并制定操作规程和养护制度。

1）对涵闸的要求和启闭原则

（1）涵闸各部分应完整无缺，开闸时无冲刷和破坏现象。

（2）闸门应启闭灵活，且开启过程中和开启后无振动现象。

（3）闸前壅水高度应不超过设计水位；过水能力要符合设计要求，并能正确控制水流，运用自如。

（4）对于多孔闸，如用机械启闭，要做到各孔同时启闭，且开启程度相同。如用人力或移动式启闭机启闭，首先开中孔，而后逐次对称开两侧闸孔。如提升高度较大，应分组逐次提升以防对下游护坡的冲刷。关闸时逐次对称先关两侧闸孔，后关中孔。这样，可防止水流过分集中或产生偏流。

2）启闭闸门注意事项

（1）闸门启闭前，应检查启闭机、闸门、闸门槽等有无故障。在运用前应先试启闭一次，以保证启闭时启闭灵活。

（2）开闸时如下游无水，或上下游水位差在1 m以上，为避免下游渠道及护坡发生冲刷，闸门应先开闸少许，待下游水位抬高后，再逐步提升到所需高度。

（3）手摇启闭机启闭时，用力要均匀，如遇故障严禁强行操作。

（4）开闸时如发现下游水流分布不均匀或闸门有扭曲、振动、音响等异常现象，应及时检查处理，以免故障扩大。

（5）关闸前应清除底槛处的碎石、淤泥等障碍物，以免闸门关闭不严。当闸门快落到底槛时，要降低下落速度，以免下落过猛，撞坏机件或闸门。

（6）关闭闸门时，要随时注意闸门的开度指示标尺，以免闸门到底仍在旋转摇臂，致使螺杆压弯，甚至顶坏工作桥。

（7）对无限位开关的直升闸门，采用绳鼓式起闭机时，要防止闸门到顶，钢丝绳被拉断，闸门坠毁的事故。

3）涵闸的检查养护

（1）闸孔内的积淤、闸门上的污垢、闸前的漂浮物，应随时清除干净。由于水流的冲击及波浪造成的损坏部分，要及时加以修补。

（2）闸门及启闭机要经常保持整洁完好，运用灵活。无限位开关的要装限位开关或标尺。

（3）手摇螺杆式启闭机，要在螺杆上做好启闭标记，或装上简易的止动设备，以免压弯螺杆，损坏闸门。如闸门有漏水现象，应进行检查，找出原因，及时处理。

（4）闸门及启闭机的主要易损件，如螺栓、垫圈、键等，应有备件，并应及时检查，如有松动变形，要及时更换。

（5）启闭机上的指示标尺应注意检查调整，使其能正确指示闸门的实际开度。启闭机应加盖保护罩壳，以免日晒雨淋。

(6)闸门、启闭机和钢丝绳等，均须定期擦洗、加油及油漆保护，以延长其使用寿命。对长期不用的闸门，每月应试开关一次，使设备经常处于完好状态。

(7)利用闸门量水时，应定期检查水尺零点，测定闸孔开启高度是否与标尺指示相符。还应根据实测资料对水力计算公式中的系数进行修正。

(8)闸上的交通桥梁，应规定通过车辆的最大吨位。翼墙顶部及距墙后2~3倍墙高范围内禁止堆放重物或通行车辆。启闭机工作桥上应禁止堆放重物或闲人通行。

(9)经常检查闸门止水情况、上下游护底、护坡、消力池、伸缩缝、浆砌石勾缝及墙后回填土的沉陷情况。如有异常，要及时进行处理。

(10)经常检查与维护闸门的止水装置。如有损坏，除产生漏水外，还将引起闸门振动、冲蚀、锈蚀等。止水检查应与闸门检查一并进行。主要检查止水是否与止水座密切接触、止水有无磨损、老化或局部损坏；固定止水构件的螺栓有无松动、锈断等，发现问题应及时处理。橡胶止水应保证每扇闸门顶、侧、底止水的整体件。如有断裂、撕裂等应及时修补，以防整体性破坏。止水的紧固件和固定件，如螺栓、垫圈、压板及型钢等，必须进行防锈蚀处理。

泵站工程经营管理虽然面临着工程老化失修、带病运行、效益出现衰减、经费严重不足，大修、更新改造资金来源不足等问题，但也存在着很多有利条件和潜在性的有利因素，充分利用好这些条件和有利因素，对泵站经营管理产生巨大的推动作用。《水利产业政策》的颁布实施，为泵站经营管理的改革与发展创造了良好的政策环境和难得的机遇。泵站管理要从看护工程守摊子的情况管理、技术管理逐步介入经济管理和经营管理，为经济建设、社会发展和人民生活提供水利服务。

泵站经营管理是指以发挥工程的安全、效益为中心内容的全部技术经济活动，将工程管理与水资源开发和有偿服务结合起来，建立服务经营化、产业化体系，形成水利服务的良性循环。只有树立商品经济观念、工程经营观念，才能从单纯的生产服务型转变为生产经营服务型。管理单位经营管理是手段，为全社会服务是目的。只有讲经营，才能讲成本、讲经济核算、讲经济效益。

7.3.3 泵站经营管理

7.3.3.1 经营管理

经营管理是将管理、经营相结合，贯穿整个经营过程，使管理为经营服务，并指导经营。经营管理是指生产组织、运用组织、指挥、控制等管理职能，对人力、物力、财力等经营要素进行合理组合，以取得最好的经营效果的过程。

水利工程经营管理是指水利工程管理单位运用管理科学，对所拥有的人力、物力、财力等资源进行合理组织，以保证工程安全，充分发挥工程效益，取得最大经营效果的过程。

水利工程建成交付水管单位管理后，水管单位就拥有了发挥工程效益的主要经营要素——劳动者(管理人员)、主要劳动资料(水利工程)和劳动对象(水土资源)。再加上运行费用有保证，水管单位就拥有了全部经营要素。管理人员、水利工程和运行费、水土资源等经营要素必须紧密结合，才能保证工程安全，使水利工程发挥防洪、灌溉、城镇供水、排涝、水产和水运等效益。运用水利工程发挥效益的技术、经济活动是经营水利的过程。经营目的是以尽可能小的劳动消耗和尽可能小的劳动占用取得尽可能大的经营成果。尽可能大的经营成果是在保证工程安全的前提下,充分发挥工程的综合效益。水管单位为达到上述经营目标,就必须运用管理科学,把组织、指挥、控制等管理职能与经营过程结合起来,使各种经营要素得到合理的组合。

1. 组织职能

科学的组织,是要把生产经营活动的各种要素和生产过程的各个环节,从劳动的分工和协作上,从各方面的相互关系上,在时间和空间上合理地组织起来,使劳动者之间以及劳动者和劳动工具、劳动对象之间,在一定的环境下,协调有序地结合起来,不断提高生产经营活动的成果。

搞好科学的组织工作,就需要有组织上的保证。要按照民主集中制的原则,建立水管单位内部的管理体制,包括职权的划分和责任制的建立。同时,要根据工作特点和每个人的专长,合理地配备管理人员、技术人员和工人,使每个人都有合适的岗位,做到人尽其才;还要加强对生产合理化的研究,组织全体职工的日常活动,包括生产活动、技术活动、供应服务、多种经营活动等,使各方面的活动相互促进、协调有序地开展。

2. 指挥职能

指挥是保证水管单位生产经营活动必不可少的功能。各项工作连续性强、环环相扣、相互制约,如没有科学的指挥,尽管水管单位具有很好的条件,生产经营活动也不可能达到预期的效果。

要实现科学的指挥,水管单位的领导必须熟悉生产经营活动过程中的连贯关系,掌握生产发展的趋势,善于作出正确的判断和决定,取得指挥生产的主动权;要实现科学的指挥,必须建立强有力的生产行政指挥系统,对生产经营活动加强领导,及时解决生产经营活动中出现的问题;要实现科学的指挥,还必须充分发扬民主,经常听取广大职工对生产、经营、技术等各方面的意见或建议。

3. 控制职能

控制职能主要是检查管理单位各方面的进展是否与原定的标准和目标相符合,发现问题应及时纠正,以便使管理单位的人力、物力、财力能最有效地加以利用,取得最大的经济效益。

控制是多方面的,包括对生产的控制、质量的控制、成本的控制、财务的控制等。这是组织现代化水利工程生产经营活动所必需的。

水管单位在进行生产经营过程中,总会发现无法预见到的一些矛盾和问题,这就需要通过协调工作加以解决。搞好协调,要改善各生产环节之间的相互关系,使工作中少发生或不发生矛盾;一旦发现应及时予以协调。在督促检查过程中,还可能发现工作中存在的新潜力,要尽量使各种潜力得到最大限度的发挥。

7.3.3.2 泵站的经营

泵站管理单位要强化经过泵站调节的水是商品水的观念,要彻底扭转低偿供排水和无偿供排水的局面,要进行供排水成本的核算、分类定价、全面计量、足额收取。为泵站的更新改造和维护积累必要的资金。只有这样才能提高供排水的质量,提高水利服务的质量,促进泵站经营管理的良性循环。

1. 固定资产的管理

固定资产是固定资金的实物形态,固定资金是固定资产的货币表现形式。通常规定,单位价值在200元以上,使用年限在一年以上的各种财产,划定为固定资产。不同时具备这两个条件的应作为低值易耗品。但有些主要生产设备,虽然单位价值低于规定标准,也要列入固定资产。固定资产包括管理单位房屋、建筑物、设备、工具等。

泵站工程固定资产折旧是对固定资产损耗价值的补偿,泵站管理单位的大修理费是为保持固定资产正常使用状态而提取的大修理基金。

水利工程供水部分固定资产原值包括供水水库、泵站、灌区或水厂、供水闸、井等供水固定资产的原值。

水利工程管理单位的泵站工程固定资产折旧,按泵站工程固定资产原值乘以折旧率进行计算;泵站工程供水部分大修理费按泵站工程固定资产原值乘以大修理费率计算。

2. 成本管理

所谓成本,是泵站在生产经营过程中所发生的各项费用的总和,也是在生产经营过程中用价值形式表现的人力和物力消耗的总和。成本是反映泵站管理水平的综合性经济指标。泵站生产经营活动中各方面管理工作的好坏,都将通过成本反映出来。成本管理是泵站经营管理的一项重要内容。因此,加强成本管理具有重要意义。

1)供排成本的核算

(1)供排成本的项目。一般分为六项,六项费用总和为供排总成本。

①耗电费、燃油费$\sum E$,指供排作业所耗用的电费、柴油费。

②维修费C_1,指供排作业的小修理费及维护保养用的辅助材料和小型工具,如更换的零配件,修理费和修理时消耗的材料。

③固定资产折旧费C_2,指用于供排作业的固定资产的折旧费。

④大修理费C_3,指用于供排作业的固定资产的大修理提存。

⑤工资福利费C_4,指直接从事供排作业人员的工资福利费。它取决于劳动组织与定员指标及职工的平均工资水平。

⑥管理费C_6,又称间接费用,是为生产所发生的不属于以上五项的其他费用,如办公费、水电费、会议费、差旅费,以及办公室、宿舍、仓库的折旧费和修理费。

泵站进行综合经营时,管理费应按供排作业直接费和综合经营直接费的比例分摊,分别计入供排作业和综合经营成本。如从事供排作业的工人在非供排季节从事综合经营,这部分工人的工资福利费也应按工作时间分摊。

(2)供排成本的计算。有三种计算法,即按单位面积、单位水量和kW · m计算。

2)成本分析

成本分析的目的是分析引起成本变化的原因,找出泵站在经营管理中存在的问题,不断提高经营管理水平,更好地为农田灌溉和排水、城乡给排水提供水利服务。供排作业成本分析的方法有两种:

(1)比较法。将供排成本与以往成本对比,与先进单位对比,同时算出六项成本在总成本中的比例,即可找出造成成本升降的原因,从而明确降低成本的方向,及降低成本所应采取的技术措施。

(2)因素分析法。影响成本的因素很多,如气候变化引起开机时间的差异,油价、电价的调整,工资的调整,扬程、机组效率、渠系水利用系数、受益面积的变化,各种作物播种面积的变化等。因素分析法是假定其他因素不变,逐个计算某一因素对成本引起的差异。例如:为了和上一年的成本相比,先假定其他因素和上一年一样,仅开机小时数不同,计算开机时间对成本的影响;再假定其他因素不变,仅调整电价,计算电价对成本的影响;又假定其他因素不变,计算工资调整对成本的影响等。对各种因素逐个进行计算,就能看出主要成绩在哪里,主要问题在哪里。这样,可对当年的经营管理水平作出正确的评价,并明确今后努力的方向。

3)水费的计算和征收

供排作业成本是确定水费标准的依据。为了保证泵站维持正常的运行和维护,应按照"保本自给,略有盈余"的原则确定水费的标准。

(1)水费的计算。

对于供水泵站,水费的计算必须贯彻多用多负担,少用少负担的原则;对于排水泵站,应按受益面积的多少合理负担。通常有如下两种计算方法:

①把水费分为固定费和计时费两部分。固定费包括工资福利费、管理费以及泵站建筑物等固定资产的折旧和大修理费提存。固定费按实际受益面积分摊。计时费包括电费(或燃油费)、维修费、机电设备等固定资产的折旧和大修理费提存。计时费按供水时间或用水量或受益面积均摊。这种方法既能保证泵站正常开支,又能贯彻合理负担的政策。

②将总成本除以开机台时数,算出每台时数的水费,按台时数收费;或根据提每立方米水的成本,按水量收费。

(2)水费的征收。

为了保证泵站的正常生产,必须做好水费的征收工作。水费可由泵站管理单位直接向受益单位收取,也可由村或乡镇和街道等部门代收。

泵站管理单位拥有一定数量的机电仪器设备、房屋、场地和人才技术优势。开展设备和人才技术服务是泵站管理单位拓展服务市场,增加自身经营收益的有效途径。要在确保工程正常运营和确保防洪安全的前提下,充分利用设备、房屋、场地,采用自办、承包、联营、股份制、租赁等多种形式,创造更多的价值。要利用自身的人才技术优势,大力开展技术服务,为相关工程项目提供综合服务。

7.3.3.3 多种经营

1.开展多种经营的意义

要全面发挥泵站工程设施的综合经济效益,必须在保证泵站工程正常运营的同时,把开展多种经营作为经营管理的一项基本任务,积极开展起来。泵站管理单位开展多种经营具有如下意义:

(1)扩大泵站工程的经济效益。泵站经营管理与多种经营是相互促进、相辅相成的。实践证明:泵站管理单位的多种经营搞得好,可有利地促进泵站的经营管理工作;为发展多种经营创造更有利的条件,使泵站工程经济效益不断扩大,增加经济收入,增强泵站管理单位的活力,支持供排水生产的再生产能力,提高职工的生活福利待遇,有利于充分调动职工的劳动积极性,把经营管理工作做得更好。

(2)为社会提供商品和劳动服务。泵站管理单位利用自然资源和人力、物力资源,可发展种植、养殖业,为社会提供各类商品,开展加工、制造等,为社会提供劳务服务,发展旅游、饮食业等,为人民生活服务提供游乐、休息场所,为提高人民文化和物质生活水平做出贡献。

(3)稳定职工队伍。随着多种经营的发展,泵站管理单位职工收入增加,生活福利改善,家属子女可得到妥善安置,解除了职工的后顾之忧,有利于促进管理职工队伍稳定。

(4)保护和美化环境。泵站管理单位开展绿化、种植林果、旅游等生产和服务以保持水土、美化环境,保持生态平衡,改善生态环境。

多种经营的很多项目,有许多是相互联系、相互促进的。要注意综合利用,把各种经营有机地结合起来,取得最佳的经营效果。

2. 多种经营管理的特点

(1)泵站工程所使用的水土资源和技术设备都是工程的组成部分或附属于工程,必须优先考虑工程的需要,服从于工程的调度和运用。用机电设备进行加工的企业,只能在不影响供排水的前提下进行。

(2)做好多种经营的规划工作,对每一项多种经营项目及其规模,都应进行技术和经济的可行性研究。

(3)泵站工程多种经营所使用的人力和技术力量,其中一部分是从事工程管理的人员。因排灌泵站运行的季节性、时段性很强,在非排灌作业季节,多种经营改变了人力资源不能充分利用的现象。但在工程管理的繁忙季节或小修、大修期间,这些人员就要服从于工程管理的需要。

(4)泵站管理单位兴办的多种经营,应在管理单位内部实行独立核算。多种经营的生产企业,按经济合同上缴给单位的利润,应该用于工程的管理和维修,充分发挥多种经营对工程管理的促进作用。

(5)工程为多种经营创造条件,开展多种经营受工程的约束。

(6)对多种经营的产品必须做好市场的预测工作,从产、供、销各环节努力提高产品的竞争能力。

泵站多种经营管理的这些特点,是开展多种经营的着眼点,只有充分认识这些特点,才能使多种经营达到科学管理的要求,能使多种经营健康地发展。

3. 开展多种经营的方针和原则

1)开展多种经营的方针

兴建泵站工程的目的是防洪除涝、供水、灌溉,既保障工农业生产和人民生命财产的安全,又保证工农业和城乡人民用水的需要。管理单位管好用好工程,保证工程安全,发挥工程效益,是开展多种经营活动的前提,其方针为:以“一业为主”积极开展多种经营,扩大工程的综合效益,即在确保工程正常运行,充分发挥工程本身效益的前提下,遵循自然规律,因地制宜地利用工程管理范围内的水土资源,以及本单位的人力、技术、设备的潜力,开展种植、养殖、修配、加工等经营活动。具有特殊条件的单位也可根据实际情况开展其他经营项目。

2)开展多种经营的原则

根据上述方针,开展多种经营必须坚持以下原则:

(1)适度开展和利用资源。开展的多种经营项目必须保持或增强水利工程设施抗灾兴利的能力。利用机电设备进行加工生产,规模要适当,应保持设备处于优良的工作状态。若设备使用过度,维修不善会影响工程的正常运行。

(2)因地制宜、发挥优势。每座泵站的条件各不相同,开展多种经营必须根据各泵站的特点和具体情况,因地制宜,发挥优势。所谓"优势",是比较优越的客观条件,开展多种经营只有发挥自然资源、人力资源、设备资源,以及技术资源的优势,才能保证多种经营的顺利开展,并取得成功。

(3)全面规划、统筹安排。开展多种经营必须纵观全局,根据管理范围内的各种资源和当地的社会经济、技术状况,以及产、供、销等条件,全面规划,统筹安排。

(4)经济核算、保证盈利。开展多种经营必须严格实行独立的经济核算,保证盈利。对每项经营项目要核定其固定资产金额和流动资金金额,规定产量、产值、成本、盈利等指标。不能对各个经营项目实行统收统支,更不能用工程固定资产折旧费、大修费或运行管理费来补贴某些亏损的经营项目。

思考题

1. 简述水泵试运行的步骤。
2. 分析水泵常见的故障及排除方法。
3. 泵站的技术经济指标有哪些?

参考文献

[1] 姜乃昌. 水泵及水泵站[M]. 4版. 北京：中国建筑工业出版社,1998.

[2] 张景成. 水泵与水泵站[M]. 哈尔滨：哈尔滨工业大学出版社,2003.

[3] 田会杰. 水泵与水泵站[M]. 北京：中国建筑工业出版社,2011.

[4] 中华人民共和国水利部. GB 50265—2010 泵站设计规范[S]. 北京：中国计划出版社,2011.

[5] 中华人民共和国建设部. GB 50013—2006 室外给水设计规范[S]. 北京：中国计划出版社,2006.

[6] 中华人民共和国住房和城乡建设部. GB 50014—2006 室外排水设计规范(2011年版)[S]. 北京：中国计划出版社,2011.

[7] 边喜龙. 新编建筑给水排水工程师手册[M]. 哈尔滨：黑龙江科学技术出版社,2003.

[8] 谷峡. 水泵与水泵站[M]. 北京：中国建筑工业出版社,2005.

[9] 边喜龙. 给排水工程施工技术[M]. 北京：中国建筑工业出版社,2005.

[10] 黄兆奎. 水泵风机与站房[M]. 北京:中国建筑工业出版社,2000.

[11] 李亚峰. 水泵与水泵站[M]. 北京:北京机械工业出版社,2009.

[12] 刘竹溪. 水泵及水泵站[M]. 北京:中国水利水电出版社,1981.